应用型本科计算机类专业系列教材
应用型高校计算机学科建设专家委员会组织编写

软件工程原理与实践

主　编　李宗花　朱　林
副主编　郭　辉　谢修娟
周　剑　于启红

南京大学出版社

内容简介

本书全面系统地介绍了软件工程的概念、原理和方法。基于应用型人才培养目标，结合当前工业界流行的软件建模方法、软件开发技术等现实需求，以软件工程案例为支撑，强调理论与实践结合，软件工程管理活动与技术活动结合，软件工程的CASE工具集与软件工程理论、方法结合，并以完整的案例分析贯穿整个软件生命周期。介绍了软件过程、软件项目管理、需求工程、软件系统建模、软件体系结构设计、软件设计、软件实现、软件测试、软件演化以及高级软件工程技术等知识。本书每章配有习题，可指导读者进一步学习巩固。

本书内容丰富，可作为软件工程专业、计算机专业或相关信息类专业的本科生教材或教学参考书，也可作为计算机类专业的研究生自学用书，并可供应用软件开发人员和软件项目管理者阅读参考。

图书在版编目(CIP)数据

软件工程原理与实践 / 李宗花，朱林主编. — 南京：南京大学出版社，2020.8(2021.7 重印)

ISBN 978-7-305-22974-9

Ⅰ. ①软… Ⅱ. ①李… ②朱… Ⅲ. ①软件工程—高等学校—教材 Ⅳ. ①TP311.5

中国版本图书馆CIP数据核字(2020)第034839号

出版发行 南京大学出版社
社 址 南京市汉口路22号 邮 编 210093
出 版 人 金鑫荣

书 名 软件工程原理与实践
主 编 李宗花 朱 林
责任编辑 王南雁 编辑热线 025-83592655
助理编辑 王秉华

照 排 南京开卷文化传媒有限公司
印 刷 南京人民印刷厂有限责任公司
开 本 787×1092 1/16 印张 15.75 字数 384千
版 次 2020年8月第1版 2021年7月第2次印刷
ISBN 978-7-305-22974-9
定 价 43.80元

网 址：http://www.njupco.com
官方微博：http://weibo.com/njupco
微信服务号：NJUyuexue
销售咨询热线：(025)83594756

前 言

当前，软件工程已成为信息技术领域的一个研究热点，是指导计算机软件开发和维护的重要学科，有利于构造出更加复杂的软件系统。软件工程结合工程化的思想、原理、技术和方法来开发软件系统，可以更加经济地、快速地开发出高质量的软件系统。同时，软件工程重视管理过程，强调系统性、规范性和可度量性，从而提高软件产品的质量，降低开发成本，保证工程按时完成，减少软件维护。

本书在软件工程基本理论的基础上，主要以面向对象软件工程为主，兼顾面向过程，从实用角度出发，融入当前最新的软件工程技术，并以案例为驱动进行阐述。本书内容涵盖了软件工程的基本原理、概念、技术和方法，主要内容包括软件工程基本概念、软件过程、软件项目管理、需求工程、软件系统建模、软件体系结构设计、软件设计、软件实现、软件测试、软件演化以及高级软件工程技术。同时，本书还讲述了软件工程标准化文档、软件工程项目管理和开发实例等知识。在编写过程中注重理论与应用的结合，对软件的项目管理、需求分析、设计、实现和测试进行了全面的阐述，同时利用网上银行系统案例对相关理论知识进行详细的说明。

本书由长期从事软件工程专业研究和课程教学的教师编写而成，编写者结合自身的教学和科研实践，参考国内外软件工程资料，融合最新的软件开发技术精心撰写。淮阴师范学院李宗花负责编写第四章、第七章、第九章和第十章；东南大学成贤学院朱林负责编写第五章、第六章和第八章；东南大学成贤学院谢修娟负责编写第一章和第二章；常熟理工学院郭辉负责编写第三章。常熟理工学院周剑和宿迁学院于启红对书中部分章节的图表做了大量的工作。全书统稿由李宗花完成。本书还得到了淮阴师范学院计算机学院陈伏兵院长等领导和老师给予的大力支持和帮助，以及江苏省计算机学会应用型高校计算机学科建设专家委员会同行的关心，在此一并致谢。

由于软件工程的理论、方法和技术层出不穷，软件工程领域结合人工智能的研究发展不断更新，加之时间仓促，编者水平有限，书中难免有不足和错误之处，恳请读者批评指正，并提出宝贵意见，以便进一步完善。反馈意见请告知编者(lzh@hytc.edu.cn)。

编　者

2020年3月

目　录

第 6 章 软件体系结构设计 ……… 147

第 7 章 软件设计与实现 ……… 159

第 8 章 软件测试 ……………… 197

第1章 软件工程概述

信息化时代，信息的获取、处理和使用都需要大量高质量的软件，而软件开发一直备受质量难以保证、开发成本逐年上升、开发进度难以控制等问题的困扰。为摆脱这种被动的局面，自20世纪60年代以来，人们开始重视对软件开发方法、工具和过程的研究，并在1968年NATO(North Atlantic Treaty Organization：北大西洋公约组织)的一次会议上正式提出"软件工程"概念。本章主要介绍软件的基本概念、软件的发展过程、软件危机的表现以及软件工程的概念、原理和内容等知识点。

1.1 软件

1.1.1 软件的概念及特点

1. 软件

"软件(Software)"一词是在20世纪60年代出现的，是指与计算机系统操作有关的程序、数据以及配套的文档资料。一般认为，软件由两部分组成：一是机器可执行的程序和数据，程序是按事先设计的功能和性能要求执行的指令序列，数据是程序运行时输入和输出的内容；二是与软件开发、维护和使用有关的文档资料。

程序和数据是软件运行的基本要素，而文档则是延续软件运行寿命的资料保障。前者好比软件的基因，直接决定软件的质量好坏与否，通过寻找好基因、纠正基因缺陷可以使软件变得更为强壮和优质。而后者是为软件的修改和维护提供后方保障，包含了软件的"基因信息""看病记录"等重要数据。

2. 软件特点

软件、硬件均是计算机系统中的重要组成部分。与硬件相比，软件除了物理产品所具有的生命期、可出售、需维护等一些属性外，还具有如下特点：

(1) 软件是一种逻辑产品。软件不是具体的物理产品，具有抽象性、无形性，它不如硬件能直观地看得见或摸得着，软件一般需要记录在专门的介质上，并且必须通过测试、分析、思考、判断来了解它的功能、性能及其他特性。软件正确与否，只有在机器上运行之后才能知道。

(2) 软件是人类的智力结晶。软件是人们通过智力劳动,依靠知识和技术等手段生产的信息产品,是人类有史以来生产的高度复杂、高成本、高风险的工业产品。软件涉及人、社会和组织的行为和需求,软件的应用几乎涵盖所有领域。

(3) 软件不会被用坏。硬件在使用初期,由于新产品磨合问题导致这一阶段故障率比较高,随后逐渐下降并趋于稳定,但到后期,由于存在零件的老化、磨损等问题,故障率将会直线上升,这就是有名的故障率 U 型曲线(也称浴盆曲线),如图 1-1 所示。而软件不同于硬件,不存在老化、磨损等问题,但它会存在失效与退化问题,如随着外界环境变化,原来的软件不再适应新的环境了,因此需要多次修改(维护)软件。而在每次修改中,由于软件维护存在着副作用,会带来一些新的缺陷,致使软件的最低故障率随着每次的修改而升高,当故障率高到不能接受时,软件将申请报废,软件故障率曲线如图 1-2 所示。

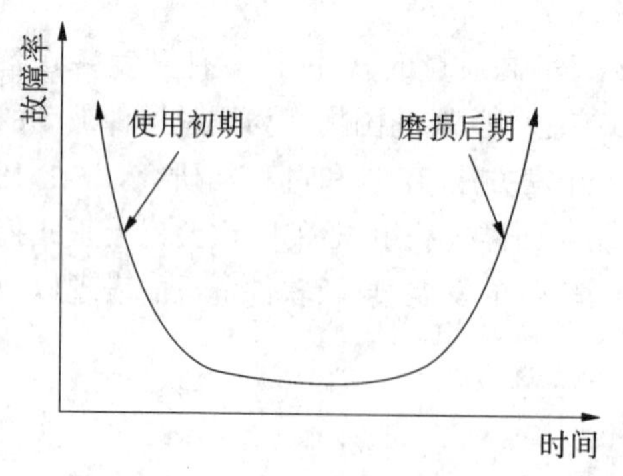

图 1-1 硬件故障率曲线图

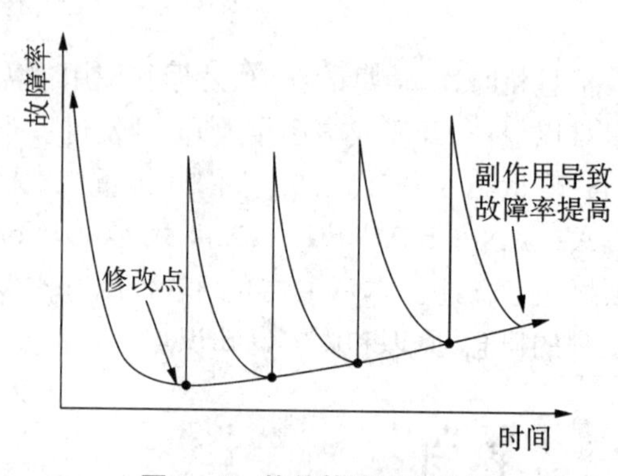

图 1-2 软件故障率曲线图

(4) 软件具有定制性。软件不同于硬件,同一类型的机器零件可以批量生产,但软件不行,每一个软件的开发都要经过细致的系统分析和设计。例如同样是开发企业办公系统,但不同的企业需求不一样,必须根据每个企业的具体情况定制最适用的软件。因此软件多是为用户专门定制的,但随着面向对象技术和构件技术的发展,可以开发支持重用的软件部件,像机器零件一样,实现在多个不同的软件中“即插即用”。

(5) 软件维护工作复杂。软件在使用维护过程中的维护工作比硬件要更为复杂,由于软件增加新功能、修改现有功能、改正潜藏的错误等原因,经常性需要进行维护工作。此外,由于软件内部逻辑关系复杂,且在维护过程中还可能产生新的错误,诸多因素增加了软件维护工作的困难性。

1.1.2 软件的分类

软件的应用几乎已经渗透进每个行业,市场上的软件产品可谓琳琅满目、五花八门。根据不同的分类规则可以将软件划分成不同的类别。如:按照应用领域可以分为商业软件、个人办公软件、工程应用软件、人工智能软件等;按照工作方式可以分为批处理软件、实时软件、交互式软件等。本书从软件工程的角度将软件做如下分类。

1. 系统软件

系统软件是指控制和协调计算机及外部设备,支持应用软件开发和运行的一类软件，主要功能是调度、监控和维护计算机系统，负责管理计算机系统中各个硬件相互协调工作。

系统软件的主要特征是：第一，与硬件有很强的交互性，系统软件运行时期需要频繁地与硬件交互；第二，能对资源共享进行调度管理，为用户提供有效的资源共享服务；第三，能解决并发操作处理中存在的协调问题；第四，软件数据结构复杂，外部接口多样化，便于用户反复使用。

比较有代表性的系统软件有：

(1) 操作系统。使应用软件能有效调用计算机硬件设备的软件，如 DOS、Windows、Linux、Unix 等。

(2) 语言处理程序。包含编译程序、解释程序和汇编程序，如 C 编译程序、JDK 等。

(3) 数据库管理系统。提供数据存储及访问功能的软件，如 Oracle、SQL Server、MySQL、Access 等。

2. 应用软件

应用软件是为满足用户不同领域、不同问题的应用需求而提供的一类软件。它可以拓宽计算机系统的应用领域，放大硬件的功能。应用软件就是通常定义下的软件，由程序＋数据＋文档构成。软件工程所涉及的就是应用软件的开发方法学和管理学。

比较常见的应用软件有：

(1) 文字处理软件。用于输入、存储、修改、编辑及打印文字资料等，如 Word、WPS 等。

(2) 信息管理软件。用于输入、存储、修改及检索各种信息，如工资管理软件、仓库管理软件、人事管理软件等。

(3) 辅助设计软件。用于高效地绘制、修改工程图纸，进行设计过程中的常规运算等，如 AutoCAD、Photoshop 等。

(4) 媒体播放软件。用于音视频的播放，如 Foobar 2000、Windows Media Player、MPlayer 等。

(5) 实时控制软件。用于随时搜集生产装置、飞行器等的运行状态信息，以此为依据按预定的方案实施自动或半自动控制，安全、准确地完成任务。

3. 支撑软件

支撑软件，也称为工具软件，位于系统软件与应用软件之间，提供应用软件分析、设计、编码实现、测试、评估等辅助功能的一类软件。

比较有代表性的支撑软件有：

(1) 编程工具。用于软件的编码实现，如微软公司的 Visual Studio、Borland 公司的 C++ Builder、IBM 公司的 Eclipse 等。

(2) 建模工具。用于软件开发过程中的模型建模，如 IBM 公司的 Rational Rose、微软公司的 Microsoft Office Visio、KBSI 公司的 IDEF 等。

(3) 版本控制工具。提供完备的版本管理功能，如 IBM Rational 套装中的 ClearCase、基于 Apache 管理平台的开源 SVN 等。

(4) 软件测试工具。用于检索软件错误，包含软件测试工具和测试管理工具。如 IBM 公司的 Rational 系列测试工具、Mercury 公司的 WinRunner、Segue 公司的 TestDirector 等。

4. 可重用软件

在软件开发中，由于不同的环境和功能要求，可以通过对成熟软件的局部修改和重组，保持整体稳定性，以适应新要求，这样的软件称为可重用软件。而利用可重用软件创建新软件系统的过程称为软件重用。最早的可重用软件要追溯到1968年的NATO软件工程会议上提出的可复用库，即各种标准函数库，一般由计算机厂商提供，在新开发的程序中直接调用即可。软件重用技术能节约软件开发成本，有效地提高软件生产效率，因此在软件开发过程中，提倡尽可能多地使用可重用软件。

软件重用不仅仅是对程序代码的重用，还包括对软件开发过程中任何活动所产生的软件制品的重用，如分析模型、设计模型、测试用例等，根据抽象程度的高低，可以将软件重用划分为如下的重用级别：

(1) 代码的重用。是指目标代码和源代码的重用，其中目标代码的重用级别最低，历史最久，大部分编程语言的运行支持环境都提供了连接、绑定等功能来支持这种重用。源代码的重用级别略高于目标代码的重用，一般依靠含有大量可重用构件的构件库，如"对象链接与嵌入"技术，在源程序级上定义可重用构件来实现重用。

(2) 设计的重用。是指对软件设计结果的重用，如将一个设计运用于多个具体的实现，设计结果比源程序的抽象级别要高，它的重用受实现环境的影响较少，从而使可重用软件被重用的机会更多，并且所需修改的工作量更少。

(3) 分析的重用。是指对软件分析结果的重用，可重用的分析结果是针对问题域的某些事物或某些问题的抽象程度更高的解法，分析结果比设计结果的抽象级别更高，受设计技术及实现环境的影响较少，所以可重用的机会更大。

(4) 测试信息的重用。是指将测试用例和测试过程信息(软件工具自动记录的包括测试员的每一个操作、输入参数等测试过程信息)应用到新的软件测试或新一轮的软件测试中。测试信息的重用级别不能同分析、设计、代码复用级别进行准确地比较，因为不是同一事物的不同抽象层次，而是另一种信息。

1.1.3 软件的发展过程

自20世纪40年代第一台电子计算机问世后，就出现了程序的概念，发展至今，软件经历了三个阶段。

1. 程序设计阶段(1946年—1956年)

这是计算机软件开发的初期阶段，在这一阶段，硬件经历了由电子管计算机到晶体管计算机的变革，但是软件还没有系统化的开发方法。软件多数是自己设计、自己使用、自己维护，软件开发尚处于个体化生产状态。使用低级语言编写程序，效率低且难度大，当时认为编程是聪明人的事。由于计算机硬件价格昂贵、体积大、运算速度低、内存容量小，此阶段程序设计的目标主要集中在如何提高时空效率上，又因为没有方法学指导，程序员只能一味地死抠代码逻辑来提高软件运行效率，很多时候程序员为减少一条指令，少占用一个内存单元而大动脑筋。只追求运行效率和运行结果，程序的写法可以不受任何约束，很少考虑框架结构、可读性和可维护性，程序的好坏往往取决于程序员个人的经验。

2. 程序系统阶段(1956年—1968年)

此阶段，软件开发进入了作坊式生产方式，即出现了“软件车间”。这时，硬件经历了由晶体管计算机到中小规模集成电路计算机的变革，出现了大容量的存储器，外围设备也随之迅速发展，而软件的发展相对滞后，为提高编程效率，出现了高级程序设计语言。追求写代码技巧的同时，还提出了结构化程序设计方法。在20世纪50年代后期，人们逐渐认识到和程序有关的文档的重要性，开始将程序及文档融为一体。

这一时期软件复杂性增加，需求增加，但软件开发方法和软件项目管理技术跟不上，开发速度慢，与计算机硬件的发展速度拉开了距离。此外，软件数量猛增，而生产出来的软件存在着质量差、开发周期变长、开发成本急剧增加、软件可维护性差等问题。这些矛盾越来越显著，最终导致了软件危机。

3. 软件工程阶段(1968年以后)

此阶段，软件开发进入了产业化生产，即出现了众多大型的“软件公司”。这时，硬件经历了由中小规模到大或超大规模计算机的变革，致使微处理器、个人计算机、工作站具有相当高的性价比，并广泛应用于生产、生活的各个领域。软件开发方式转为工程方式，软件工程发展迅速，出现了“计算机辅助软件工程”。结构化开发方法和面向对象开发方法逐渐趋于成熟，还出现了面向服务、面向构件等一些新开发方法。与此同时，分布式系统、计算机网络、嵌入式系统有了很大发展，尤其在20世纪80年代后，人工智能、专家系统、人工神经网络软件开始走向实际应用。

1.1.4　软件危机

软件危机是指在计算机软件的开发和维护过程中所遇到的一系列严重问题。在20世纪60年代中后期，大容量、高速度计算机的出现，使计算机的应用范围迅速扩大，软件开发的需求急剧增长。软件系统的规模越来越大，复杂程度越来越高，软件可靠性问题也越来越突出。原来的个人设计、个人使用的方式不再能满足要求，迫切需要改变软件生产方式，提高软件生产率，软件危机开始爆发。

1. 软件危机的表现

自软件诞生以来，软件危机就一直存在，软件危机主要表现在以下五个方面：

(1) 开发进度难以预测，开发成本难以控制

软件开发经常出现拖延工期几个月甚至几年的现象，这种现象降低了软件开发组织的信誉。并且经费经常超预算，实际成本常常比预算成本高出一个数量级。而为了赶进度和节约成本所采取的一些权宜之计又往往损害了软件产品的质量，从而不可避免地会引起用户的不满。

(2) 开发的软件不能满足用户需求

开发人员和用户之间没有进行充分的交流和沟通，往往是软件开发人员不能真正了解用户的需求，而用户又不了解计算机求解问题的模式和能力，双方无法用共同熟悉的语言进行交流和描述。在双方互不充分了解的情况下，就仓促上阵设计软件、匆忙着手编写程序，这种“闭门造车”的开发方式必然导致最终的软件不符合用户的实际需要。

(3) 软件产品质量无法保证

软件是逻辑产品，软件可靠性和软件质量的定量计算还没有确切可信的方法，加上开发进度和成本的限制，软件质量保证活动很难完全贯彻到软件开发的全过程中，因此，软件的质量难以保证。

(4) 软件产品难以维护

软件产品本质上是开发人员代码化的逻辑思维活动，他人难以替代。除非是开发者本人，否则很难及时检测、排除软件故障。而且在对软件修改时，很可能会增加新的错误，这也给软件维护工作带来困难。

(5) 软件缺少适当的文档资料

文档资料是软件必不可少的重要组成部分。实际上，软件的文档资料是开发人员之间及与用户之间交流信息的依据，是系统维护人员的技术指导手册，更是软件管理人员对软件开发工程进行管理和评价的根据。缺乏必要的文档资料或者文档资料不合格，将给软件开发和维护带来许多严重的困难和问题。

2. 软件危机的产生原因

造成软件危机的原因很多，主要有以下几点：

(1) 用户需求不明确

在软件开发早期，用户自己也不清楚软件开发的具体需求，不可能完整地给出所有需求，往往在软件开发过程中，还会不断地再补充需求以及修改需求等；此外，用户在描述软件需求时可能有遗漏、二义性甚至错误；再者，软件开发人员对用户需求的理解与用户本来愿望有差异。

(2) 缺乏正确的理论指导

由于软件开发不同于大多数其他工业产品，其开发过程是复杂的逻辑思维过程，其产品极大程度地依赖于开发人员高度的智力投入。由于过分地依靠程序设计人员在软件开发过程中的技巧和创造性，缺乏统一的方法学和工具方面的支持，加剧软件开发产品的个性化，也是发生软件危机的一个重要原因。

(3) 软件开发规模越来越大

随着软件开发应用范围的增广，软件开发规模愈来愈大。大型软件开发项目需要组织一定的人力共同完成，而多数管理人员缺乏系统地开发大型软件的经验。各类人员的信息交流不及时、不准确、容易产生疏漏和错误。

(4) 软件开发复杂度越来越高

软件开发不仅仅是在规模上快速地发展扩大，而且其逻辑关系复杂性也急剧地增加。现有的开发方法、工具及组织形式，在处理复杂问题时显得力不从心。

3. 解决软件危机的途径

到了20世纪60年代末，软件危机已经非常严重，这促使计算机科学家们开始探索缓解危机的方法。他们提出了“软件工程”的概念，从组织管理措施和技术措施(方法和工具)两方面研究如何更好地开发和维护计算机软件，从而减轻软件危机所带来的影响。

为消除软件危机，具体来讲，首先，应该对计算机软件有一个正确的认识，彻底清除“软件就是程序”的错误概念，软件应该是程序、数据以及相关文档的完整集合；其次，充分认识到软件开发不是某种个体劳动的神秘技巧，而应该是各类人员协同配合，共同完成的工程项目，要有良好的组织、严谨的管理；再者，推广和使用在实践中总结出来的成功软件开发技术和方法，并且研究探索更好、更有效的技术和方法；最后，应该开发和使用好的软件开发工具，从而有效地提高软件的生产效率。

1.2 软件工程

1.2.1 软件工程的定义

1968年，NATO在德国Garmish举行的学术会议上，第一次提出了“软件工程”这一术语。概括地说，软件工程是指导计算机软件开发和维护的工程学科，采用工程的概念、原理、技术和方法来开发与维护软件，把经过实践考验而证明正确的管理技术和当前能够得到的最好的技术方法结合起来，经济地开发出高质量的软件并有效地维护它。

事实上，软件工程学科诞生后，人们为软件工程给出了不同的定义，下面列出的是四个典型的定义。

- Fritz Bauer给出的定义：软件工程是为了经济地获得能够在实际机器上高效运行的、可靠的软件而建立和使用的一系列完善的软件工程原则。
- 美国梅隆卡耐基大学软件工程研究所（SEI）给出的定义：软件工程是以工程的形式应用计算机科学和数学原理，从而经济有效地解决软件问题。
- IEEE（Institute of Electrical and Electronics Engineers：电气和电子工程师协会）于1990年在新版的软件工程术语汇编中给出的修改后定义：软件工程是将系统性的、规范化的、可定量的方法应用于软件的开发、运行和维护中，即把工程化原则应用于软件中。
- 我国2006年的国家标准《GB/T 11457-2006 软件工程术语》中给出的定义：应用计算机科学理论和技术以及工程原理和方法，按预算和进度，实现满足用户要求的软件产品的定义、开发、发布和维护的工程或进行研究的学科。

软件工程概念存在两层含义，从狭义概念看，软件工程着重体现在软件开发过程中所采用的工程方法和管理体系，例如，引入成本核算、质量管理和项目管理等，即将软件产品开发看作是一项工程项目所需要的系统工程学和管理学。从广义概念看，软件工程涵盖了软件生命周期中所有的工程方法、技术和工具，包括需求、设计、编程、测试和维护的全部内容，即完成一个软件产品所必备的思想、理论、方法、技术和工具。

1.2.2 软件工程的基本原理

自1968年软件工程的概念提出以来，研究软件工程的专家学者们陆续提出了100多条关于软件工程的准则或“信条”。著名的软件工程专家Barry・Boehm（巴利・玻姆）于1983年综合了这些专家学者们的意见，并总结了开发软件的经验，提出了软件工程的7条基本原理。这7条原理被认为是确保软件产品质量和开发效率的最小集合，7条原理是互相独立的，其中任意6条原理的组合都不能代替另1条原理，因此，它们是缺一不可的最小集合。并且这7条原理又是相当完备的集合，在此之前提出的100多条软件工程原理都可以由这7条原理任意组合或派生得到。下面简单介绍下这7条基本原理。

1. 用分阶段的生命周期计划严格管理

经统计发现,在不成功的软件项目中有一半左右是由于计划不周而造成,可见把建立完善的计划作为第一条基本原理是吸取了前人的教训而提出来的。在软件开发与维护的漫长的生命周期中,需要完成许多性质各异的工作。这条基本原理意味着,应该把软件生命周期划分成若干个阶段,并相应地制定出切实可行的计划,然后严格按照计划对软件的开发与维护工作进行管理。Boehm 认为,在软件的整个生命周期中应该制定并严格执行六类计划,它们分别是项目概要计划,里程碑计划,项目控制计划,产品控制计划,验证计划和运行维护计划。不同层次的管理人员都必须严格按照计划各尽其职地管理软件开发与维护工作,绝不能受客户或上级人员的影响而擅自背离预定计划。

2. 坚持进行阶段评审

当时已经认识到,软件的质量保证工作不能等到编码阶段结束之后再进行。这样说至少有两个理由:第一,大部分错误是在编码之前造成的,据统计,编码阶段之前的错误占63%,而编码错误仅占 37%;第二,错误发现与改正得越晚,所需付出的代价越高。因此,在每个阶段都进行严格的评审,以便尽早发现在软件开发过程中所犯的错误,是一条必须遵循的重要原理。

3. 实行严格的产品控制

在软件开发过程中不应随意改变需求,因为改变一项需求往往需要付出较高的代价,但是,由于外部环境的变化,在软件开发过程中改变需求又是难免的,所以只能依靠科学的产品控制技术来顺应这种要求。也就是说,当改变需求时,为了保持软件各个配置成分的一致性,必须实行严格的产品控制,其中主要是实行基准配置管理。所谓基准配置又称基线配置,它们是经过阶段评审后的软件配置成分(各个阶段产生的文档或程序代码)。基准配置管理也称为变动控制:一切有关修改软件的建议,特别是涉及对基准配置的修改建议,都必须按照严格的规程进行评审,获得批准以后才能实施修改。绝对不能谁想修改软件(包括尚在开发过程中的软件),就随意进行修改。

4. 采用现代程序设计技术

从提出软件工程的概念开始,人们一直致力于研究新的程序设计技术。20 世纪 60 年代末提出的结构程序设计技术,已经成为绝大多数人公认的先进的程序设计技术。后面又进一步发展出结构分析(SA)与结构设计(SD)技术,之后又出现面向对象分析(OOA)、面向对象设计(OOD)技术等。实践表明,采用先进的技术既可提高软件开发的效率,又能提高软件维护的效率。

5. 结果应能清楚地审查

软件产品是一种看不见、摸不着的逻辑产品,不同于一般的物理产品。软件开发人员(或开发小组)的工作进展情况可见性差,难以准确度量,从而使得软件产品的开发过程比一般产品的开发过程更难于评价和管理。为了提高软件开发过程的可见性,更好地进行管理,应该根据软件开发项目的总目标及完成期限,规定开发组织的责任和产品标准,从而使得所得到的结果能够清楚地审查。

6. 开发小组的人员应该少而精

这条基本原理的含义是,软件开发小组的组成人员的素质应该好,而人数则不宜过多。

开发小组人员的素质和数量是影响软件产品质量和开发效率的重要因素。素质高的人员的开发效率比素质低的人员的开发效率可能高几倍至几十倍，而且素质高的人员所开发的软件中的错误明显少于素质低的人员所开发的软件中的错误。此外，随着开发小组人员数目的增加，人员之间交流情况、讨论问题的通信开销将急剧增加，增加人数不但不能提高生产效率，相反会由于通信等问题而降低生产效率。当开发小组人员数为 N 时，可能的通信路径有 $N(N-1)/2$ 条，可见随着人数 N 的增大，通信开销将急剧增加。因此，组建少而精的开发小组是软件工程的一条基本原理。

7. 承认不断改进软件工程实践的必要性

遵循上述 6 条基本原理，就能够按照当代软件工程基本原理实现软件的工程化生产，但是，仅有上述 6 条原理并不能保证软件开发与维护的过程能赶上时代前进的步伐，能跟上技术的不断进步。因此，Boehm 提出应把承认不断改进软件工程实践的必要性作为软件工程的第 7 条基本原理。按照这条原理，不仅要积极主动地采纳新的软件技术，而且要注意不断地总结经验。此外，需要收集进度和积累资源耗费、出错类型和问题报告等数据，用以评价软件技术的效果和软件人员的能力，确定必须着重开发的软件工具和应该优先研究的技术。

1.2.3 软件工程的内容

IEEE 在 2004 年发布的《软件工程知识体系指南》中将软件工程知识体系划分为以下 10 个知识领域。

- 软件需求(software requirements)。
- 软件设计(software design)。
- 软件构建(software construction)。
- 软件测试(software testing)。
- 软件维护(software maintenance)。
- 软件配置管理(software configuration management)。
- 软件工程管理(software engineering management)。
- 软件工程过程(software engineering process)。
- 软件工程工具和方法(software engineering tools and methods)。
- 软件质量(software quality)。

1. 软件需求

软件需求描述了现实世界某个需要解决的问题和对软件产品的约束。软件需求涉及需求抽取、需求分析、建立和确认需求规格说明。软件需求直接影响软件设计、软件测试、软件维护、软件配置管理、软件工程管理、软件工程过程和软件质量等，软件工程界一致认为如果软件需求这项工作完成得不好，软件项目很容易失败。

2. 软件设计

设计是软件工程最核心的内容。设计既是“过程”，也是这个过程的“结果”。软件设计由软件体系结构设计、软件详细设计两种活动组成。软件体系结构用于描述软件的顶层结构和组织，并且标识各种不同的组件。软件详细设计是详细地描述各个组件，使之能被构建，可见软件设计是软件需求和软件构建之间的桥梁。软件设计在软件开发中起着重要作用，软件工程师为每个软件项目设计出各种可能的模型形成蓝图，通过分析和评估这些模型，以确定此模型能否实现预期的需求，也可以检查和评估候选方案，并进行权衡取舍，同时，还可以使用设计结果模型来规划后续的开发活动，作为构建和测试的输入和起始点。

3. 软件构建

软件构建是指生成可用的、有意义的软件的详细步骤，包括编码、单元测试、集成测试、调试、确认这些活动。软件构建除要求符合设计功能外，还要求控制和降低程序复杂性、预计变更、进行程序验证和制定软件构造标准。软件构造与软件配置管理、工具和方法、软件质量密切相关。

4. 软件测试

测试是软件开发过程中非常重要的一项软件质量保证活动，测试的目的是标识缺陷和问题，改善产品质量，涉及测试的标准、测试技术、测试度量和测试过程。测试不再是编码完成后才开始的活动，应该围绕整个开发和维护过程。测试在需求阶段就应该开始，测试计划和规程必须系统化，并随着开发的进展不断求精。正确的软件工程质量观是预防，避免缺陷和问题比改正要好。代码生成前的主要测试手段是静态技术（检查），代码生成后采用动态技术（执行代码）。测试的重点是动态技术，从程序无限的执行域中选择一个有限的测试用例集，动态地验证程序是否达到预期行为。

5. 软件维护

软件维护是软件进化的继续，软件产品交付后，需要改正软件的缺陷，提高软件性能或其他属性，使软件产品适应新的环境，从而需要对软件做出相应地修改。软件维护要支持系统快速地、便捷地满足新的需求。

6. 软件配置管理

软件配置管理，是一项跟踪和控制软件变更的活动，包括配置管理过程的管理、软件配置鉴别、配置管理控制、配置管理状态记录、配置管理审计、软件发布和交付管理等。

7. 软件工程管理

运用管理活动，如计划、协调、度量、监控、控制和报告，确保软件开发和维护是系统的、规范的、可度量的。它涉及基础设施管理、项目管理、度量和控制计划三个层次。

8. 软件工程过程

管理软件工程过程的目的是，实现一个新的或者更好的过程。软件工程过程关注软件过程的定义、实现、评估、测量、管理、变更、改进，以及过程和产品的度量。可在两个层次上分析软件工程过程领域，第一，围绕软件生存周期过程的技术和管理活动，即需求获取、软件开发、维护和退出的各种活动；第二，对软件生命周期的定义、实现、评估、度量、管理、变更和改进。

9. 软件工程工具和方法

软件开发工具是以计算机为基础的，用于辅助软件生命周期过程。工具是为特定的软件工程方法设计的，以减少手工操作的负担、使软件工程更加系统化。软件工具的种类很多，支持从单个任务到整个生命周期。软件工具分为：需求工具、设计工具、构造工具、测试工具、维护工具、配置管理工具、工程管理工具、工程过程工具、软件质量工具等。

软件工程方法支持软件工程活动，使软件开发更加系统，并能获得成功。当前，软件工程方法分为：第一，启发式方法，包括结构化方法、面向数据方法、面向对象方法和特定域方法；第二，基于数学的形式化方法；第三，用软件工程多种途径实现的原型方法，如确定软件需求、软件体系结构、用户界面等原型方法。

10. 软件质量

在 ISO 9001-00(ISO 全称 International Organization for Standardization：国际标准化组织)中，质量被定义为“一组内在特征满足需求的程度”。软件质量贯穿整个软件生命周期，涉及软件质量需求、软件质量度量、软件属性检测、软件质量管理技术和过程等。

以上是对软件工程所涉及的 10 个知识领域的介绍。

软件工程是围绕软件开发的一门交叉学科，涉及计算机科学、工程学和管理学知识。

从计算机科学视角看软件工程，如图 1-3 所示，软件工程是一种层次化技术，分别是过程、方法和工具，称为软件工程三要素。“过程”是软件产品加工所经历的一系列有组织的活动集合，包含软件规格说明、软件设计与实现、软件确认和软件演进。“方法”是软件开发过程中所使用的技术，如开发过程中的面向结构、面向对象、面向服务、面向组件等方法，以及项目管理中涉及的估算、度量、计划等管理方法。“工具”为过程和方法提供自动或半自动的支持，这些工具既包括软件也包括硬件。

从工程学视角看软件工程，作为工程一定要追求多、快、好的“目标”，按有序的活动“过程”进行，并遵循一定的“原则”。软件工程的“目标”是在给定成本、进度的前提下，运用工程化思想组织与管理软件项目，采用科学的管理方法、开发方法及工具，开发出具有符合功能需求、可靠性高、可维护性好、高效率性、可移植性强、易使用的高质量软件产品。“过程”是指为实现目标而完成软件产品加工需要经历的一系列技术和管理过程。“原则”是指在指导过程进行中所必须遵循的方针，软件工程提出 4 项基本原则，分别为选取适宜开发范型、采用合适的设计方法、提供高质量的工程支持和重视开发过程的管理。

图 1-3　软件工程三要素

从管理学视角看软件过程，软件工程除了在技术层面上研究过程、方法和工具外，还应包括管理学的知识。软件工程管理的主要形式是项目管理，随着软件开发规模的扩大、创新技术的不断引入以及软件产业的形成，人们越来越意识到软件过程管理的重要性，管理学的知识逐渐融入软件开发过程，项目开发的管理日益受到重视。软件项目管理就是运用一系列的知识、技能、工具和技术，在软件开发的活动中有效地掌控资源，对项目时间、质量和成本进行管理，如项目计划、团队管理、质量管理、过程管理、过程改进、配置管理、风险管理等。关于项目管理的内容将会在后续章节作详细介绍。

1.3　软件工程职业道德规范

计算机正逐渐成为商业、工业、政府、医疗、教育、娱乐和整个社会的发展中心，软件工程师通过直接参与或者教授，对软件系统的分析、说明、设计、开发、授证、维护和测试做出贡献，正因为他们在开发软件系统中的作用，软件工程师有很大机会去做好事或带来危害，有能力让他人做好事或带来危害，以及影响他人做好事或造成危害。为了尽可能确保他们的努力会用于好的方面，软件工程师必须做出自己的承诺，使软件工程成为有益和受人尊敬的职业。为此，IEEE 计算机协会和 ACM(Association for Computing Machinery：美国计算机协会)联合指导委员会的软件工程道德和职业实践专题组制定了软件工程职业道德规范，软件工程师应当遵循并执行这些规范。

本规范包含有关专业软件工程师行为和决断的 8 项原则，这涉及实际工作者、教育工作者、经理、主管人员、政策制定者以及职业相关的受训人员和学生。这些原则指出了由个人、小组和团体参与其中的道德责任关系，以及这些关系中的主要责任，每个原则的条款就是对这些关系中某些责任做出说明，这些责任是基于软件工程师的人性、对受软件工程师工作影响的人们的特别关照以及软件工程实践的独特因素。本规范把这些规定为任何要认定或有意从事软件工程的人的基本责任。下面将对这 8 条原则逐一作介绍。

● 原则 1，公众软件工程师应当以公众利益为目标，特别是在适当的情况下软件工程师应当：

1.01 对他们的工作承担完全的责任；

1.02 用公益目标节制软件工程师、雇主、客户和用户的利益；

1.03 批准软件，应在确信软件是安全的、符合规格说明的、经过合适测试的、不会降低生活品质、影响隐私权或有害环境的条件之下，一切工作以大众利益为前提；

1.04 当他们有理由相信有关的软件和文档，可以对用户、公众或环境造成任何实际或潜在的危害时，向适当的人或当局揭露；

1.05 通过合作全力解决由于软件及其安装、维护、支持或文档引起的社会严重关切的各种事项；

1.06 在所有有关软件、文档、方法和工具的申述中，特别是与公众相关的，力求正直，避免欺骗；

1.07 认真考虑诸如体力残疾、资源分配、经济缺陷和其他可能影响使用软件益处的各种因素；

1.08 应致力于将自己的专业技能用于公益事业和公共教育的发展。

● 原则 2，客户和雇主在保持与公众利益一致的原则下，软件工程师应注意满足客户和雇主的最高利益，特别是在适当的情况下软件工程师应当：

2.01 在其胜任的领域提供服务，对其经验和教育方面的不足应持诚实和坦率的态度；

2.02 不明知故犯使用非法或非合理渠道获得的软件；

2.03 在客户或雇主知晓和同意的情况下，只在适当准许的范围内使用客户或雇主的资产；

2.04 保证他们遵循的文档按要求经过某一人授权批准；

2.05 只要工作中所接触的机密文件不违背公众利益和法律，对这些文件所记载的信息须严格保密；

2.06 根据其判断，如果一个项目有可能失败，或者费用过高，违反知识产权法规，或者存在问题，应立即确认、文档记录、收集证据和报告客户或雇主；

2.07 当他们知道软件或文档有涉及社会关切的明显问题时，就进行确认，并将文档记录和报告提交给雇主或客户；

2.08 不接受不利于为他们雇主工作的外部工作；

2.09 不提倡与雇主或客户的利益冲突，除非出于符合更高道德规范的考虑，在后者情况下，应通报雇主或另一位涉及这一道德规范的适当的当事人。

● 原则 3，产品软件工程师应当确保他们的产品和相关的改进符合最高的专业标准，特别是在适当的情况下软件工程师应当：

3.01 努力保证高质量、可接受的成本和合理的进度，确保任何有意义的折中方案雇主和客户是清楚和接受的，从用户和公众角度是合用的；

3.02 确保他们所从事或建议的项目有适当和可达到的目标；

3.03 识别、定义和解决他们工作项目中有关的道德、经济、文化、法律和环境问题；

3.04 通过适当地结合教育、培训和实践经验，保证他们能胜任正从事和建议开展的工作项目；

3.05 保证在他们从事或建议的项目中使用合适的方法；

3.06 只要适用，遵循最适合手头工作的专业标准，除非出于道德或技术考虑可认定时才允许偏离；

3.07 努力做到充分理解所从事软件的规格说明；

3.08 保证他们所从事的软件说明是良好文档、满足用户需要和经过适当批准的；

3.09 保证对他们从事或建议的项目，做出现实和定量的估算，包括成本、进度、人员、质量和输出，并对估算的不确定性做出评估；

3.10 确保对其从事的软件和文档资料有合适的测试、排错和评审；

3.11 保证对其从事的项目，有合适的文档，包括列入他们发现的重要问题和采取的解决办法；

3.12 开发的软件和相关的文档，应尊重那些受软件影响的人的隐私；

3.13 小心和只使用从正当或法律渠道获得的精确数据，并只在准许的范围内使用；

3.14 注意维护容易过时或有出错情况时的数据完整性；

3.15 处理各类软件维护时，应保持与新开发时一样的职业态度。

● 原则 4，软件工程师应当维护他们职业判断的完整性和独立性，特别是在适当的情况下软件工程师应当：

4.01 所有技术性判断服从支持和维护人价值的需要；

4.02 只有在对本人监督下准备的文档，或在本人专业知识范围内并经本人同意的情况下才签署文档；

4.03 对受他们评估的软件或文档，保持职业的客观性；

4.04 不参与欺骗性的财务行为，如行贿、重复收费或其他不正当财务行为；

4.05 对无法回避和逃避的利益冲突，应告示所有有关方面；

4.06 当他们、他们的雇主或客户存有未公开和潜在利益冲突时，拒绝以会员或顾问身份参加与软件事务相关的私人、政府或职业团体。

● 原则 5，管理软件工程的经理和领导人员应赞成和促进对软件开发和维护合乎道德规范的管理，特别是在适当的情况下软件工程师应当：

5.01 对其从事的项目保证良好的管理，包括促进质量和减少风险的有效步骤；

5.02 保证软件工程师在遵循标准之前便知晓它们；

5.03 保证软件工程师知道雇主是如何保护对雇主或其他人保密的口令、文件和信息的有关政策和方法；

5.04 布置工作任务应先考虑其教育和经验会有适切的贡献，再加上有进一步教育和经验的要求；

5.05 保证对他们从事或建议的项目，做出现实和定量的估算，包括成本、进度、人员、质量和输出，并对估算的不确定性做出评估；

5.06 在雇佣软件工程师时，需实事求是地介绍雇佣条件；

5.07 提供公正和合理的报酬；

5.08 不能不公正地阻止一个人取得可以胜任的岗位；

5.09 对软件工程师有贡献的软件、过程、研究、写作或其他知识产权的所有权，保证有一个公平的协议；

5.10 对违反雇主政策或道德观念的指控，提供正规的听证过程；

5.11 不要求软件工程师去做任何与道德规范不一致的事；

5.12 不能处罚对项目表露有道德关切的人。

● 原则 6，专业在与公众利益一致的原则下，软件工程师应当推进其专业的完整性和声誉，特别是在适当的情况下软件工程师应当：

6.01 协助发展一个适合执行道德规范的组织环境；

6.02 推进软件工程的共识性；

6.03 通过适当参加各种专业组织、会议和出版物，扩充软件工程知识；

6.04 作为一名职业成员，支持其他软件工程师努力遵循道德规范；

6.05 不以牺牲职业、客户或雇主利益为代价，谋求自身利益；

6.06 服从所有监管作业的法令，唯一可能的例外是，仅当这种符合与公众利益有不一致时；

6.07 要精确叙述自己所从事软件的特性，不仅避免错误的断言，也要防止那些可能造成猜测投机、空洞无物、欺骗性、误导性或者有疑问的断言；

6.08 对所从事的软件和相关文档，负起检测、修正和报告错误的责任；

6.09 保证让客户、雇主和主管人员知道软件工程师对本道德规范的承诺，以及这一承诺带来的后果影响；

6.10 避免与本道德规范有冲突的业务和组织沾边；

6.11 要认识违反本规范是与成为一名专业工程师不相称的；

6.12 在出现明显违反本规范时，应向有关当事人表达自己的关切，除非在没有可能、会影响生产或有危险时才可例外；

6.13 当向明显违反道德规范的人无法磋商，或者会影响生产或有危险时，应向有关当局报告。

● 原则 7，同行软件工程师对其同行应持平等和互助和支持的态度，特别是在适当的情况下软件工程师应当：

7.01 鼓励同行遵守本道德规范；

7.02 在专业发展方面帮助同行；

7.03 充分信任和赞赏其他人的工作，节制追逐不应有的赞誉；

7.04 评审别人的工作，应客观、直率和适当地进行文档记录；

7.05 持良好的心态听取同行的意见、关切和抱怨；

7.06 协助同行充分熟悉当前的标准工作实践，包括保护口令、文件和保密信息有关的政策和步骤，以及一般的安全措施；

7.07 不要不公正地干涉同行的职业发展，但出于客户、雇主或公众利益的考虑，软件工程师应以善意态度质询同行的胜任能力；

7.08 在有超越本人胜任范围的情况，应主动征询其他熟悉这一领域的专业人员。

● 原则 8，自身软件工程师应当参与终生职业实践的学习，并促进合乎道德的职业实践方法，特别是软件工程师应不断尽力于：

8.01 深化他们的开发知识，包括软件的分析、规格说明、设计、开发、维护和测试，相关的文档，以及开发过程的管理；

8.02 提高他们在合理的成本和时限范围内，开发安全、可靠和有用质量软件的能力；

8.03 提高他们产生正确、有含量的和良好编写的文档能力；

8.04 提高他们对所从事软件和相关文档资料，以及应用环境的了解；

8.05 提高他们对从事软件和文档有关标准和法律的熟悉程度；

8.06 提高他们对本规范，及其解释和如何应用于本身工作的了解；

8.07 不因为难以接受的偏见不公正地对待他人；

8.08 不影响他人在执行道德规范时所采取的任何行动；

8.09 要认识违反本规范是与成为一名专业软件工程师不相称的。

1.4 案例

为了便于直观地理解软件工程过程，本书引用了一个贯穿全程的案例——个人网上银行系统，下面将对“个人网上银行系统”做初步的功能说明。

随着互联网和电子商务的迅速风靡，网络经济掀起了前所未有的热潮，网上银行应运而生。相对于传统银行，网上银行是一种全新的银行服务手段，一种全新的企业组织形式，用户可以不受时空限制，足不出户通过网络进行转账、支付等银行业务。本文的“个人网上银行系统”主要包括：账户信息查询和维护、账户转账（汇款）、生活缴费、投资理财产品管理、基金产品管理和信用卡管理六大功能，如图 1－4 所示。

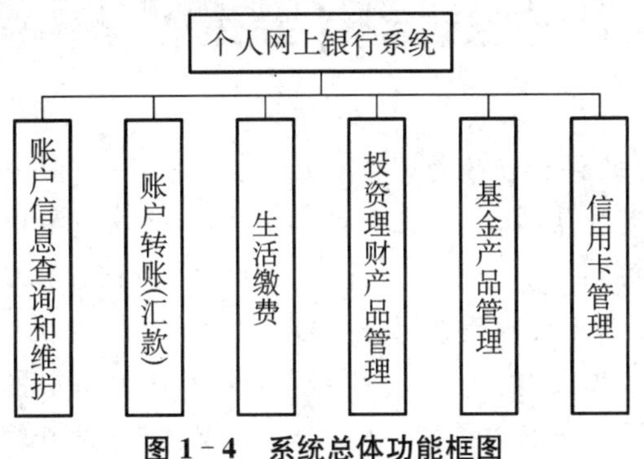

图 1－4　系统总体功能框图

● 账户信息查询和维护

“账户信息查询和维护”是网上银行系统的一项基本功能，所有的个人网上银行系统都应具备此功能。该功能能清晰地列出用户在银行所有账户的账户余额、账户明细等情况，同时支持账户挂失。

● 账户转账(汇款)

“账户转账(汇款)”包括行内同城转账及异地转账。对于用户客户端来说，一旦个人账户在网点申请成为网银的签约用户之后，用户登录个人网上银行系统就可以进行转账汇款。而对于需要定期向某个账户进行转账的需求，还可以通过查询转账记录，查找要转账的账户，避免每次都输入对方账户信息。对于银行端来说，根据用户转账的类型确定收取相应的转账手续费。

● 生活缴费

“生活缴费”主要指水、电、煤气和电话费的缴纳，以及手机充值等。当用户需要缴费时，用户登录网上银行系统，选择相应的缴费项，输入水、电、煤气、电话费单的用户号，选择资金划出账号即可进行缴纳。

● 投资理财产品管理

“投资理财产品管理”需要用户在银行网点进行签约确认后才可使用。用户可以选择相应的理财产品进行购买，用户还可以查询自己的理财产品信息。

● 基金产品管理

“基金产品管理”是指银行代销的各类基金产品，用户可以对基金进行查询、对比和购买，也可以查询个人基金信息。

● 信用卡管理

“信用卡管理”指的是银行信用卡账户的开卡、信用卡消费账单查询、消费积分查询等。

1.5 本章小结

本章对计算机软件工程学作了一个简短的概述，首先是软件相关的一些基础知识，包括软件的概念、软件与硬件相比的特点、软件的分类；其次是对软件工程的介绍，包括软件工程的定义、软件工程的基本原理、软件工程的知识体系；然后介绍了软件工程职业道德规范；最后是对贯穿全书的银行系统案例的说明。

习题

一、单选题

1. 下面描述不属于软件特点的是(　　)。

A. 软件是一种逻辑实体，具有抽象性　　B. 软件在使用中不存在磨损、老化问题

C. 软件复杂性高　　D. 软件使用不涉及知识产权

2. “软件危机”产生的主要原因是(　　)。

A. 软件规模日益庞大　　B. 开发方法不当

C. 开发人员编写程序能力差　　D. 没有维护好软件

3. 软件工程的三要素是（　　）。

A. 技术、方法和工具　　B. 方法、对象和类

C. 方法、工具和过程　　D. 过程、模型和方法

4. “软件工程”术语是在（　　）被首次提出。

A. Fred Brooks 的《软件工程中的根本和次要问题》

B. 1968 年 NATO 会议

C. IEEE 的软件工程知识体系指南（SWEBOK）

D. 美国卡内基・梅隆大学的软件工程研究所

5. 软件工程的基本目标是（　　）。

A. 开发足够好的软件

B. 消除软件固有的复杂性

C. 努力发挥开发人员的创造性潜能

D. 更好地维护正在使用的软件产品

6. 软件由（　　）组成。

A. 程序和工具　　B. 数据和程序

C. 文档和数据　　D. 数据、文档和程序

7. 下面选项中，（　　）不属于软件工程学科所要研究的基本内容。

A. 软件工程目标　　B. 软件工程材料

C. 软件工程过程　　D. 软件工程原理

8. 开发软件所需高成本和产品的低质量之间有着尖锐的矛盾，这种现象称为（　　）。

A. 软件工程　　B. 软件周期

C. 软件危机　　D. 软件产生

9. 在软件工程项目中，不随参与人数的增加而使软件的生产率增加的主要问题是（　　）。

A. 工作阶段间的等待时间　　B. 生产原型的复杂性

C. 参与人员所需的工作站数　　D. 参与人员之间的通信困难

10. 软件工程的出现主要是由于（　　）。

A. 程序设计方法学的影响　　B. 其他工程科学的影响

C. 软件危机的出现　　D. 计算机的发展

二、简答题

1. 什么是软件工程？它的目标和内容是什么？

2. 与计算机硬件相比，计算机软件有哪些特点？

3. 什么是软件危机？导致软件危机的原因有哪些？

4. 请简述软件工程的三要素。

5. 请简述软件工程的研究内容。

【微信扫码】
本章参考答案 & 相关资源

第2章

软件过程

任何产品都是将原材料经过一定的加工而获得。比如钢板经过采矿、选矿、烧结、炼铁、炼钢、连铸胚、连轧等加工过程而获得。软件产品也一样，将用户的需求作为输入，通过一系列加工活动将输入转换为软件产品输出。那么软件产品的加工到底是什么样的过程呢？本章主要介绍软件过程的概念、软件过程所包含的活动、传统的软件过程模型、两个现代软件过程模型、能力成熟度模型等知识点。

2.1 软件过程概述

2.1.1 软件过程的概念

什么是过程？ISO 9000 把过程定义为“使用资源将输入转化为输出的相互关联或相互作用的活动”。从软件开发的观点看，它就是使用包括人员、软硬件工具、时间等资源，为开发软件进行的一组开发活动，在过程结束后将输入（用户需求）转换为输出（软件产品）。通俗一点讲，软件过程描述为了开发出客户需要的软件，什么人（who）、在什么时候（when）、做什么事（what）以及怎样（how）做这些事，以实现某一个特定的具体目标。

软件过程是研究软件开发的方法论，它规定了在获取、供应、开发、运行和维护软件时需要实施的过程、活动和任务，其目的是为各种人员提供一个公共的框架。该框架由一些重要的过程组成，在这些过程中包含了用以获取、供应、开发、运行和维护软件所需的最基本的活动和任务，以及用以控制和管理软件的活动和任务。软件过程可概括为三类：基本过程、支持过程和组织过程，如图 2-1 所示。

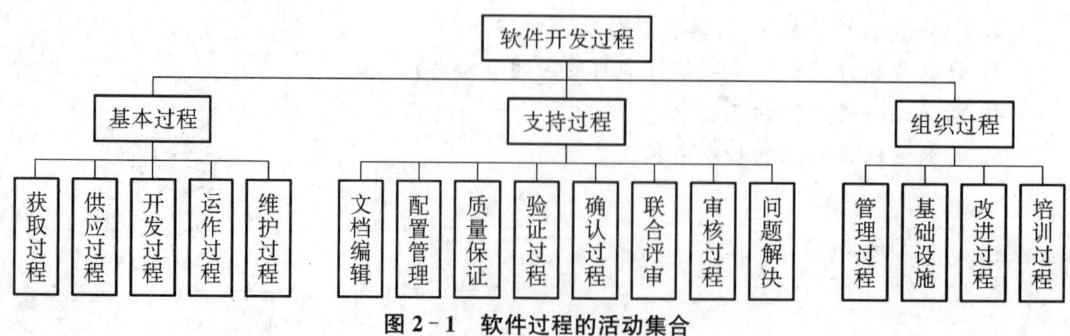

图 2-1 软件过程的活动集合

● 基本过程是指软件开发的主干活动集，如同建筑工程的签合同、做设计、现场施工、工程交付、验收，也就是进行投入产出的实质性活动集。同理，软件开发的基本过程多数属于开发人员执行的活动集，如需求分析、系统设计、编码实现这些活动。

● 支持过程是指软件开发的辅助活动集。如同建筑工程的资料管理、工程监理等，也可以说是软件质量保证的活动集。支持过程应该属于项目管理层执行的活动集，该活动集在现代软件工程中逐渐被重视。

● 组织过程一般对应软件开发的软、硬件环境建设。如同建筑工程的施工装备、人员协调、人员培训、后勤保障等综合配套管理活动。组织过程基本上属于企业管理层执行的活动集，体现了 IT 企业的可持续发展能力和竞争优势。

2.1.2 软件过程与软件生命周期

1. 软件生命周期的定义

软件生命周期又称为软件生存周期或系统开发生命周期，是软件产品从定义到开发、使用到维护、直至最终被弃用所经历的整个时期。软件生命周期由软件定义、软件开发和运行维护三个时期组成，每个时期又进一步划分成若干个阶段，共八个阶段，每个阶段有明确的任务界限，划分阶段的目的是为了简化软件过程，使得因为软件规模增长而带来的软件开发复杂性增大变得容易控制和管理。

软件生命周期的三个时期、八个阶段的对应关系如图 2－2 所示。软件定义时期，可以进一步分为问题定义、可行性研究和需求分析三个阶段。软件开发时期，分为概要设计、详细设计、编程、测试四个阶段。软件维护时期就对应软件维护一个阶段，它是软件生命周期中历时最长的一个阶段。

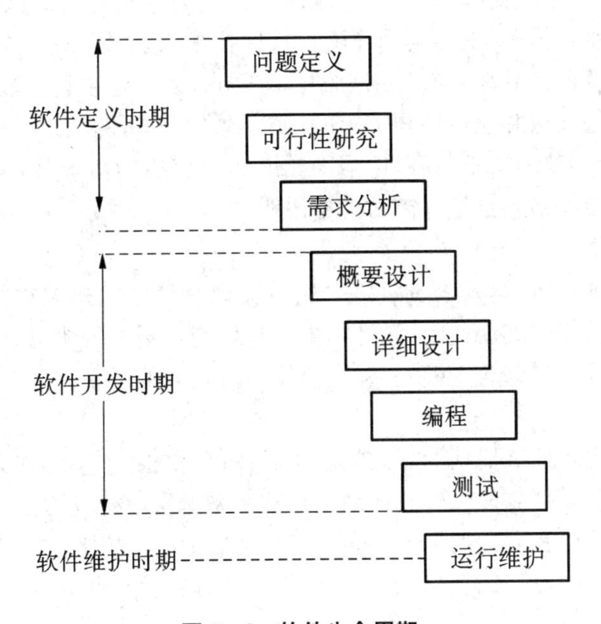

图 2－2　软件生命周期

下面简要介绍各个阶段应该完成的基本任务。

(1) 问题定义阶段

问题定义阶段必须回答的关键问题是:“要解决的问题是什么?”如果不知道问题是什么就试图解决这个问题,显然是盲目的,只会白白浪费时间和金钱,最终得出的结果很可能是毫无意义的。尽管确切地定义问题的必要性是十分明显的,但是在实践中它却可能是最容易被忽视的一个步骤。

用户提出一个软件开发需求以后,分析师首先要明确软件的实现目标、规模及类型:如它是数据处理问题还是实时控制问题,是科学计算问题还是人工智能问题等,而后形成书面报告,并且需要得到客户对这份报告的确认。

(2) 可行性研究

在清楚了项目的性质、目标、规模后,分析师要对项目进行可行性分析。本阶段的工作实质是一次大大简化了的需求分析和设计过程,目的是探索这个问题是否值得去解决,是否有可行的解决方案。最后需要提交可行性研究报告。

可行性研究的结果是客户做出是否继续进行这项工程的决定的重要依据,一般说来,只有投资可能取得较大效益的那些工程项目才值得继续进行下去。可行性研究以后的那些阶段将需要投入更多的人力和物力。及时终止不值得投资的工程项目,可以避免更大的浪费。

可行性研究的目的就是用最小的代价在尽可能短的时间内确定问题是否能解决,是否值得解决。需要注意的是,可行性研究的目的不是解决问题,而是确定问题是否可以去解。要达到这个目的,不能靠主观臆想而只能靠客观分析。分析师必须进一步概括地了解用户的需求,并在此基础上提出若干种可能的系统实现方案,并对每种方案从技术、经济、操作和社会四个方面分析其可行性,从而最终确定这项工程的可行性。

(3) 需求分析

这个阶段是回答“系统做什么”这个问题。软件是为用户开发的,软件的功能性和非功能性要求首先得由用户提出,这需要用户配合软件技术人员按照用户的实际业务要求进行挖掘。最终得到的软件产品能否满足用户的真实需求,是断定项目成败的关键要素。

需求分析是详细获取并表述用户需求的活动。需求分析的结果是后续设计与编程活动的依据。获取真实、完整的需求,并以适当工具准确地表述为需求分析模型,是需求分析活动的关键。这一阶段的结果是软件需求规格说明书。

(4) 概要设计

这个阶段的基本任务是,概括地回答“如何实现系统?”。概要设计也被称为“总体设计”,用于获得目标系统的宏观蓝图,设计师根据软件需求规格说明书,构造目标系统的软件结构,如:将一个系统划分为若干模块,确定模块与模块间的关系。

(5) 详细设计

概要设计是以比较抽象概括的方式提出了解决问题的办法,详细设计阶段的任务是把解法具体化,也就是回答“应该怎样具体地实现这个系统”。该阶段是把概要设计的结果,细化为可以用某种编程语言实现的设计方案。例如,结构化方法中,详细设计的任务主要是程序流程设计和数据结构设计;面向对象的方法中,是对前期得到的类或对象模型进行细节设计,使之可以直接支持编程。

(6) 编程

编程又称为编码,就是编写程序源代码。最终得到的“源程序清单”就是源代码清单。

程序源代码要经过编译或解释以后，才能被执行。

编码追求的是程序代码编写风格，要求所编写的程序要规范、友好，便于阅读和调试，这是提高程序质量和软件可维护性的关键活动之一。

(7) 软件测试

测试是软件质量保证活动的最后一道防线。整个测试过程主要分为单元测试、集成测试、系统测试和验收测试。通常单元测试与编程活动同时进行，由程序员自己完成。而集成测试、系统测试和验收测试是在独立的测试阶段完成。

测试的方法主要有白盒测试和黑盒测试两种。在测试过程中需要建立详细的测试计划并严格按照测试计划进行测试，以减少测试的随意性。

(8) 软件维护

软件运行和维护是软件生命周期中最长的一个阶段。软件交付使用后，便进入漫长的运行和维护期，可能持续几年甚至几十年，期间可能要进行多次维护或修改。

维护活动按性质分为纠错性维护、完善性维护、适应性维护和预防性维护。在软件的开发与测试阶段，有一些缺陷没有被发现，而在使用过程中暴露出来，由维护人员诊断和改正错误的过程，称为改正性维护。使用过程中，用户会提出新功能或性能的要求，或者是提出一般性的改进意见，为了满足这类要求，需要对软件进行增加功能、改善功能、增强软件性能的修改，此类活动称为完善性维护。硬件换代、操作系统升级速度非常快，而应用软件的使用寿命却可能很长，远长于最初开发这个软件时的运行环境的寿命，为了使软件与变化了的环境相适应而进行的修改，称为适应性维护。为了改善软件的可维护性或可靠性，或为了给未来的改进奠定更好的基础而对软件所做的修改工作，称为预防性维护。

2. 软件生命周期与软件过程的关系

软件过程与软件生命周期两者指同一件事情，只是角度不同，表达的侧重点和方式不同。软件过程主要指软件产品的生产加工过程，关注加工过程所具有的方法论、活动集合和活动的时间顺序。生命周期是指软件产品的寿命，关注软件从诞生到消亡的生命历程，实质内容也就是软件过程。

可以说，软件过程就等于软件生命周期。通常使用生命周期模型(Software Life Cycle Model)简洁地描述软件过程。因此，软件生命周期模型又称软件过程模型，它规定了把软件生命周期划分成哪些阶段及各个阶段的执行顺序。

2.1.3　软件过程与软件工程

过程与工程是两个层面的问题，过程是生产加工的技术层面，关注从原料(投入)到产品(产出)的加工过程中涉及的加工方法、工具、技术等。工程更多的指管理层面，利用管理手段将产品加工过程中投入的资源进行有效的调控和整合，追求投入产出的效益和效率最大化。

软件过程与软件工程的关系也不例外。软件过程是软件加工过程中所涉及的活动以及活动顺序，软件工程是管理软件过程的。但由于软件产品加工与物理产品加工有很大差别，把技术与管理分开是有困难的，软件过程也包括一些管理活动，如质量管理、配置管理等。

在1.2节讲软件工程三要素(过程、方法、工具)时，曾提及“软件过程”，“软件过程”是三要素的基本要素，在搞清楚过程所涉及的活动基础上，才能进一步研究软件工程的方法和工具，可见，软件过程是软件工程的一个重要子集。此外，软件过程包含了软件工程进行投入产出的实质性活动，是迈向软件工程目标的关键一环。

2.2 软件过程模型

人们基于软件工程方法论和软件项目特点总结出了不同的软件过程模型，软件过程模型是对软件过程的一种抽象表达，每个过程模型从某个特定视点描述了软件的一个生存期过程。好的过程模型吸收了成功的软件工程经验和有效的软件工程原则，因此，参考软件过程模型组织软件项目有利于提高工作效率、把握开发质量，总体上可以提高软件项目的成功率。本节主要介绍五种传统的软件过程模型，分别为瀑布模型、快速原型模型、增量模型、螺旋模型和喷泉模型。

2.2.1 瀑布模型

瀑布模型(Waterfall Model)是由 Winston. Royce(温斯顿·罗伊斯)于 1970 年提出来的，在 20 世纪 80 年代之前，瀑布模型一直是唯一被广泛采用的生命周期模型，即便现在它仍然是软件工程中应用得最广泛的一种过程模型。传统软件工程方法学的软件过程，基本上都可以用瀑布模型来描述。

瀑布模型严格按照软件生存周期各个阶段来进行开发，每个阶段自上而下，有严格的顺序性，犹如瀑布流水，拾阶而下，上一阶段的输出是下一阶段的输入。此外，瀑布模型规定了各阶段的任务和应提交的成果及文档，每一阶段的任务完成后，都必须对其阶段性产品(主要是文档)进行评审，通过后才能开始下一阶段的工作，因此，瀑布模型是一种文档驱动的模型。瀑布模型如图 2-3 所示。

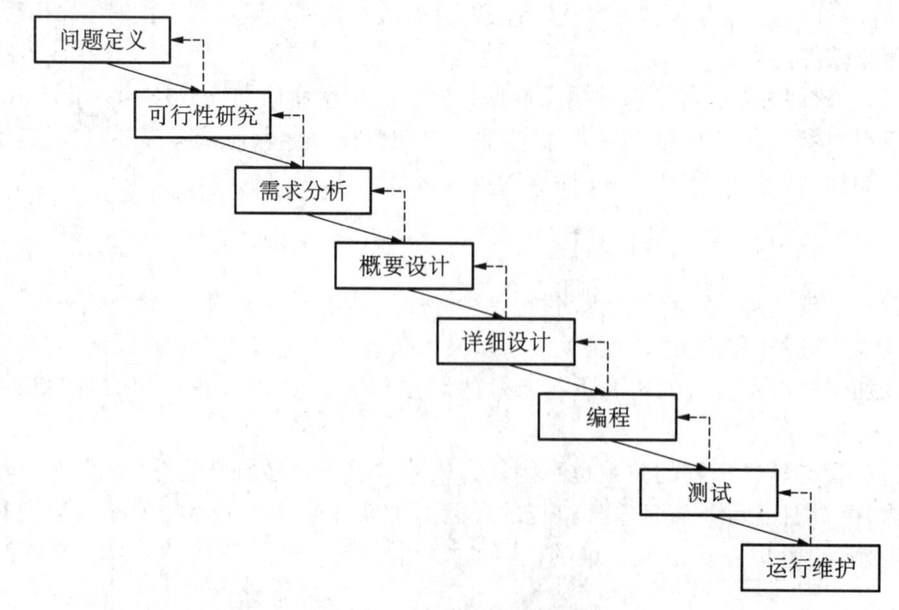

图 2-3 带反馈环的瀑布模型

图 2-3 是改进后的瀑布模型图,与传统的瀑布模型相比,多了"反馈环",如图中虚线所示。当在后面阶段发现前面阶段的错误时,允许沿着反馈线返回前面的阶段,修正错误后再回来继续完成后面阶段的任务。

瀑布模型有很多优点,如下:

- 可强迫开发人员采用规范的方法,如结构化技术。
- 严格规定了每一阶段必须提交的文档。
- 要求每一阶段交付的产品都必须经过质量保证小组的仔细审查。
- 清晰区分了逻辑设计与物理设计,尽可能推迟程序的物理实现。
- 遵守瀑布模型的文档约束,将使软件维护变得比较容易一些。

可以说,瀑布模型的成功在很大程度上是由于它是一种文档驱动的模型,然而,"瀑布模型是由文档驱动的"这个事实也是它的一个主要缺点。原因是:第一,在可运行的软件产品交付给用户之前,用户只能通过文档来了解产品是什么样的。但是,仅仅通过写在纸上的静态的规格说明,很难全面正确地认识动态的软件产品。第二,事实证明,一旦一个用户开始使用一个软件,在他的头脑中关于该软件应该做什么的想法就会或多或少地发生变化,这就使得最初提出的需求变得不完全适用了。因此,要求用户不经过实践就提出完整准确的需求,在许多情况下都是不切实际的。总之,由于瀑布模型几乎完全依赖于书面的规格说明,很可能导致最终开发出的软件产品不能真正满足用户的需要。瀑布模型一般适用于功能和性能明确、完整、无重大变化的软件系统的开发。

2.2.2　快速原型模型

在进行需求分析时总会遇到这样的情况,如客户说不清楚需求,需求总是会变化,分析人员或客户理解上有歧义等,如果按瀑布模型,将会无休止地纠缠在需求分析上,项目无法开展下去。快速原型模型就是在这样的背景下提出的。

所谓快速原型就是快速建立起来的可以在计算机上运行的程序,它所能完成的功能往往是最终产品能完成的功能的一个子集。快速原型模型的第一步是快速地建立一个能反映用户主要需求的原型系统,让用户在计算机上试用它,通过实践来了解目标系统的概貌。通常,用户试用原型系统之后会提出许多修改意见,开发人员按照用户的意见快速地修改原型系统,然后再次请用户试用……一旦用户认为这个原型系统确实能做他们所需要的工作,开发人员便可据此书写规格说明文档,确定软件需求,而后进行设计、编程、测试等以后的各个开发工作。需要注意的是,原型仅是为了完成需求分析阶段任务而构建的,原型只是原型,它不是最终的软件产品。快速原型模型与瀑布模型的过程类似,是在瀑布模型的基础上增加了原型构建阶段,如图 2-4 所示。

快速原型模型有很多优点,如下:

- 更为准确,原型系统已经通过与用户交互而得到验证,据此产生的规格说明文档正确地描述了用户需求。
- 减少后期返工,修改工作集中在前期的原型系统确认上,这自然减少了在后续阶段需要改正前面阶段所犯错误的可能性。
- 用户参与性强。
- 适合需求模糊或随时间变化的系统,使部分已知需求逐渐清晰化。

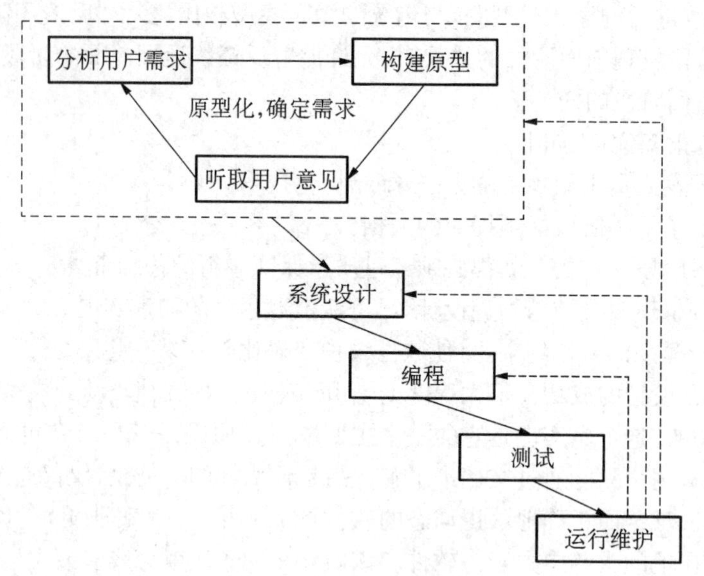

图 2-4 快速原型模型

当然,快速原型模型也会存在一些缺点,如下:

- 没有考虑软件的整体质量和长期的可维护性。
- 为了演示功能,不合适的操作算法或开发工具被采用仅仅因为它的方便,还有不合适的操作系统被选择等。
- 由于达不到质量要求产品可能被抛弃,而采用新的模型重新设计。

2.2.3 增量模型

增量模型也称为渐增模型,是对瀑布模型的又一种改进模型。一个软件系统往往是功能比较复杂的,一次性将全部功能按阶段往前推进比较困难,一种行之有效的办法是先分解系统,以用户看得见的功能为增量单位实现迭代式开发,一次完成一个增量。

使用增量模型开发软件时,把软件产品作为一系列的增量构件来设计、编码、集成和测试。每个增量构件是系统的一个子集,能够完成特定的功能。把软件产品分解成增量构件时,应该使构件的规模适中,规模过大或过小都不好。分解方法因软件产品特点和开发人员的习惯而异。分解时唯一必须遵守的约束条件是,当把新构件集成到现有软件中时,所形成的产品必须是可测试的。

实践中,增量模型分为增量开发和增量提交两个类型。增量开发对每一个增量构件都经历一次瀑布模型的开发过程,如图 2-5 所示。增量开发模型是一种风险较大的增量模型,一旦确定了用户需求之后,就着手拟定第一个构件的规格说明文档,完成后规格说明组将转向第二个构件的规格说明,与此同时设计组开始设计第一个构件……用这种方式开发软件,不同的构件能并行地构建,因此可以加快工程进度。但是,使用这种方法将存在构件无法集成到一起的风险,除非密切地监控整个开发过程,否则整个工程可能毁于一旦。而增量提交模型风险相对小很多,它是在开始实现各个构件之前就全部完成需求分析、规格说明和概要设计的工作,由于在开始构建第一个构件之前已经有了总体设计,因此风险较小。增量提交模型如图 2-6 所示。

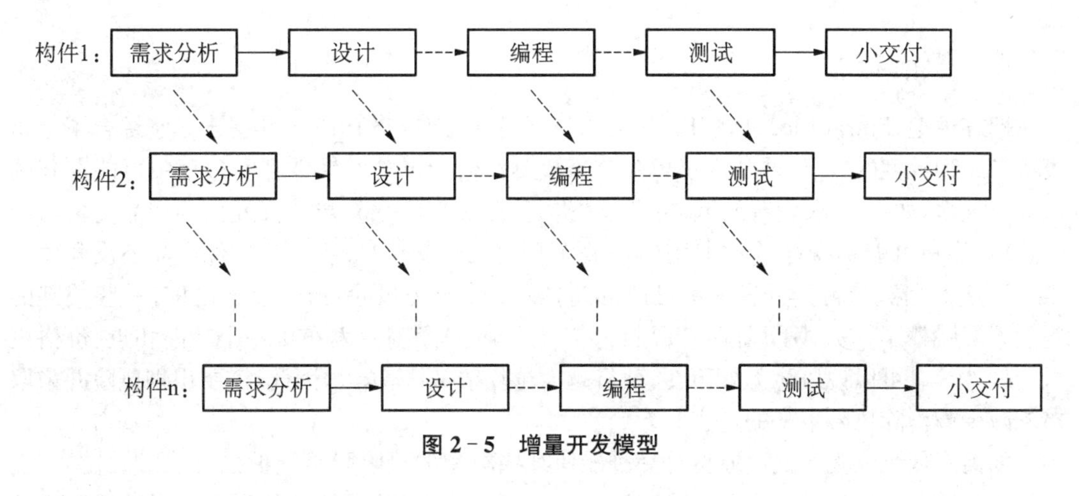

图2-5　增量开发模型

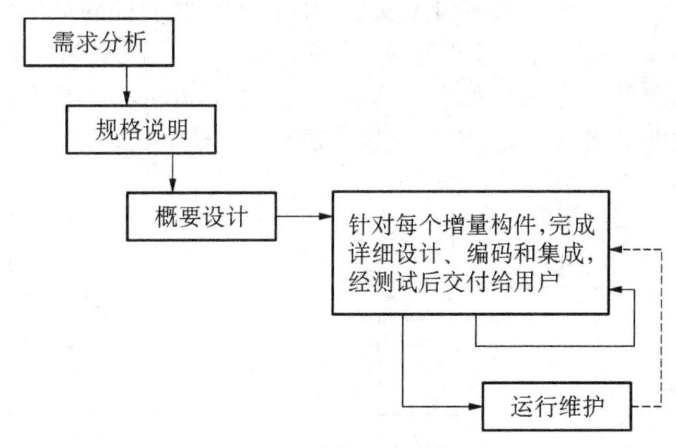

图2-6　增量提交模型

增量模型是一种渐增式模式,它的优点是:

● 问题渐增完成。采用瀑布模型或快速原型模型开发软件时,目标都是一次就把一个满足所有需求的产品提交给用户。增量模型则与之相反,它分批地逐步向用户提交产品,整个软件产品被分解成许多个增量构件,开发人员是一个构件接一个构件地向用户提交产品。从第一个构件交付之日起,用户就能做一些有用的工作。显然,能在较短时间内向用户提交可完成部分工作的产品,是增量模型的一个优点。

● 用户更能学习和适应。逐步增加产品功能可以使用户有较充裕的时间学习和适应新产品,从而减少一个全新的软件可能给客户组织带来的冲击,是增量模型的另一个优点。

当然,增量模型也会存在一些缺点,如下:

● 对软件的体系结构要求高。在把每个新的增量构件集成到现有软件体系结构中时,必须不破坏原来已经开发出的产品。此外,必须把软件的体系结构设计得便于按这种方式进行扩充,向现有产品中加入新构件的过程必须简单、方便,也就是说,要求软件体系结构必须是开放的。

● 容易退化成边做边改模型。在开发过程中,需求的变化是不可避免的。增量模型的灵活性可以使其适应这种变化的能力大大优于瀑布模型和快速原型模型,但也很容易退化为边做边改模型,从而使软件过程的控制失去整体性。

2.2.4 螺旋模型

螺旋模型(Spiral Model)是 Barry. Boehm(巴利·玻姆)于 1988 年提出。它综合了瀑布模型和原型模型的特点,并加入了风险分析机制。何为风险?软件开发过程中可能遇到的风险有很多,如① 需求理解的风险:需求获取不准确或不完整,导致开发出的产品交付给用户之后,用户可能不满意;② 时间风险:到了预定义的交付日期,可是软件产品还没开发出来;③ 资金风险:实际的开发成本可能远超预算;④ 人力风险:产品完成之前,一些关键的开发人员跳槽了;⑤ 对手风险:产品投入市场之前,竞争对手发布了一个功能相近、价格更低的软件等。可以说风险无处不在,项目越大越复杂,风险越大,因此,需要识别风险并采取措施减少或消除风险带来的危害。

如何降低风险呢?快速原型是一种能使某些类型的风险降至最低的方法,通过在需求分析阶段快速地构建一个原型,能够降低交付给用户的产品不能满足用户需要的风险。但是,原型并不能"包治百病",对于某些类型的风险,原型方法是无能为力的。

螺旋模型的基本思想是,使用原型及其他方法来尽量降低风险。可以将螺旋模型理解为是在每个阶段之前都增加了风险分析过程的快速原型模型,如图 2-7 所示。

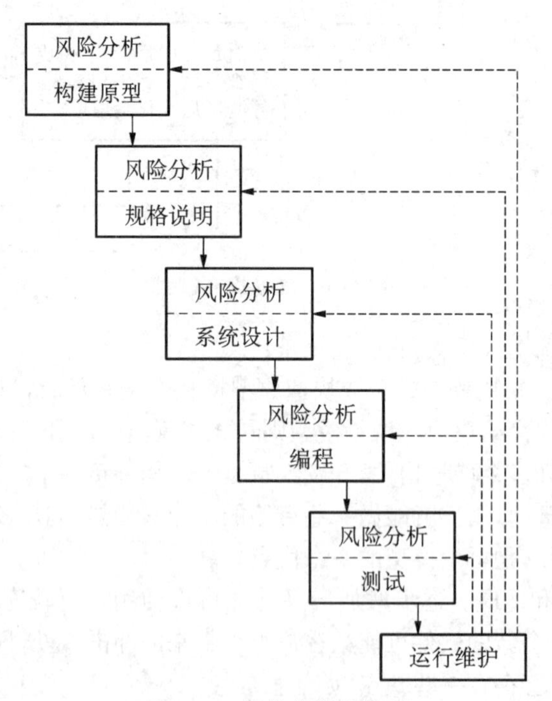

图 2-7 简化的螺旋模型

完整的螺旋模型如图 2-8 所示,4 个象限分别代表了 4 项活动,分别为制定计划、风险分析、实施工程和客户评估,螺旋模型开发沿着螺旋线进行若干次迭代,每一次迭代是 4 项活动的一次瀑布式开展过程。

- 制定计划:确定软件目标,选定实施方案,弄清楚项目约束条件。
- 风险分析:分析评估所选方案,考虑如何识别和消除风险。
- 实施工程:实施开发和验证活动。

● 客户评估：评价开发工作，提出修正建议，制定下一步计划。

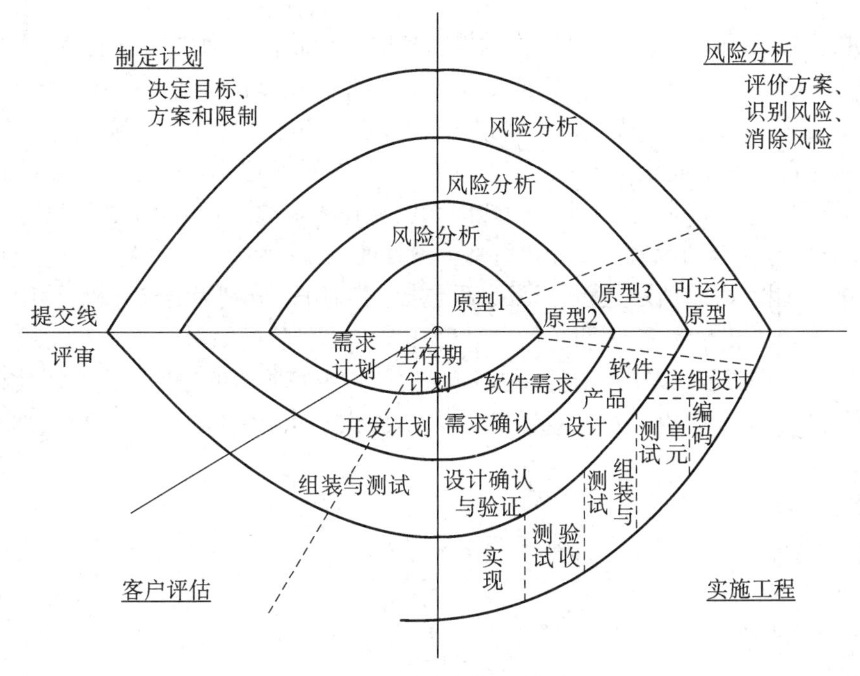

图 2-8　完整的螺旋模型

对照图 2-8，螺旋模型的过程大致是：首先确定本次迭代的目标，完成这个目标的选择方案及约束条件；然后从风险分析角度分析上一步的工作结果，努力排除各种潜在的风险，有时需要通过建造原型来完成，如果风险不能排除，则停止开发工作，否则启动下一个开发步骤（见图右下象限）；最后评价本次迭代的工作成果并计划下一次迭代的工作。

螺旋模型的优点如下：

● 对可选方案和约束条件的强调，有利于已有软件的重用，也有助于把软件质量作为软件开发的一个重要目标，减少了过多测试或者是测试不足所带来的风险。

● 在螺旋模型中，"维护" 只是模型的另一个周期，在维护和开发之间，并没有本质的区别。

● 属于演进模型，综合了瀑布模型和快速原型，融入了循环往复、迭代演进的思想。

● 增加风险分析，一旦风险成立，原来方案终止、修订，力求风险可控。客户始终参与每个阶段的开发，每个阶段的成果需要客户评估确认，避免错误的积累。

当然，螺旋模型也会存在一些缺点，如下：

● 螺旋模型主要适用于大规模软件项目。如果进行风险分析的费用接近整个项目的经费预算，则风险分析是不可行的。

● 一般适用于内部开发的项目，项目越大，风险也越大，因此，进行风险分析的必要性也越大。此外，只有内部开发的项目，才能在风险过大时方便中止项目。

● 要求软件开发人员具有丰富的风险评估经验和这方面的专门知识，否则将出现真正的风险：当项目实际上正在走向灾难时，开发人员可能还认为一切正常。

2.2.5 喷泉模型

喷泉模型(Fountain Model)是近些年提出来的一种软件生命周期模型，它是以面向对象的软件开发方法为基础，以用户需求为动力，以对象来驱动的模型。与传统模型相比，喷泉模型具有更多的增量和迭代性，生命周期的各阶段是相互迭代的，且无间隙。“迭代性”是指软件的某个部分常常重复参与多次工作，相关对象在每次迭代中随之加入渐进的软件成分。“无间隙”是指生命周期的各个阶段之间无明显边界，如分析和设计之间没有明显的界限，分析工作没有完全结束就可以先进行部分设计的工作。

喷泉模型如图 2-9 所示，整个开发过程包括 5 个阶段，分别为需求分析、设计、实现、测试和维护。各阶段相互重叠，表明了面向对象开发方法各阶段间可以交叉和无缝过渡。整个模型是一迭代的过程，包括一个阶段内部的迭代，以及跨阶段的迭代。模型还具有增量开发特点，即能做到分析一点，设计一点，实现一点，测试一点，使相关功能逐渐被加入到演化的系统中。

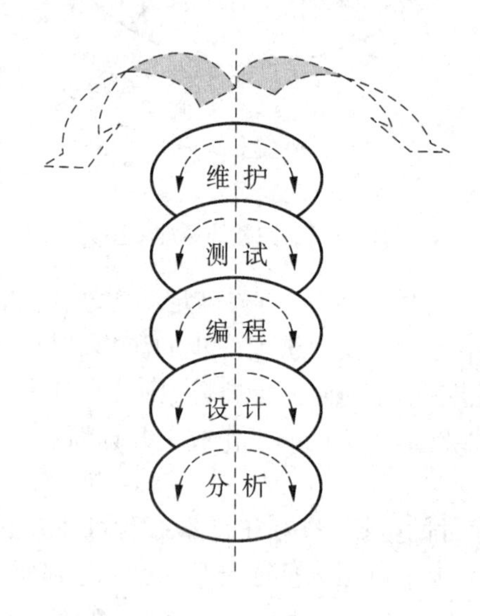

图 2-9 喷泉模型

喷泉模型的优点，如下：

● 属于用户需求驱动的模型，支持逐步完善需求。

● 属于“无间隙性模型”，各个阶段没有明显的界限，开发人员可以同步进行开发，因此可以提高软件项目开发效率，节省开发时间。

● 支持迭代式开发，喷泉模型主要用于面向对象的软件项目，软件的某个部分通常被重复多次，相关对象在每次迭代中随之加入渐进的软件成分。

● 该模型很自然地支持软部件的重用。

当然，喷泉模型也会存在一些缺点，如下：

● 由于喷泉模型在各个开发阶段是重叠的，因此在开发过程中需要大量的开发人员，不利于项目的管理。

● 这种模型要求严格管理文档，使得审核的难度加大，尤其是面对可能随时加入各种信息的现实局面。

2.3 统一过程模型与敏捷过程模型

2.3.1 软件过程新发展

从传统的5种软件过程模型的产生情况可以看出，软件过程模型的出现，是人们为了消除软件危机、使软件开发活动有序化和规范化、高效率地得到高质量的软件产品而不断研究总结的结果。每一种新的软件过程模型的出现，都为当时软件开发遇到的某一类问题提供了解决方案，如：快速原型模型是针对用户需求不完整和用户需求不断变化的情况而推出，又如：螺旋模型是针对风险控制问题而推出。

客观世界在变化，不断出现新的问题需要计算机处理，面对新情况和新问题，原有的软件过程模型将无法胜任，因此需要推出新的软件过程模型来处理新情况和新问题。此外，为更高效地、高速率地开发出质量更高的软件，也应该不能满足于现状，要不断研究并推出新的软件过程模型。

20世纪90年代开始，出现了一些现代软件过程模型，如RUP模型、敏捷过程模型、基于构件的软件过程模型等，国际软件界一度出现了"统一热""敏捷热"，广泛吸收多家国际著名软件企业过程经验的商用过程RUP模型在全球备受欢迎，敏捷过程模型凭借其"快捷灵敏"的开发特性获得了许多软件企业和开发人员的积极拥护。

2.3.2 统一过程模型

RUP(Rational Unified Process：统一过程)是由原Rational公司(现为IBM收购)推出的一种完整而且近乎完美的软件过程。20世纪90年代初，面向对象方法学进入鼎盛时期，学者们推出了许多不同的面向对象分析和设计方法，其中，Booch方法，Coad-Yourdon方法，Jacobson方法(OOSE)，Rumbaugh方法(OMT)是当中最为流行的4种方法。随着时间的推移，这些方法之间开始出现了交叉，但它们仍然都拥有自己的独特表示法，这些不同表示法的使用给建模者造成了混乱，因为不同方法中的相同符号的含义可能并不相同。于是，当时在Rational公司效力的三位杰出的面向对象专家James Rumbaugh、Grady Booch以及Ivar Jacobson汇总了他们的研究成果，并吸收各家所长，创建了一个统一方法学，推出了UML(Unified Modeling Language：统一建模语言)，随后又推出了与UML相适应的，适合于面向对象方法的统一过程模型(RUP)。

1. 最佳实践

RUP总结了经过多年商业化验证的6条最有效的软件开发经验，这些经验被称为"最佳实践"。分别为：迭代式开发、管理需求、使用基于构件的体系结构、可视化建模、验证软件质量和控制软件变更。

(1) 迭代式开发

在软件开发的早期阶段就想完全、准确地捕获用户的需求几乎是不可能的。实际开发中经常遇到的问题是需求在整个软件开发工程中频繁地改变。RUP支持迭代式开发，允许在每次迭代过程中需求发生变化，通过不断细化来加深对问题的理解。迭代式开发不仅可以降低项目的风险，而且每个迭代过程都以可执行版本结束，鼓舞开发人员的同时，还可以让最终用户不断地介入和提出反馈意见。

(2) 管理需求

确定系统的需求是一个连续的过程，开发人员在开发系统之前不可能完全详细地说明一个系统的真正需求。RUP 描述了如何提取、组织系统的功能和约束条件并将其文档化。经验表明，使用用例和脚本是捕获功能性需求的有效方法，RUP 采用用例分析来捕获需求，并由它们驱动设计和实现。

(3) 使用基于组件的体系结构

组件是指功能清晰的模块或子系统，系统可以由已经存在的、由第三方开发商提供的组件构成，因此组件使软件重用成为可能。基于独立的、可替换的、模块化组件的体系结构有助于降低管理复杂性，提高重用率。RUP 描述了如何设计一个有弹性的、能适应变化的、易于理解的、有助于重用的软件体系结构。

(4) 可视化建模

为更好地理解问题，常常采用建立问题模型的方法。所谓模型，是指运用文字、图形、数学表达式等多种形式对事物的一种抽象表示，它是对事物的一种无歧义的书面描述。RUP 通过 UML，能够将抽象的分析、设计思路以可视化方式表述出来，促进了有效沟通，也可以帮助人们提高管理软件复杂性的能力。

(5) 验证软件质量

某些软件不受用户欢迎的一个重要原因，是其质量低下。在软件投入运行后再去查找和修改出现的问题，比在开发的早期阶段就进行这些工作需要花费更多的人力和物力。在 RUP 中，软件质量评估不再是事后进行或单独小组进行的分离活动，而是内建于所有过程中的活动，RUP 通过持续的验证来提高软件质量，持续的质量验证可以尽早地识别缺陷，降低修复成本。

(6) 控制软件变更

迭代式开发中如果没有严格的控制和协调，整个软件开发过程很快就陷入混乱，必须要具有管理变更的能力，才能确保每次修改都是可接受的而且能被跟踪的。RUP 描述了如何控制、跟踪、监控、修改，以确保迭代开发的成功。

2. RUP 生命周期

RUP 是以用例驱动的、以体系结构为核心的、迭代的增量过程。它将一个大型项目分解为可连续应用瀑布模型的几个小部分，在对每一小部分进行需求分析、设计、实现并确认之后，再对下一小部分进行需求分析、设计、实现和确认，如此下去，直至整个项目完成。

RUP 是一个二维的软件开发模型，如图 2-10 所示。从宏观上看，它是一个大的迭代过程：横坐标表示软件产品所处的四个阶段状态，纵坐标表示软件产品在每个阶段中的工作流。从微观上看，任何一个阶段本身，其内部工作流程也是一个小的迭代过程。

从图 2-10 横轴来看，RUP 中的软件生命周期在时间上被分解为四个阶段，分别是初始阶段、细化阶段、构建阶段和移交阶段。每个阶段结束于一个主要的里程碑，每个阶段本质上是两个里程碑之间的时间跨度，如图 2-11 所示。在每个阶段的结尾执行一次评估以

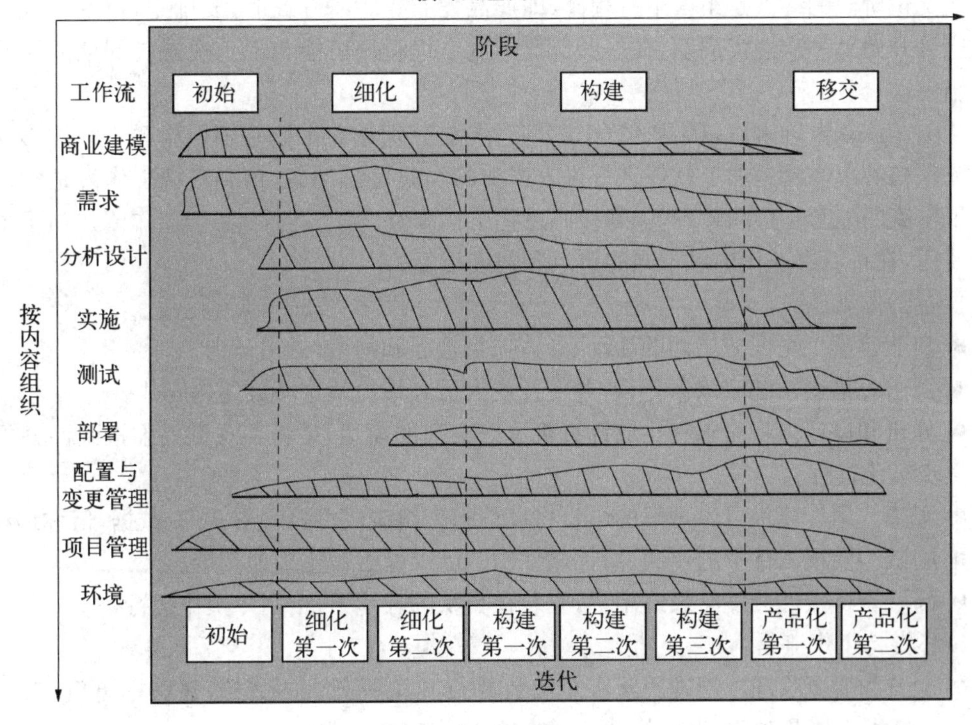

图 2-10　RUP 模型

确定这个阶段的目标是否已经满足。如果评估结果令人满意的话，可以允许项目进入下一个阶段，否则决策者应该做出决定，要么中止项目，要么重做该阶段的工作。

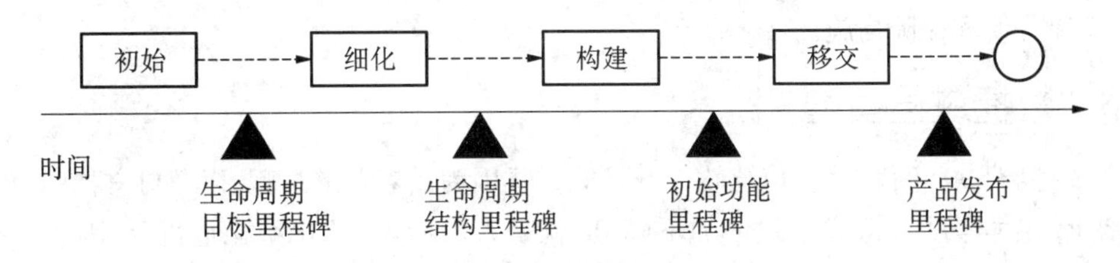

图 2-11　RUP 中的阶段和里程碑

● 初始阶段。本阶段主要工作是建立业务模型，定义最终产品视图，并确定项目的范围。初始阶段时间上可能很短。该阶段结束时产生第一个重要的里程碑，即生命周期目标里程碑，就是确定软件目标，评价项目基本的生存能力。

● 细化阶段。本阶段主要工作是设计并确定系统的体系结构，制定项目计划，确定资源需求。细化阶段结束时产生第二个重要的里程碑，即生命周期结构里程碑。它为系统的结构建立了管理基准并使项目小组能够在构建阶段中进行衡量，需要检验详细的系统目标和范围、结构的选择以及主要风险的解决方案。

● 构建阶段。本阶段主要工作是反复地开发，详尽地测试，集成为用户需要的产品。构建阶段结束时产生第三个重要的里程碑，即初始功能里程碑，它决定了产品是否可以在测试环境中进行部署。此刻，要确定软件、环境、用户是否可以开始系统的运作。

● 移交阶段。本阶段主要工作是将产品交付给用户，包括安装、培训、交付、维护等工作。在交付阶段的终点是第四个里程碑，即产品发布里程碑。此时，要确定目标是否实现，是否应该开始另一次迭代周期，在一些情况下这个里程碑可能与下一次迭代周期的初始阶段的结束重合。

从图 2-10 纵轴来看，RUP 包含 9 个工作流，分别是 6 个核心工作流和 3 个核心支持工作流。核心工作流是加工软件进行投入产出的实质性活动集，核心支持工作流是对核心过程工作流的配套支持和管理，保障核心过程工作高效、流畅运行。9 个工作流在项目中轮流被使用，在每一次迭代中以不同的重点和强度重复。

核心工作流是：

● 商业建模。是商务层面的活动，弄清项目边界和约束，做出计划。

● 需求。描述系统应该做什么，并使开发人员和用户就这一描述达成共识。

● 分析和设计。将需求转化成计算机可以实现的模型，是将客观世界虚拟到计算机世界的逐步细化过程。

● 实施。用计算机可以理解的语言将设计模型组织成可执行的文件、数据，俗称编程。

● 测试。发现软件中的错误，验证软件中的需求是否被正确地实现。

● 部署。将软件分发给最终用户，安装在真实的环境下，由用户操作运行。

核心支持工作流是：

● 配置和变更管理。管理团队多个成员并行开发所产生的文档，在版本更新、需求变更中做到各类文档及时、同步跟踪，保证各文档内容完整、一致。

● 项目管理。对核心工作流进行资源配置、评估监控、风险控制、计划调整等项目管理工作，做到投入产出的效益最大化。

● 环境。向软件开发组织提供软件开发环境，包括人员、设备、过程和工具，以及各种规范、指导手册和保障措施。

2.3.3 敏捷过程模型

在 20 世纪 90 年代末期，传统软件开发的方式因为其繁杂的过程，以及对文档的过于严格的要求，很大程度上造成了效率的下降，也就是人们所说的“重型化危机”。因为这一原因，人们开始反思传统方法的利弊，并对其弊端进行了改进，提出了敏捷方法。敏捷思想代表着一个对传统过程的“反叛”流派，它强调对变化的适应和对人的关注，在对待用户需求问题方面，强调适应变化，而不去过多地预测明天可能会产生的需求或需求变化，在对待工作流方面，强调以人为中心，而非流程为中心。

对比 RUP，RUP 是一种重量级方法（厚方法学），一般适应于中大型项目的开发，而敏捷过程是一种轻量级方法，适用于小型项目。敏捷过程可以理解成是对 RUP 进行适当裁剪以适应小项目的结果，因为 RUP 中严格的计划、复杂的文档对于小的开发团队简直就是噩梦，因为没有人愿意花大把时间在生成和维护文档上。

1. 敏捷核心价值观

2001 年 2 月，17 位著名软件专家联合起草了敏捷软件开发宣言，标志着“敏捷流派”的诞生。这份宣言由 4 个核心价值观组成。

(1)“个体交互”胜过“过程和工具”

人是软件项目获得成功最为重要的因素,当然,不好的过程和工具也可以使最优秀的团队成员失去效用。团队成员的合作、沟通以及交互能力要比单纯的软件编程能力更为重要;合适的工具对于成功来说也非常重要,但工具的作用不可被过分地夸大。敏捷过程强调:团队的构建(包括个体、交互等)要比项目环境(包括过程、工具)的构建重要得多,应该首先致力于构建团队,然后再让团队基于需要来配置环境。

(2)“可以使用的软件”胜过“面面俱到的文档”

软件开发最终交付给用户可以工作的软件而不是文档,否则应该称之为文档开发而不是软件开发。没有文档的软件是一种灾难,但过多的面面俱到的文档比过少的文档更糟。敏捷过程强调:软件开发的主要和中心活动是创建可以工作的软件,仅当有迫切需要并且具有重大意义时,才进行文档编制,且编制的内部文档应尽量短小并且主题突出。

(3)“客户合作”胜过“合同谈判”

客户不可能做到一次性地将他们的需求完整清晰地表述在合同当中,在开发过程中甚至交付后,客户需求还可能随时发生变化。敏捷过程强调,开发团队与客户紧密协作,全方位地满足客户需求,为开发团队和客户的协同工作方式提供指导的合同才是最好的合同。

(4)“响应变化”胜过“遵循计划”

软件开发过程总会有变化,这是客观存在的现实。一个软件过程必须反映现实,因此,软件过程应该有足够的能力及时响应变化。敏捷过程强调,项目计划必须有足够的灵活性和可塑性,在形势发生变化时能迅速调整,以适应业务、技术等方面的变化。

为了贯彻上述4个价值观,敏捷宣言还提出有别于传统过程的12个原则。

- 优先要做的是通过尽早的、持续的交付有价值的软件来使客户满意。
- 即使到了开发的后期,也欢迎改变需求,敏捷过程利用变化来为客户创造竞争优势。
- 经常性交付可以工作的软件,交付的间隔可以从几个星期到几个月,交付的时间间隔越短越好。
- 在整个项目开发期间,业务人员和开发人员应该每天都工作在一起。
- 使用积极的开发人员进行项目开发,给他们提供所需的环境和支持,并且信任他们能够完成工作。
- 在团队内部,最具有效果并且富有效率的传递信息的方法,是面对面的交谈。
- 能工作的软件是首要的进度度量标准。
- 敏捷过程提倡可持续的开发速度,投资人、开发人员和用户应该能够保持一个长期稳定的步调。
- 不断地关注优秀设计的技能和好的设计会增强敏捷能力。
- 简单(尽可能减少工作量)是最重要的。
- 最好的架构、需求和设计都来自于自组织的团队。
- 团队要定期总结如何提高效率,然后相应地调整自己的行为。

2. 极限编程

在敏捷的所有方法中,极限编程(eXtreme Programming,XP)是最负盛名的一个,其名称中“极限”二字的含义是指把好的开发实践运用到极致,它消除了大多数重量型过程中过于繁琐和僵化的内容,建立了一个渐进的开发过程,使软件能以尽可能快的速度开发出来,向客户提供最高的效益。目前，极限编程已经成为一个典型的开发方法，广泛应用于需求模糊且经常改变的场合。

图 2－12 描述了极限编程的整体开发过程。首先，项目组针对客户代表提出的“用户故事”（用户故事类似于功能用例，但比用例更简单，仅描述功能需求）进行讨论，提出隐喻，在此项活动中可能需要对体系结构进行“试探”，即提出相关技术难点的试探性解决方案；然后，项目组在隐喻和用户故事的基础上，根据客户的要求，设定优先级，制定交付计划，这一过程中为保证交付计划的可行性，需要对某些技术难点进行试探；接下来开始多个迭代开发过程，根据交付计划制定每次的迭代计划，以结对编程的方式完成每次迭代开发任务，通过“站立会议”解决遇到的问题、调整迭代计划等；最后将开发出的软件经过验收测试后交付用户使用。

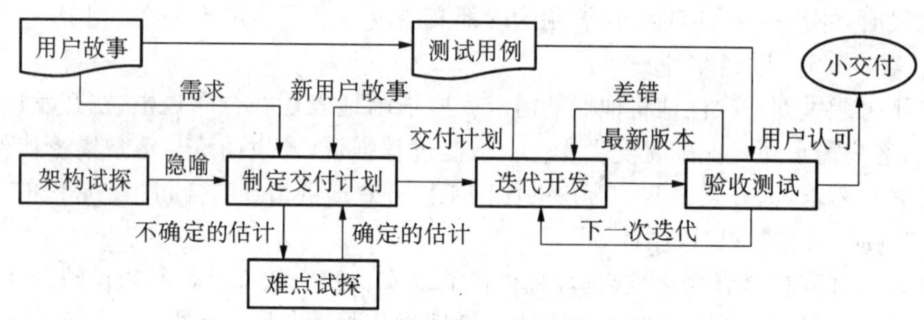

图 2－12　极限编程的整体开发过程

极限编程在很多方面都和传统意义上的软件过程不同，具体执行时，它有 12 个有效的开发实践，只有完全引用了以下 12 个实践，才是真正使用了极限编程，只引用部分并不代表使用了极限编程。下面简述极限编程的 12 个开发实践。

（1）完整的团队

所有的小组成员应在同一个工作地点工作，成员中必须有一个现场用户，由他提出需求，确定开发优先级，通常还设一个“教练”角色，教练指导极限编程方法的实施，以及与外部的沟通和协调。

（2）滚动计划

计划是持续的、循序渐进的。一般每隔两周，开发人员就为下一个两周修订滚动计划。开发人员针对一些候选特性估算成本，客户则根据成本和应用价值来选择要求实现的特性，最终形成下一个两周计划。

（3）客户测试

针对每个所期望的特性，按客户的要求使用脚本语言，定义出验收测试方案，以通过验收测试来表明该特性可以工作。

（4）简单设计

保持设计内容恰好和当前的系统功能相匹配，并能通过所有的测试，不包含任何重复，能表达出编写者想表达的所有东西，并且包含尽可能少的代码，避免过度设计。

（5）结对编程

所有的产品软件都是由两个程序员，并排坐在一起在同一台机器上构建。

（6）测试驱动

在实施设计和编程之前，先拟定一个测试目标，然后以通过测试作为设计和编码的目标，通过之后再考虑重构和优化。

(7) 改进设计

随时利用重构方法改进已经腐化的代码，保持代码尽可能的干净、具有表达力。

(8) 持续集成

总是使系统完整地被集成。

(9) 代码集体所有

任何结对的程序员都可以在任何时候改进任何代码，没有程序员对任何一个特定的模块或技术单独负责，每个人都可以参与任何其他方面的开发。

(10) 编码标准

系统开发人员遵守共同的编码标准，代码看起来就好像是被单独一人编写的。

(11) 隐喻

隐喻是整个系统的全局视图，它是系统的未来影像，它使得所有单独模块的位置和外观变得明显直观。如果模块的外观与整个隐喻不符，那么就知道该模块是错误的。

(12) 可持续的开发速度

只有持久才有获胜的希望。他们以能够长期维持的速度努力工作，他们保存精力，把项目看作是马拉松长跑，而不是全速短跑。

2.4 软件过程改进与 CMM

CMM(Capability Maturity Model：能力成熟度模型)是 1984 年美国国会与美国主要的公司和研究中心合作创立的一个由联邦资助的非营利组织——软件工程研究所(Software Engineering Institute，SEI，设立在卡内基-梅隆大学)的一个早期研究成果，用于评价软件机构的软件过程能力成熟度的模型，所以在当时它被称为软件过程成熟度模型。

多年来，软件开发项目不能按期完成，软件产品的质量不能令客户满意，再加上软件开发成本经常超出预算，这些是许多软件开发组织都遇到过的难题。不少人试图通过采用新的软件开发技术来解决在软件生产率和软件质量等方面存在的问题，但效果并不令人十分满意。很多事实表明没有一个规范化的管理，先进的技术和工具并不能发挥应有的作用，于是人们认识到，必须要重视对软件过程的管理。CMM 的基本思想就是帮助软件开发组织建立一个有规律的、成熟的软件过程，使其能开发出质量更好的软件，使更多的软件项目免受时间和费用超支之苦。

1. CMM 的框架

由于对软件过程的改进不可能在一夜之间完成，每个成功的改进需要一个从幼稚走向成熟的蜕变过程。CMM 为软件开发组织的过程能力提供了一个阶梯式的进化框架，如图 2-13 所示，共有 5 级。第一级是一个起点，任何软件组织都处于这个起点，并由该起点向第二级迈进。除第一级外，其他每一级都设定一组目标，达到了这个目标，则表明软

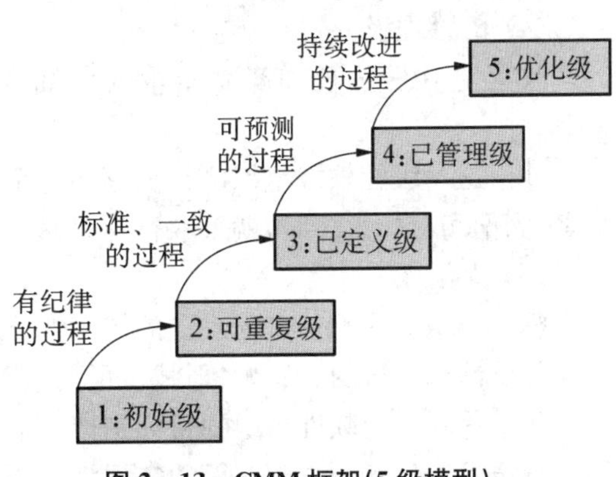

图 2-13　CMM 框架(5 级模型)

件组织达到了这个能力成熟度等级，可以向下一个级别迈进。

这5个等级是层层递进的关系，第一级等级最低，第五级等级最高，达到高级别的一定能达到低级别的要求。如满足第三级的要求，就一定能满足第一级和第二级的要求。

2. 能力成熟度等级

CMM将软件过程的成熟度分为5个等级，从低到高依次是：初始级、可重复级、已定义级、已管理级和优化级。这5个等级定义了一个有序的尺度，用以测量软件组织的软件过程成熟度和评价其软件过程能力，还能帮助软件组织把应做的改进工作排出优先次序。下面介绍能力成熟度的这5个等级。

(1) 初始级

软件过程的特点是无秩序的，甚至是混乱的。几乎没有什么过程是经过妥善定义的，成功往往依赖于个人或小组的努力。

处于这个等级的软件组织，基本上没有健全的软件工程管理制度。如果一个项目碰巧由一个有能力的管理员和一个优秀的软件开发组承担，则这个项目成功的可能性较大。但通常的情况是，由于缺乏健全的总体管理和详细计划，延期交付和费用超支的情况经常发生。管理方式属于反应式，主要用来应付危机，而不是执行事先计划好的任务，软件过程完全取决于当前的人员配备，开发结果不可预测。

(2) 可重复级

建立了基本的项目管理过程来跟踪成本、进度和功能特性。制定了必要的过程纪律，能重复早先类似应用项目取得的成功。

这一级，有些基本的软件项目管理行为、设计和管理技术，是基于相似产品中的经验确定的，因此称为“可重复”。这一级采取了一些措施，如仔细地跟踪费用和进度，方便管理人员在问题出现时可及时发现，并立即采取补救行动，不像初始级那样处于危机状态下才采取行动。

(3) 已定义级

已将管理和工程活动两方面的软件过程文档化、标准化，并综合成该机构的标准软件过程。所有项目均使用经批准、剪裁的标准软件过程来开发和维护软件。

在这一级，已经为软件过程编制了完整的文档。对软件过程的管理方面和技术方面都明确地作了定义，并按需要不断地改进软件过程。已经采用评审的办法来保证软件的质量，也采用一些计算机辅助工具和环境提高软件质量和生产率。

(4) 已管理级

收集对软件过程和产品质量的详细度量值，对软件过程和产品都有定量的理解和控制。

处于这一级的软件组织已经能够为每个项目设定质量和生产目标，并不断地测量这两个量，当偏离目标太多时，就采取行动来修正。管理级是可度量、可预测的软件过程。

(5) 优化级

整个组织关注软件过程改进的持续性、预见及增强自身，防止缺陷及问题的发生。过程的量化反馈和先进的新思想、新技术促使过程不断改进。

处于这一级的软件组织的目标是持续地改进软件过程。这样的组织使用统计质量和过程控制技术。从各个方面获得的知识将运用在未来的项目中，从而使软件过程进入良性循环,使生产率和质量稳步提高。

综合以上内容,可以得出以下结论。初始级是混沌不清的过程;可重复级是经过训练的软件过程;已定义级是标准一致的软件过程;已管理级是可预测的软件过程;优化级是能持续改善的软件过程。为帮助理解这5个等级,可以拿食物进化过程作类比,最早我们的祖先对于食物是没有概念的,抓到什么就吃什么,这就好比"初始级";后来,经过很多次的经验积累,发现有些东西不能随便乱吃,如鲜艳的蘑菇误食后会腹泻甚至死亡,因此会给自己制定一些过程纪律,这就好比"可重复级";再到后面,发展到每天固定三餐制,不是什么时候饿就什么时候吃,应该说有了一定的标准,这就好比"已定义级";再往后,在一日三餐的基础上进一步量化,为保证膳食结构的合理性,为每一顿制定具体的荤素比例,这就好比"已管理级";到了今天,人们开始关注食物对未来自身健康的潜在影响,开始提倡绿色食品、有机食品等,强调持续地优化改进,这就好比"优化级"。

3. 关键过程域

CMM并不详细描述所有与软件开发和维护相关的过程,但是,有一些过程是决定过程能力的关键因素,这就是CMM所说的"关键过程域"(Key Process Area,KPA)。在CMM中,每个能力成熟度等级(第一级除外)规定了不同的关键过程域,一个软件组织如果希望达到某一个能力成熟度级别,就必须完全满足此级别关键过程域所规定的要求,即满足关键过程域的目标。

在CMM中一共有18个关键过程域,分布在第二至第五级中,如图2-14所示。需要提醒的是:关键过程域是累加的,每一个级别的关键过程域包含本级框中的描述以及下级所有框中的描述。

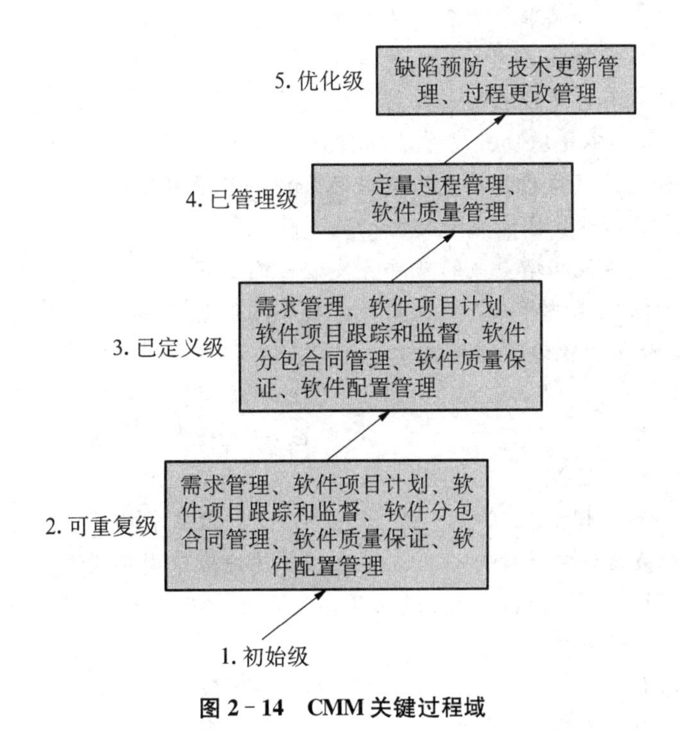

图2-14 CMM关键过程域

2.5 本章小结

本章的内容围绕软件过程展开，首先是软件过程的概述，包括软件过程的定义、软件过程所包含的生命周期阶段以及软件过程与软件工程间的关系；其次是对软件过程模型的介绍，包括瀑布模型、快速原型模型、增量模型、螺旋模型和喷泉模型；然后介绍了软件过程的新发展，这里重点叙述了两种新过程模型，即统一过程模型和敏捷过程模型；最后介绍了软件过程能力成熟度模型。

习 题

一、单选题

1. 瀑布模型是(　　)。

A. 适用于需求被清晰定义的情况　　B. 一种需要快速构造可运行程序的好方法

C. 一种不适用于商业产品的创新模型　　D. 目前业界最流行的过程模型

2. 增量模型是(　　)。

A. 适用于需求被清晰定义的情况　　B. 一种需要快速构造核心产品的好方法

C. 一种不适用于商业产品的创新模型　　D. 已不能用于现代环境的过时模型

3. 原型化模型是(　　)。

A. 适用于客户需求被明确定义的情况

B. 适用于客户需求难以清楚定义的情况

C. 提供一个精确表述的形式化规格说明

D. 很难产生有意义产品的一种冒险模型

4. 下面的(　　)不是敏捷开发方法的特点。

A. 软件开发应该遵循严格受控的过程和详细的项目规划

B. 客户应该和开发团队在一起密切地工作

C. 通过高度迭代和增量式的软件开发过程响应变化

D. 通过频繁地提供可以工作的软件来搜集人们对产品的反馈

5. 包含风险分析的软件过程模型是(　　)。

A. 瀑布模型　　B. 螺旋模型

C. 增量模型　　D. 喷泉模型

6. 软件过程是(　　)。

A. 特定的开发模型　　B. 一种软件求解的计算逻辑

C. 软件开发活动的集合　　D. 软件生命周期模型

7. CMM 模型将软件过程的能力成熟度分为 5 个等级，在(　　)使用定量分析来不断改进和管理软件过程。

A. 已管理级　　B. 优化级

C. 已定义级　　D. 可重复级

8. 瀑布模型把软件生命周期划分为软件定义、软件开发和(　　)三个时期，而每一时期又可细分为若干个更小的阶段。

A. 详细设计　　B. 运行和维护

C. 可行性分析　　D. 编程与测试

9. 一种以用户为动力，以对象作为驱动的模型，适用于面向对象的开发方法的模型是(　　)。

A. 增量模型　　B. 螺旋模型

C. 喷泉模型　　D. 智能模型

10. 软件开发的需求分析阶段的主要任务是(　　)。

A. 获得系统完整的功能及性能要求　　B. 获得系统的逻辑解决方案

C. 明确系统的边界　　D. 对系统能否进行下去做出决策

二、简答题

1. 对比瀑布模型、快速原型模型、增量模型和螺旋模型。

2. RUP 包含哪些核心工作流和哪些核心支持工作流？

3. XP 是一种什么样的模型？

4. 请简述软件过程。

5. 请简述 CMM 的作用。

6. 请简述 CMM 软件过程成熟度的 5 个级别，以及每个级别对应的标准。

7. 请简述软件过程与软件工程的关系。

8. 什么是软件生命周期？

9. 软件生命周期包含哪 8 个阶段？

【微信扫码】

本章参考答案 & 相关资源

第3章 软件项目管理

软件开发是一种组织良好、管理严格、各类人员协同配合、共同完成的工程项目。从学科上来说,历史上出现的"软件危机"促使了软件工程这门学科的诞生。软件工程这门学科既从技术方面又从管理方面研究如何更好地开发和维护计算机软件。从实践上来说,软件项目的成功率很低,不成功的软件项目案例比比皆是。在经历了许多大型软件工程项目的失败之后,人们才认识到软件项目管理的重要性。事实上,这些项目的失败并不只有技术上的原因,更多地还有管理上的原因。软件项目管理能够显著提高软件项目成功率。著名的软件工程基本原理强调了软件项目管理的重要性,要求用分阶段的生命周期计划严格管理、坚持进行阶段评审、实行严格的产品控制、结果应能清楚地审查。

美国的项目管理协会(Project Management Institute,PMI)认为项目是在一段时间内,为了创造某种独特的产品或者服务而采取的一种努力。而软件项目是由一个任务集合(包括软件工程工作任务、里程碑和交付的产品)组成的工程,按照项目管理的一般方式进行定义、开发和维护软件。软件项目具有开发进度和质量很难估计和度量、生产效率难以预测和保证、项目周期长、复杂度高,需求可能经常变化、不确定性因素多等特点。因此,为了实现软件项目的成功,将项目管理的思想引入到软件工程领域,就形成了软件项目管理。软件项目管理是项目管理中一个特殊领域,它是以软件工程项目为管理对象,涉及的范围覆盖了整个软件工程过程。它运用相关的知识、技术和工具,对人员、产品、过程和项目进行分析和管理的活动,以使软件项目能够按照预定的成本、进度、质量按期完成。软件项目管理主要包括人员组织与管理、软件项目计划、软件度量、软件配置管理、软件质量保证、软件过程能力评估、风险管理等。

3.1 人员管理和团队协作

软件开发是对智力创造要求较高的一项工作,相对于工具或技术来说,软件人员的素质和组织管理是保证软件项目成功的更为重要的因素。如何充分发挥员工的聪明才智,对于项目的成败起着至关重要的作用。美国卡内基-梅隆大学的软件工程研究所开发了人员管理能力成熟度模型(PC-CMM)。开发这个模型的目的在于通过对人员的管理,提高软件组织承担日益复杂的软件开发能力。

多数软件的规模很大，单个软件开发人员无法在给定的期限内完成开发工作，因此，必须把多名软件开发人员合理地组成项目团队，使他们有效的分工协作共同完成开发项目工作。项目团队由承担不同角色与职责的人员组成，项目团队成员可能具备不同的技能，可能是全职也可能是兼职的，团队人数可能随项目进展而增加或减少。人员的组织管理是否得当，也是影响软件开发项目质量的决定因素。

在微软公司的成功经验中，最值得研究的就是如何得到优秀的员工，以及如何让员工发挥自己的能力。因此，软件开发的管理应处处体现"以人为本"的思想，注重发现和培养有创造力的、技术水平高的人员，并使这些人员保持高昂的斗志和不断的创新。

3.1.1 参与项目的人员

参与软件过程的人员可以分为以下五类，见表3-1所示。

表3-1 参与项目的人员

人员类别	职 责
高级管理者	确定项目做还是不做，确定业务问题，这些问题往往对项目产生很大影响。
项目经理	负责计划、激励、组织、控制软件开发人员。
开发人员	负责开发一个软件产品或服务的技术。
客户	负责说明待开发软件需求。
最终用户	软件发布成为产品后直接与软件进行交互。

每个软件项目都有上述人员的参与，在开发移动APP和WebApp时，其内容创作方面还需要其他非技术人员的参与。为了获得高效率，软件项目团队必须以能够发挥每个人的技术和能力的方式进行组织，这是项目经理的任务。

3.1.2 项目经理

1. 对项目经理的技能要求

(1) 项目管理知识与技能。项目经理需要制订项目计划、控制项目成本、确保项目质量，需要具备项目管理专业知识。

(2) 人际关系技能。这是项目经理面临的最大挑战，项目经理对上需要汇报进展，对下需要向项目成员分配任务，对外要与客户沟通，需要具备良好的人际关系技能。

(3) 情境领导技能。项目经理需要不断激励项目员工。管理因人而异，需要针对项目组中不同成员的不同需求，在不同情境下因需而变。

(4) 谈判与沟通的技能。无论是与客户还是与员工相处，项目经理大部分的时间都在谈判和沟通。

(5) 客户关系与咨询技能。项目经理不仅具备技术能力，而且需要与客户交流，根据客户需求，为客户量身定做项目方案。

(6) 商业头脑和财务技能。企业目标是通过项目管理实现的，项目经理需要把项目放在整个企业战略中考虑，项目经理需要了解项目的投资回收期，纯收入等财务指标。

(7) 解决问题技能。项目经理能够制定解决方案,能够把从过去项目中学到的经验应用到新环境中。如果最初的方案没有解决问题,能够灵活地改变方向。

(8) 新技能。很多项目以前都没有遇到过,这往往需要项目经理具备创新能力。

(9) 团队建设技能。有计划有组织地增强团队成员之间的沟通交流,增进彼此的了解与信赖,在工作中分工合作更为默契,对团队目标认同更统一明确,完成团队工作更为高效快捷,围绕这一目标所从事的所有工作都称为团队建设。

2. 履行的职责

项目经理是项目的主要负责人,对项目全权管理,项目经理的职责主要有以下几个方面:

(1) 审核软件项目的立项文档。

(2) 细化软件开发计划,实施任务分配。

(3) 结合用户需求报告完善项目计划。

(4) 配合系统设计师完成系统设计。

(5) 组织程序员编写代码与调试。

(6) 组织项目成员编写相关手册。

(7) 完成项目报告的总结工作。

3.1.3 团队协作

团队是由若干个成员组成的一个群体,他们具有互补的技能,对一个共同目的、绩效目标及方法做出承担并彼此负责。团队并不是简单地把一组人聚集在一起。例如,足球队、乐队,这些团队的特点是:设定具有挑战性的团队目标,具有一致的具体目标;营造一种支持性的环境(沟通交流,团队学习),让每一位成员的才能与角色匹配;团队成员有自豪感;相互依赖相互协作共同完成任务。

一个软件项目的好坏很大程度上体现在软件项目团队的建设和管理上。团队的组织和管理主要包括人员规划、项目团队组建、项目团队建设和项目团队管理四个方面。首先要识别和记录项目角色、职责、所需技能,并编制人员需求规划。然后根据项目人员需求规划,通过有效手段获得项目所需人员,组建项目团队。通过一些活动,提高团队的个人工作能力,促进团队互动和改善团队氛围,增强团队成员之间的信任感和凝聚力,从而保证更好的协作和更高的效率以提高项目业绩。

3.1.4 人员分工

软件开发过程涉及各种活动,例如需求定义和分析、系统设计、程序设计、编码、测试等,每个开发人员擅长软件开发的某个方面,所以整个开发需要多种不同角色的分工协作。系统分析员的主要工作是获取和定义系统的需求,在系统分析的基础上,系统设计人员(系统架构师)与系统分析员一起工作,确定系统的整体结构;设计与实现阶段,设计人员与编程人员一起完成代码编写工作;测试阶段,程序员负责单元测试,测试人员负责集成测试和系统测试;在系统交付阶段,培训人员负责系统培训工作;系统交付使用后,就会进入系统维护阶段。开发人员将参与系统缺陷修复和新功能开发。一般软件开发过程中各类人员分工如表3-2所示。

表 3-2 软件开发过程中各类人员分工

需求定义和分析	系统设计	程序设计	编程实现	单元测试	集成测试	系统测试	系统交付	维护
系统分析员	系统分析员，系统架构师	程序员，系统架构师	高级程序员和初级程序员	程序员，测试人员	测试人员	测试人员	培训人员	各类人员

在项目初期，首先要做好项目人员规划，例如表 3-3 显示了某个项目的人员需求计划。人员需求规划包括人员类型、人员数量、到位时间要求、退出时间安排、技能要求及获取方式等。制定了人员需求计划之后，就开始选择或获得团队成员。

表 3-3 人员需求计划

序号	人员类型	数量	到位时间要求	退出时间安排	技能要求	获取方式
1	需求分析	2	2014.1	2014.6	1. 熟悉银行业务 2. 熟悉公司的研发业务流程	外部招聘 1 人
2	架构设计师	1	2014.1	2014.6	1. 熟悉架构设计	部门协调
3	设计人员	5	2014.1	2014.6	1. 熟悉 JAVA 语言 2. 熟悉 UML 设计工具	部门协调
4	高级程序员	2	2014.3	2014.10	1. 熟悉 Oracle 数据库，熟悉 Oracle 包和存储过程的使用，熟练掌握常用的 PL/SQL 语法和语句 2. 熟悉 UML 基础知识，能够根据设计人员的设计模型进行编码 3. 掌握面向对象基础知识，对面向对象设计有一定程度的理解	外协 2 人
	初级程序员	8	2014.4	2014.11		
5	测试人员	3	2014.3	2014.10	熟悉银行业务，具备测试基础知识	部门协调

软件开发各阶段需要的人员数量是不同的。通常在项目的初期需要的人员并不多，但其业务水平和技术要高，在项目的中后期需要较多的人员参与，其中大多是一些有专门技术的人员(如编程和测试)。在项目临近结束时候，只需要少量人员参与即可。

如果一个软件项目从开始到结束都保持一个恒定的人员数量，那么就会出现初期人员的浪费和中后期人员的不足，导致要额外增加人员，甚至导致整个进度的延迟。图 3-1 描述了恒定人员数量导致的问题。

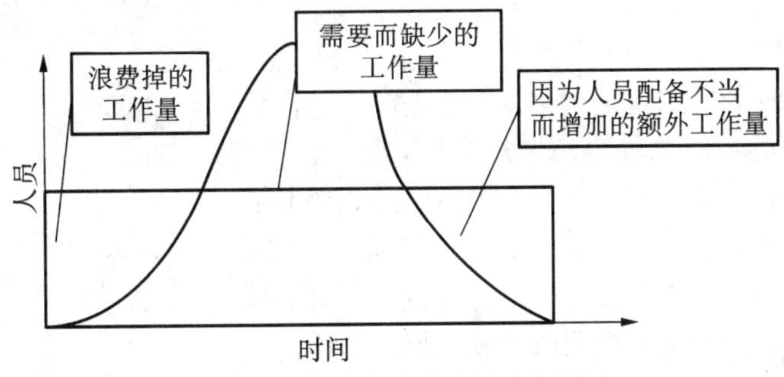

图 3-1 恒定人员数量导致的问题

案例描述：假如开发网上银行系统的公司项目经理，希望利用 Internet，帮助银行通过 Internet 向客户提供开户、销户、查询、对账、行内转账、跨行转账、信贷、网上证券、投资理财等传统服务项目，使客户可以足不出户就能够安全便捷地管理活期和定期存款、支票、信用卡及个人投资等。你需要组建一个开发团队，基于公司现有的技术开发一个新产品。

显然，人员管理的首要任务是从公司内部或者外部选择合适的团队成员，如何选择团队成员及选择的标准是需要重点考虑。由于这个系统是为银行和银行客户服务的，所以需求分析人员必须熟悉银行业务，善于和银行管理人员沟通；同时，这个产品基于 Web 技术，所以开发人员中要有人对 Web 技术熟悉和相关项目的软件开发经验。

3.1.5 项目团队组建

建立一支优秀的开发团队，首先要选择合适的人，要避免选择了合格但不合适的人。选择合适的成员主要考虑技术因素和非技术因素两大类。技术因素包括教育背景、应用领域经验、平台经验、编辑语言经验、解决问题的能力。非技术因素包括沟通能力、适用性、工作态度、个性和兴趣等。除技术条件之外，候选人的工作态度、性格和能力是非常关键的因素。解决技术难题的能力至关重要，通常会被优先考虑，较强的解决问题能力或许可以弥补其他方面的不足。由于项目成员要经常和其他人员、管理者、客户进行口头和书面的交流，所以沟通能力是一个必须要考察的因素。适用性可以从候选人的各种经历中进行判断，这个因素可以反映一个人的学习能力。项目人员要有积极的工作态度，乐于学习新技术。由于软件开发需要团队的协作，所以候选人必须与团队成员关系融洽。工作态度和个性这两个因素很重要，但是较难评估。

在组建项目团队的时候，不仅要了解不同类型的人员性格特征，而且应该考虑团队中的技术、经验和个性是否整体均衡，选择性格互补的成员组成的团队可能比仅仅根据技术能力选择成员的团队更有效率。例如，西游记西天取经的项目中，缺少唐僧，这个团队有可能成为乌合之众，不会有什么远大的前程；缺了孙悟空，很难想象这个团队是如何艰难前行的，唐僧的远大抱负很可能会化为乌有；少了八戒，这个团队就会显得枯燥无趣；没有沙僧，许多事务性的工作就没有人去做，团队的核心和稳定就存在一定的问题。因此，团队成员之间互为补充，缺一不可。

3.1.6 团队组织模式

不同的团队组织方式会影响团队的决定、信息交换的方式以及开发小组和小组外的信息交流。

1. 民主式结构

如图 3－2 所示的民主式结构中，团队成员完全平等，享有充分民主，成员之间通过协商做出决定，名义上的组长与其他成员没有任何区别。项目工作由全体讨论协商决定，并根据每个人的能力和经验分配。这种模式特别适合于规模小、能力强、习惯于共同工作的软件开发组。优点是有高度的凝聚力，同等的项目参与权，能够互相学习，可以激发大家的创造力，有利于攻克技术难关。但这种结

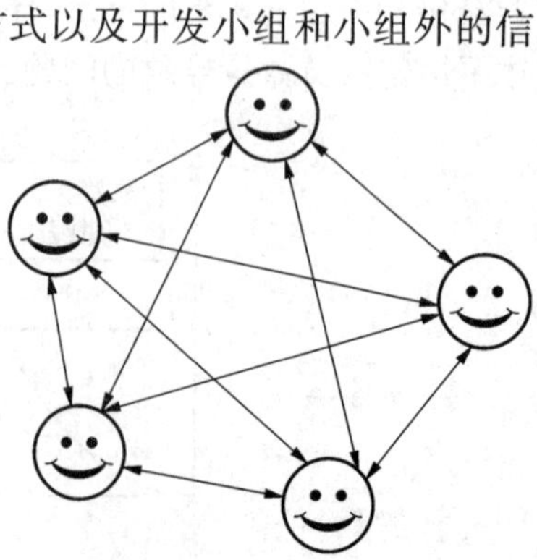

图 3－2 民主式结构

构缺乏明确的权威领导，很难处理意见分歧的情况，在组内多数成员技术水平不高或者缺乏经验的情况下，不适合采用。

2. 主程序员式结构

这种结构主要是出于以下几点考虑：

- 多数开发成员是缺乏经验的。
- 软件开发中还有许多事务性的工作。
- 多渠道通信费时间，降低程序员的生产率。

《人月神话》一书中提到了主程序员式的结构，主程序员式的组织结构如图 3-3 所示。

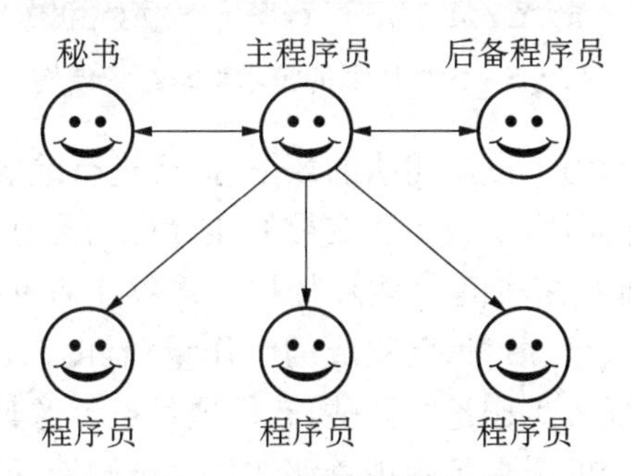

图 3-3　主程序员式结构

这种结构以主程序员为核心，主程序员既是项目管理者也是技术负责人，对团体其他成员的职能进行专业化分工。借鉴外科手术队伍组织结构，主程序员就像是主刀医生，负责所有开发决策，完成主要模块的设计和实现工作，并指导其他程序员完成详细设计和编码工作。后备程序员作为替补，在必要时，可以替代主程序员。后备程序员应对项目有深入的了解，在开发过程中主要工作是设计测试方案、分析测试结果以及独立于设计过程的其他工作。其他程序员完成主程序员分配的任务。秘书负责事务性工作，例如维护项目资料库、项目文档并进行初步的测试工作。在这种模式中，强调主程序员的领导作用，所有程序员都听从主程序员的安排，只和主程序员交流和沟通，降低了项目沟通的复杂度，然而在现实中具有高超的软件技术能力且具有良好的管理能力的软件人才很稀少。

3. 矩阵式结构

在大型的软件企业中，有一种层次化矩阵式结构，这种结构将技术与管理工作分离，技术负责人负责技术上的决策，管理负责人负责非技术性事务的管理决策和绩效评价。如图 3-4 所示。

项目经理负责整个项目过程的管理和绩效评价，另外还有专门的技术负责人负责软件开发的技术决策和方案设计。开发人员按不同角色分工协作完成开发任务，这个模式解决了技术和管理无法兼备的问题，但是团队成员受到双重领导，明确划分技术人员和管理人员权限是十分重要的。这种矩阵式结构中的程序员组成人数不宜过多。当软件规模较大时，应该把程序员分成若干小组，采用如图 3-5 所示的组织结构。该图描述的是技术管理组织结构，非技术管理组织结构与此类似。

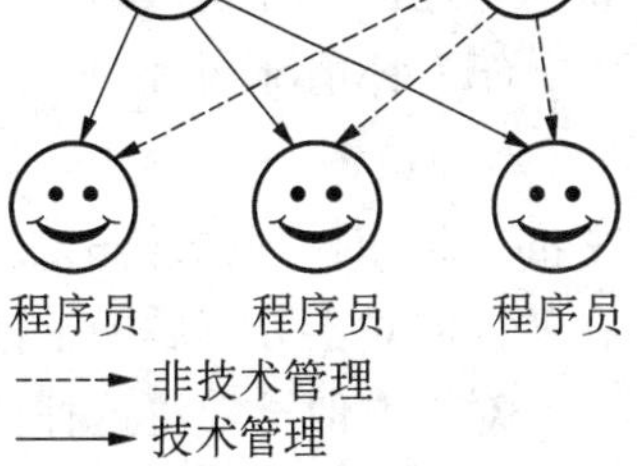

图 3-4　矩阵式结构

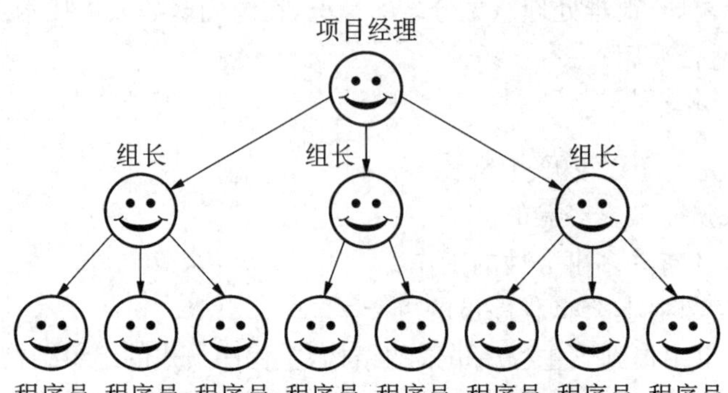

图 3-5　大型项目的技术管理组织结构

不管采用哪种组织结构，为了提高团队的效率，需要进行绩效评估。绩效评估是通过对团队成员工作绩效的考察与评估，反映团队成员的实际能力和业绩以及对某种工作职位的适应度，为物质奖励、人员调配、精神激励提供依据。绩效评估应该是多维度的，一个维度是完成任务维度，项目经理从进度、质量、已完成的工作量、难度系数、创新性等方面，给出好、中、差三个级别的评价。对任务工作量的评估，软件项目没有像其他工程例如建筑工程那样的定额，实际上要靠项目经理的个人经验进行评估。关于质量，可以从代码规范情况、注释、BUG 率、运行性能、技术文档方面、测试报告、用户评价几方面考察。第二个维度是团队贡献维度，采用团队内部互评的方式，评出团队中最好的 20%、中间 70%和最需要改进的 10%。第三个维度是自我对完成任务和对项目的贡献评价。这个三维评价体系反映了个人工作情况和对团队的贡献。做好绩效评估，可以有效地激发员工的积极性，改进个人的工作绩效，最终使团队整体绩效的提升。如果评价不合理，就会影响人员士气、稳定性、后续的合作和产品质量，所以必须认真对待和慎重考虑。

3.1.7　项目沟通

沟通是为了达到一定的目的，将信息、思想、情感在个人或群体之间进行传递或交流的过程。人们通过沟通交换有意义有价值的各种信息以便把事情高效率地办好。沟通是保持项目顺利进行的润滑剂。

团队成员沟通的复杂性可以从以下几种情况进行分析：

第一情况，一个农夫可以在 3 天内拾完一块地里的棉花，同样的棉花地，是否可以通过增加人手，用 3 个人一天拾完。这种情况应该可以做到。

第二情况，一头大象需要孕育 22 个月，才能生下一头小象，增加大象的数量是否可以加快这个过程，显然增加大象对于生产小象完全无济于事。

第三种情况，假设开发某个模块，需要一个程序员 3 个月的工作量，那么是否可以认为 3 个程序员在一个月内完成，一般情况 3 个人开发一个模块的效率，不可能是 3 个人开发效率的之和，因为在协作的过程中，个人的工作效率都会有些降低，产生这种情况的根本原因在于人们对于分解后的子任务，需要进行沟通和交流。

对于类似拾棉花这种任务来说，可以把它分解给不同的参与人员，而且他们之前不需要相互的交流，增加人手确实可以大大增加工作进度。

对于生产小象这种任务，由于次序上的限制，任务完全不能分解，增加人手对进度没有任何帮助。软件开发中也有这种任务。对于可以分解但子任务之间需要相互沟通和交流的任务，必须在计划工作时考虑沟通所增加的工作量。虽然增加人手可以加快进度，但是每个人的效率都会受到影响。对于一些关系错综复杂的任务，沟通增加的工作量可能完全抵消对原有任务的分解所产生的作用。

软件开发是一项关系错综复杂的工作，随着人员的增加，沟通与交流的工作量也会极大增加，它很快会消耗掉任务分解所节省下来的个人时间。人与人之间的沟通渠道看起来像是连接参与者之间的电话线数目，随着项目成员数量的增加，沟通渠道的数量是按照 $n(n-1)/2$ 的方式递增。例如：两个人之间的沟通渠道是一个，三个人之间的沟通渠道增加到 3 个，4 个人之间的沟通渠道会增加到 6 个，沟通的工作量增加了一倍。《人月神话》中有个 Brooks 法则：向一个进度延迟的软件项目中增加人员可能会使其进展更加延迟。所以赶进度的最好方法不是增加人手而是通过加班增加时间。由于沟通的复杂性，一个软件项目人员规模在 3 到 7 人比较合适，最多不要超过 10 人。

在实际工作中，由于多方面因素的影响，信息往往被丢失或曲解，使得信息不能被有效地传递，从而造成沟通的障碍，因此需要进行项目沟通管理。项目沟通管理确保项目信息及时且恰当地收集和传递，是对项目信息的内容、传递方式和传递过程等进行管理的活动。

对于项目团队内部的沟通来说，团队成员需要清楚地知道自己的分工和职责与其他部分的关系。在进行任务分配时，需要说明需要完成的成果、评价标准和完成期限。在项目进展中，需要定期召开会议，实现项目信息共享和做出决策。例如项目启动会议、成员进度汇报、项目进展会议。一次富有成效的项目工作会议，可以及时通报项目进展情况，发现潜在的问题，或者讨论问题的解法方法，有利于增强团队的凝聚力和实现项目目标。

会议是管理工作得以贯彻实施的中介手段。会议在项目沟通管理中起到重要作用。常见的项目会议包括项目启动会议、项目计划会议，项目阶段进展会议、项目技术评审会议、项目组内部会议等。

项目启动会议是项目立项之后至关重要的第一次召开的全体会议，必要时可以邀请客户和主管经理参加。会议的目的是让团队成员对该项目的整体情况和各自的工作职责有一个清晰的认识和了解，为日后协同开展工作做准备，同时获得领导对项目资源的承诺和保证。

项目启动会议的主要内容包括以下几个方面：

(1) 介绍项目总体情况：项目目标及其重要意义、规模、总体进度、项目主要干系人信息、项目的基本需求、可交付的成果。

(2) 介绍项目团队成员及分工，重点在于使大家互相认识，明确团队组织形式和工作模式，建立团队成员期望；强调团队成员相互协作的必要性；要求团队成员承担起各自的职责，并赋予其寻求帮助的权力。

(3) 介绍项目经理提前制定的项目计划草案。

(4) 确定取得成功的关键要素。

(5) 讨论制定信息分享计划，并与团队及相关群体协商确认。

(6) 建立关于计划决策、追踪决策、管理变动决策、汇报关系决策等基本规则。项目会议的形式对于重大项目要精心准备，集中开会 1 到 2 天，主要是进行项目前期介绍与建立基本规则，对于一般项目要简单有效，主要是介绍项目范围与成员互相自我介绍。

项目计划会议一般发生在每一个阶段开始时，项目团队要共同制定当前阶段的项目计划，把工作任务分配给项目成员，并要求对完成时间做出承诺，使项目团队对项目进度达成共识。

项目阶段进展会议向项目干系人和高层管理者汇报项目进展，解决需要高层管理者支持的问题。项目阶段进展会议应该定期召开，一般每月或每季度进行一次。

项目组工作例会应该在每日或者每周召开，检查通报项目组成员的工作进展，了解成员在工作中遇到的困难并寻找资源进行解决。如果解决方案涉及计划变更，还要对整个项目计划进行修订，确定后续的工作计划。

在项目沟通管理过程中，要不断跟踪项目的进展情况，汇总项目在进度、成本、工作量和产品质量等绩效数据，形成项目绩效报告，绩效报告通常使用文字说明、曲线、图形和报表等形式进行描述。现在有许多软件工具可以用于管理和显示项目的各种信息。

随着网络的发展，远程协作开发成为一种普遍的做法，这种开发没有时空的限制，比面对面一起工作更为高效、自由。但由于缺少在一起交流，缺少亲切感，不经常交流、反馈比较慢的问题，在团队没有建立起默契之前，成员之间的交流可能会有负面的影响。要想克服远程给协作开发带来的障碍，就要尽可能在日常表达中保证清楚地表达，保持经常不断交流，要保持交流的及时性，保持立即反馈和文件共享。

3.2 项目规划

项目规划是对软件项目实施所涉及的活动、资源、任务、进度等进行规划。项目规划的目标是多快好省地完成项目，按时交付是软件项目的最大挑战。所以合理地安排进度是软件项目规划的关键内容。

项目规划具有指导项目的实施，记载项目规划的前提假设，记载根据选择的方案做出的决策，促进项目涉及人员之间的沟通，确定项目管理的内容、范围和时间等作用。项目规划可在项目投标阶段、项目开始阶段和项目过程中进行。项目投标阶段是为了争取一个开发软件系统的合同，帮助管理者判断是否有完成这项工作所需要的资源，并计算出向客户开出的软件报价。项目的开始阶段规划主要是确定参加此项工作的人员，并将工作分解成几个子项目，并进一步估计工作量。在项目过程阶段规划主要是定期地根据获取的经验和项目进展的监督信息修改计划。

因此，项目规划主要回答下列问题：

(1) 为什么要开发这个系统？所有与项目相关人员都应该了解软件开发工作的理由是否有效。开发该系统值得花费这些人力、时间和费用吗？

(2) 项目要做什么？定义项目所需的任务集，工作的具体内容，一定时期的工作重点。

(3) 如何做？如何完成这些工作和任务，定义项目的管理策略和技术策略。

(4) 谁去做？规定软件团队每个成员的角色和责任。

(5) 什么时候做开发？团队制定项目进度，标识出何时开展项目任务以及何时到达里程牌。

(6) 成本是多少？每种资源和经费需要多少？对这个问题，需要在对前面问题回答的基础上通过估算得到。

(7) 相关的机构组织位于何处？并非所有角色和责任均属于软件团队，客户、用户和其他利益相关者也有责任。各项工作进行的环境，以及应该达到什么质量等一系列问题。

3.2.1 项目规划的过程

项目规划是一个迭代的过程，一般要经过下列步骤：

● 规定项目范围。即问题描述、确定软件范围、明确系统应该解决的问题、系统的功能、约束、性能、接口、目标环境和交付验收标准。

● 确定项目的可行性。

● 风险分析。

● 确定需要的人力资源、可复用的软件资源、识别环境资源。

● 估算工作量和成本。为了估算工作量和成本，需要分解问题，使用面向规模、功能点或面向用例、面向对象的估算方法进行估算。

● 制定项目进度计划。为了制定项目进度计划，需要确定项目中必要的任务集合，定义任务网络，使用进度计划工具制定时间表，还要定义进度跟踪机制。

下面以个人网上银行系统为例来简单介绍项目规划过程。

第一步：描述系统应该说明的问题，系统的目标、环境、交付和验收标准等问题。问题描述是对系统所表述问题的共同认识，通常是由项目团队和客户共同开发形成的，它定义了问题提出的背景、需要支持的功能和性能以及系统运行的目标环境等。

(1) 问题背景

网上银行是依靠信息技术和 Internet 的一种新型银行服务手段，它借助 Internet 遍布全球的优势及其不间断运行、信息传递快捷的优势，突破了传统银行的局限性，为用户提供了全方位、全天候的现代化服务。

(2) 项目目标

个人网上银行作为网上银行的一个重要组成部分，主要是为个人用户提供网上银行的服务。

(3) 功能需求

个人网上银行的主要功能包括：账户信息查询和维护，账户转账(汇款)，生活缴费，投资理财产品管理、基金产品管理、信用卡管理 6 大功能。

账户信息查询和维护是网上银行的一项基本功能。该功能清晰的列出用户在该行所有账户的账户余额、账户明细情况，支持账户挂失。

账户转账(汇款)包括行内同城转账及异地汇款。对于用户客户端来说，只要个人账户在网点申请成为网银的签约用户之后，客户登录个人网上银行系统就可以进行转账汇款。对于需要定期向某个账户进行转账的需求，还可以通过查询转账记录，查找要转账的账户，避免每次都输入对方账户信息。对于银行端来说，根据用户转账的类型确定收取相应的转账手续费。

生活缴费主要指水、电、煤气和电话费的缴纳，以及手机充值等。当用户需要缴费时，个人登录网上银行系统，选择相应的缴费项，输入水、电、煤气、电话费单的用户号，选择资金划出账号即可进行缴纳。

理财产品管理需要用户在银行网点进行签约确认后才可使用。用户可以选择相应的理财产品进行购买，用户还可以查询自己的理财产品信息。

基金产品管理是指银行代销的各类基金产品，用户可以对基金进行查询、对比和购买，也可以查询个人基金信息。

信用卡管理指的是银行信用卡账户的开卡、消费账单查询、消费积分查询等。

(4) 非功能需求

系统能够支持 10 000 个用户并发访问，支持 Windows 和 Linux 两种操作系统。在正常的网络环境下，系统的响应速度应该在 5 秒以内。系统交付的文档齐全，统一格式且符合国家标准。系统应该保证安全可靠，易操作、易学习。

(5) 其他

服务器和数据库等运行环境要求使用开源软件系统，个人网上银行系统需要在××××年××月××日之前交付。

对于问题描述中的功能需求，还要进一步说明用户和系统交互的一系列场景及用户使用软件的界面原型，可以用用例图描述。

第二步：可行性分析。采用当前的 Web 技术和数据库技术完全可以在规定的时间要求和预算范围内可以完成。(后面章节介绍估算方法)个人网上银行可以集成到网上银行系统之中。

第三步：在粗略的需求分析的基础上，给出系统的顶层设计，顶层设计描述了最初从系统到子系统的分解，它描述了系统的软件体系结构。

顶层设计的步骤包括明确设计目标，初始的子系统分解，设计目标的进一步分解和求精，将分解的子系统分给不同的团队或开发人员，让他们协商定义子系统之间的接口。步骤如图 3-6 所示。

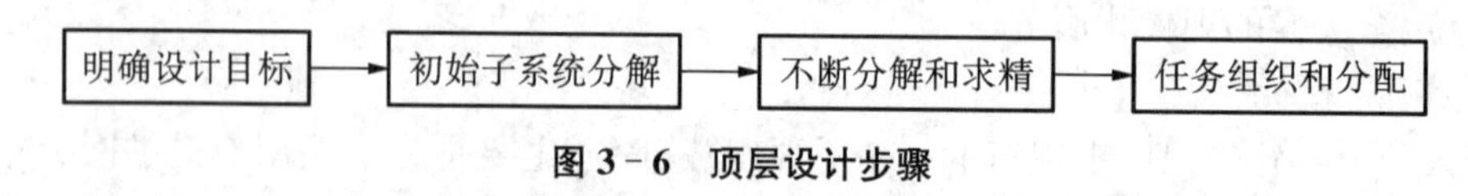

图 3-6 顶层设计步骤

需要强调的是子系统分解应该是高层的，专注于功能，并要保持稳定。每一个子系统可以分配给一个团队或一个人，由他负责其定义、详细设计和实现。因此，个人网上银行系统的顶层设计示意图如图 3-7 所示。

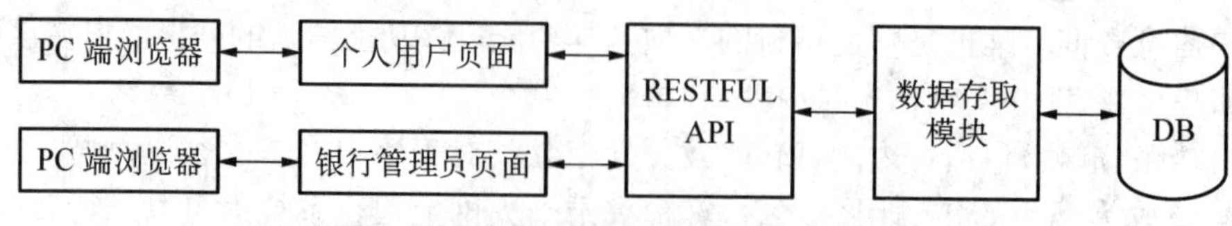

图 3-7 个人网上银行顶层设计示意图

根据需求描述，个人网上银行系统设计采用了开放的技术体系，系统的整体架构核心是服务端，而客户端是遵循规范的多种浏览器，包括(IE，Firefox 等)。个人网上银行客户端和服务器端的安全机制，采用的是基于 SSL 的 https 协议。SSL 需要 CA(Certification Authority，承担网上银行中安全电子交易认证服务)证书实现非对称加密。客户端可以是安装了 Windows 或者 Linux 系统的电脑，并且安装了相应的浏览器，且客户端首先要到服务器端下载证书，来保证对数据的加密能正常进行，保证数据传输的不可窃取和监听性，保证数据安全地送到客户端。

第四步：定义项目工作分解，将项目整体分解成较小的易于管理和控制的若干子项目或工作单元，分解要足够详细，足以支持项目将来的活动。

如何分解？分解项目工作有不同的方法，常用的方法是基于功能的分解，如图 3－8 所示。

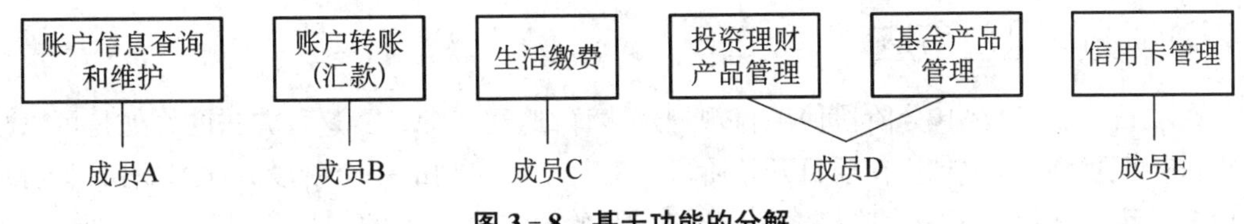

图 3－8　基于功能的分解

项目分解的原则是要尽量降低耦合，降低集成时的困难。个人网上银行系统有 6 大功能，假如团队有 5 个人，把账户信息查询和维护功能分给成员 A 去完成，把账户转账(汇款)分给成员 B 去完成，把生活缴费功能分给成员 C 去完成，把投资理财产品管理和基金产品管理分给成员 D 去完成，把信用卡管理功能分给成员 E 去完成。这样的工作分解好不好？生活缴费功能比较独立，可以分给一个人去做，其余部分虽然在功能上可以分割，但是在开发过程中由于代码和数据库设计上的耦合，例如成员 A 和成员 B 都涉及账户，这样一个人的设计修改可能会影响其他人。既熟悉前端开发和后端开发的人员在团队很难找到。所以这种按功能分解的方案，在开发的时候把分别开发的模块集成到一起很困难。

另一种分解基于系统产品结构的分解，即分解成前端、后端和数据存取模块。把个人用户页面和银行管理员页面分别分给成员 A 和 B，RESTFUL API 模块分给成员 C，数据存取模块分给成员 D，成员 E 负责数据库的设计、实施和并承担功能测试工作。这种分解可以使开发人员专注于前端、后端和数据库的开发，不同模块之间通过接口访问，相对来说耦合性比较低。

第五步：建立初始项目计划表，在项目工作分解的基础上，进一步估算活动所需要的时间和资源，并按照一定的顺序对这些活动进行组织和调度，创建项目的进度计划表(进度安排表示方法后续章节介绍)。

在这个过程中首先要识别项目里有哪些任务及任务之间的关系。由开发人员估算完成任务的时间，最终创建项目的进度表。这个过程如图 3－9 所示。

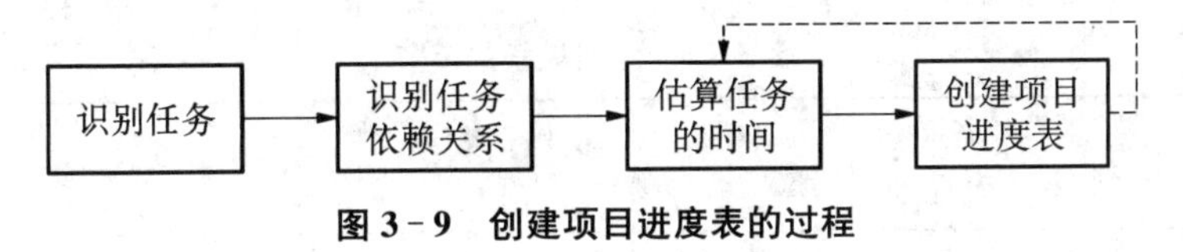

图 3－9　创建项目进度表的过程

需要注意的是，制定进度计划需要在资源、时间、实现功能之间不断平衡，并需要定期更新。

由于在项目早期中存在较多的不确定性，所以项目规划不可能在项目一开始就全部一次详细地完成，需要在各种规划过程中不断完善。在发现新的项目信息时，需要识别或解决新发现的依赖关系、风险、机会、假设和制约因素。在制定规划的过程中不断发现新信息，这些新信息将对已经编制的计划产生影响。随着收集和了解到的新信息或特征的增加，当分析调查的工作可以基本覆盖项目所有可预见的环节时，规划工作可以基本结束。项目规划是动态的，不是一成不变的。规划期间无法预测项目生命周期中发生的变更。在项目执行期间批准的变更可能影响项目规划，这些重大变化发生后，需要及时修改更新项目规划。

3.2.2 项目规划方法

在项目实施过程中，分阶段使项目规划逐步详细，逐步深入。这种方法的好处是可以减少项目初期规划的工作量，在项目开始阶段只对马上要启动的一个阶段做详细规划，其后续阶段只做粗略估计。第一个阶段将要完成时，开始第二个阶段的规划，这样以此类推，直到最后一个阶段完成。

在制定一个项目规划之前，需要具备以下一些条件：

(1) 整个项目要能够按照工作内容进行详细的分解，尽可能分解成独立的可衡量的活动。

(2) 根据工作组合关系、产品结构、拥有的资源(设备与人员)以及管理目标等，能够组成项目活动的先后顺序。

(3) 每项任务或活动的时间、成本都要估计出来，并尽可能详细。

3.2.3 软件度量

合理的规划是建立在项目估算上的，而估算的基础是软件度量。软件度量是一个对软件属性及其规格的量化测度。对软件产品的直接测量包括产生的代码行(LOC)、运行速度、存储容量以及某段时间内报告的缺陷；而间接测量包括功能、质量、复杂性、效率、可靠性、可维护性等。

构造软件所需的成本和工作量、产生的代码行数以及其他直接测量都是相对容易。但软件的质量和功能、效率或可维护性则很难获得，只能间接地测量。

1. 面向规模的度量

面向规模的度量是对软件和软件开发过程的直接度量。例如可以建立如表 3-4 所示的面向规模测量表，记录过去几年完成的每一个软件项目和关于这些项目的相应面向规模的测量数据。

表 3-4 面向规模的度量

项目	规模(千行)	工作量(人月)	成本(10^3元)	文档页数(/页)	错误数(/个)	缺陷(/个)	开发人数(/人)
alpha	12 100	24	168	365	134	29	3
beta	27 200	62	440	1 224	321	86	5
gamma	20 200	43	314	1 050	256	64	6
⋮	⋮	⋮	⋮	⋮	⋮	⋮	⋮

对于每一个项目，可以根据表格中列出的基本数据进行面向规模的生产率和质量的度量。例如，可以根据表 3-4 对所有的项目计算出平均值，即：

生产率＝规模/工作量　平均成本＝总成本/规模

质量＝错误数/规模　　平均文档＝文档页数/规模

如果项目负责人已经正确地估计了新项目的代码行，然后使用该项目开发组原来的平均生产率就可以估算出新项目所需的工作量等数据。但由于项目复杂度的不同，这种估计方法往往与实际工作量有一定的差距。

2. 面向功能的度量

鉴于相同功能，不同语言实现存在代码量的差异，且软件需求为面向功能描述，Albrecht 提出了面向功能点 FP(Function Point)的度量。

面向功能点的度量是基于 5 个信息域的特征数，以及软件复杂性估计进行的间接度量。用于功能点度量的 5 个信息域特征如图 3-10 所示.

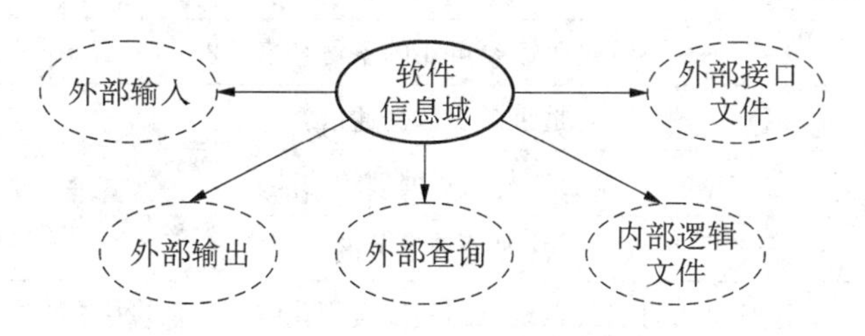

图 3-10　软件信息域

表 3-5 给出了 5 个信息域的特征及含义，这 5 个信息域特征的值都能通过直接测量得到。将这些测量值填入到表 3-6。

表 3-5　信息域特征含义

特征名	含　义
外部输入数	对每个用户输入进行计数，他们向软件提供不同的面向应用的数据。
外部输出数	各个用户输出是为用户提供的面向应用的输出信息，它们均应计数。这里的输出是指报告、屏幕信息、错误信息等，在报告中的各数据项不应再分别计数。
外部查询数	用户执行一次联机输入即查询，它导致软件以联机输出的方式产生实时的响应。每一个不同的查询都要计算。
内部逻辑文件数	对每个逻辑上的主文件进行计数(即数据的一个逻辑组合，可能是某个大型数据库的一部分或是一个独立的文件)。
外部接口文件数	对所有机器可读的接口(如存储介质上的数据文件)进行计数，利用这些接口可以将信息从一个系统传送到另一个系统。

一旦收集到上述数据，就可以统计出软件的总计数 CT。对每一个计数乘以表示该计数复杂程度的加权因子，再求和得到 CT，如表 3-6 所示。软件组织可以建立一个标准以确定某个特定的条目是简单、中间还是复杂的。

表 3-6 特征计数表

测量参数	特征值	加权因子			特征值×加权因子
		简单	中间	复杂	
外部输入数		×3	×4	×6	=
外部输出数		×4	×5	×7	=
外部查询数		×3	×4	×6	=
内部逻辑文件数		×7	×10	×15	=
外部接口文件数		×5	×7	×10	=
总计 CT					

表 3-7 计算功能点的校正值

序　号	问　题	$F_i \in [0,5]$
1	系统是否需要可靠的备份和恢复?	
2	是否需要数据通信?	
3	是否有分布式处理的功能?	
4	性能是否是关键?	
5	系统是否将运行在现有的高度实用化的操作环境中?	
6	系统是否要求联机数据项?	
7	联机数据项是否要求建立在多重窗口显示或多操作之间切换以完成输入?	
8	是否联机更新主文件?	
9	输入、输出、文件、查询是否复杂?	
10	内部处理过程是否复杂?	
11	程序代码是否要设计成可复用的?	
12	设计中是否包含变换和安装吗?	
13	系统是否要设计成多种安装形式安装在不同的机构中?	
14	应用系统是否要设计成便于修改和易于用户使用?	
合计		

表 3-8 复杂性取值表

值	定　义	值	定　义
0	没有影响	3	普通影响
1	偶有影响	4	较大影响
2	轻微影响	5	严重影响

计算软件的功能点(FP)使用的公式为 $FP=\mathrm{CT}\times[0.65+0.01\times \mathrm{SUM}(F_i)]$,其中,CT

是软件的总计数，根据表3-6计算；$F_i(i\in[1,14])$是复杂性校正值，它们应通过逐一回答表3-7中的问题来确定；F_i的取值范围是0到5如表3-8所示；SUM(F_i)是求和函数。

FP与程序设计语言无关，对于使用传统语言和非过程语言的应用系统来说，比较理想的。但该方法的计算主观性较强。

功能点度量是为了商用信息系统应用软件而设计的。事实上，以上内容并非固定不变。例如，对某些算法复杂的应用问题，就应该增加对软件特征即“算法”进行计数。因而，必须根据实际应用情况来决定功能点的度量方式，并进行计算。

针对这种情况，Jones将其扩充，提出在功能点度量的基础上，增加对软件“算法”特征的计数。该方法适合于实时处理、过程控制、嵌入式软件等算法复杂性高的应用。值得注意的是，特征点与功能点表示的是同一件事，即软件提供的“功能性”或“实用性”。事实上，对于传统的工程计算或信息系统应用，两种度量会得出相同的FP值。在较复杂的实时系统中，特征点计数常常比功能点确定的计数高出20%～35%。

代码行和功能点之间的关系依赖于实现软件所采用的程序设计语言及设计的质量。很多研究试图将FP和LOC测量关联起来。表3-9给出了在不同的程序设计语言中实现一个功能点所需的平均代码行数的粗略估算。

表3-9 几种程序设计语言实一个功能点所需的代码行数的粗略估算

程序设计语言	LOC/FP			
	平均值	中值	低值	高值
ASP	51	54	15	69
Assembler	119	98	25	320
C	97	99	39	333
C++	50	53	25	80
C#	54	59	29	70
Java	53	53	14	48
HTML	34	40	10	55
PL/SQL	37	35	13	60
Visual Basic	42	44	20	60
COBOL	61	55	23	297

由这些数据可以看出，Java的一个LOC所提供的“功能”大约是C的一个LOC所提供“功能”的2.6倍。利用表3-9包含的信息。只要知道了程序设计语言的语句行，就可以“逆向”估算出现有软件的功能点数量。

3. 面向对象的度量

Lorenz和Kidd提出了一些用于面向对象软件项目的度量。例如，场景脚本的数量、关键类的数量、支持类的数量，每个关键类的平均支持类的数量、子系统的数量。为了将上述这些度量有效地应用于面向对象的软件工程环境中，必须将它们随同项目测量(例如，花费的工作量、发现的错误和缺陷、建立的模型或文档资料)一起收集。随着完成项目数量的增长和数据库规模的增长，提供的面向对象测量和项目测量之间的关系将有助于项目的估算。

4. 面向用例的度量

用例被广泛地用于描述客户层或业务领域的需求，这些需求中隐含着软件的特性和功能。与 LOC 或 FP 类似，在重大的建模活动和构建活动开始之前，就允许使用用例进行估算。用例描述了(至少是间接地)用户可见的功能和特性，这些用例是系统的基本需求。用例与程序设计语言无关，它比功能点方法要简单一些。如图 3－11 所示的用例图，表明业务系统中，涉及 Customer 的功能有 3 个。

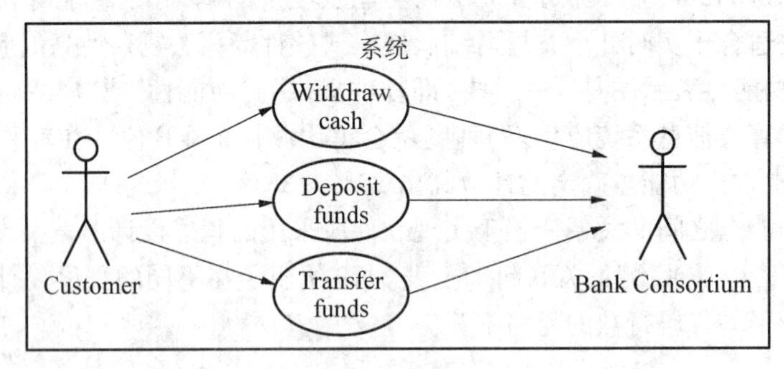

图 3－11 用例图

3.2.4 软件项目估算

建筑工程中，人们需要知道要花多少钱、多少时间和大概需要多少工程量的情况才开始建房。软件项目估算是对完成项目交付物的资源、成本和时间进行预算和估计的过程。对于软件项目来说，估算的最大挑战是项目的复杂性和不确定性。软件规模越大，复杂性越高，不确定性就越大。需求的不确定性会对项目估算产生很大影响；没有可靠的历史数据使得项目估算缺少参照物。估算资源、成本和进度时需要经验、有用的历史信息、足够的定量数据和做定量预测的勇气。另外，估算本身也带有风险。随着经验越来越多，估算就会越来越准确。

软件项目估算的首要原则是对结果进行估计，而不是活动。估算具有不确定性，但估计时要基于事实，考虑风险做出合理的调整，确保对完成时间有信心。

一、项目开发中需要的资源

开发一个软件项目所需要的资源可以分为人员、可复用的软件构件及开发环境(硬件和软件工具)三类。

对于人力资源，需要先确定软件范围，选择完成开发所需的技能和专业，还要确定团队需要哪些职位。如果团队成员地理上不在一个地方，还要说明每个人所处的位置。至于需要的人员数量要在估算出开发工作量(多少人月)后才能确定。

对于可复用软件资源，Bennatan 建议在制定计划时应该考虑四种软件资源：成品构件(能够从第三方或者从以往项目中获得的现成软件)；具有完全经验的构件(为以前项目开发的，具有与当前项目要构建的软件类似的规格说明、设计、代码或测试数据)；具有部分经验的构件(为以前项目开发的，具有与当前项目要构建的软件相关的规格说明、设计、代码或测试数据，但是需要做很多修改)；以及新构件(软件团队为了满足当前项目的特定要求，专门开发的软件构件)。

对于环境资源通常称为软件工程环境,它集成了硬件和软件工具。硬件提供支持软件工具的平台,软件工具是高效完成软件项目所必需的。硬件是作为软件开发项目的一种工具而投入的,有三种硬件资源:

(1) 宿主机(Host Machine),软件开发时使用的计算机及外部设备。

(2) 目标机(Target Machine),运行已开发成功软件的计算机及外部设备。

(3) 其他硬件设备,即专用软件开发时需要的特殊硬件资源。

软件工具主要有以下几类:

① 业务系统技术工具;② 项目管理工具;③ 支持工具;④ 分析和设计工具;⑤ 编程工具;⑥ 组装和测试工具;⑦ 模拟工具和原型化工具;⑧ 维护工具;⑨ 框架工具。

二、项目估算方法

(1) 专家判断是一种估算方法。通过借鉴历史信息,专家提供项目估算所需要的信息,或根据以往类型项目的经验,给出相关参数的估算。

(2) 参数估算。通过对大量的项目历史数据进行统计分析,使用项目特性参数建立经验模型,估算诸如成本、预算和持续时间等活动参数。

(3) 根据已经完成的类似项目进行估算。

(4) 使用比较简单的分解技术,生成项目的成本和工作量估算。

(5) 使用一个或多个经验模型来进行软件成本和工作量的估算。

如果当前项目与以前的某个项目相似,并且项目的其他影响因素(客户、商业条件、软件工程环境、交付期限)也大致相同,第三种方法就能很好地发挥作用。遗憾的是,过去的经验并不总是能够指明未来的结果。

软件成本估算的基础是历史数据,历史数据的基础是度量数据。如果没有历史数据,估算就建立在不稳定的基础上。

三、分解技术

分解是“分而治之”地把复杂问题分解成一组易于解决的较小问题,再定义他们的特性。分解有过程分解和问题分解两类分解方法,但是在进行估算之前,要理解将要开发的软件范围并估算其规模。

1. 估算软件规模

有许多因素决定或影响软件估算的准确性,例如:待开发软件规模估算的准确性;以往软件项目度量数据的可用性;项目计划中软件团队能力的强弱;产品需求的稳定性和支持软件工作的环境等。

在项目计划中,规模是指软件项目的可量化结果。规模可以用代码行和功能点来表示。对规模的估算要考虑项目类型以及应用领域、要交付的功能、要交付的构件数量、对现有构件的修改程度。

代码行技术是一种简单而直观的软件规模估算方法,它从过去开发类似产品的经验和历史数据出发,估算出所开发软件的代码行数。开发人员需要给出软件的范围描述,并进一步将软件分解成一些尽量小且可分别独立估算的子功能,通过估算每一个子功能并将其代码行数累加得到整个系统的代码行数。

估算时，要求评估人员给出乐观的(a)、可能的(m)、悲观的(b)三种情况，并采用以下公式计算估算结果，其中 L 是软件的代码行数，l_d 为对期望值偏离的均方差。单位是行代码 LOC 或千行代码 kLOC。

$$L=(a+4m+b)/6$$

$$l_d=\sqrt{\sum_{i=1}^{n}(\frac{b-a}{6})^2}$$

计算代码行应遵循以下原则：

① 保证每个计算的“源代码行”只包含一个源语句；

② 计算所有交付的、可执行的语句；

③ 数据定义只计算一次；

④ 不计算注释行；

⑤ 不计算诸如测试行、测试用例、开发工具、原型工具等使用的调试代码或临时代码；

⑥ 在每一个出现的地方，每条宏的调用、激活或包含都作为源代码的一部分。

在估算出代码行数，还可以进一步度量软件的生产率、每行代码的单元成本、每千行代码的错误个数等。

(1) 生产率

$$P=L/PM$$

其中，L 为软件的代码行数，PM 为软件开发的工作量，单位为人月；P 为生产率，单位为每人月完成的代码行数。

(2) 单位成本

$$C=S/L$$

其中，S 为软件开发总成本，C 是每行代码的平均成本。

(3) 代码出错率

$$EQR=N/L$$

其中，N 为软件的错误总数；EQR 是每千行代码的平均错误数。

代码行技术的优点是简单方便，在历史数据可靠的情况下可以很快估算出比较准确的代码行数；其缺点是这种方法需要依赖比较详细的功能分解结果，难以在开发初期进行估算，其估算结果与所用的开发语言紧密相关，且无法适用于非过程语言。

2. 基于问题的估算

首先从界定的软件范围陈述人手，尝试将范围陈述分解成一些可分别独立进行估算的功能。然后，估算每个功能的 LOC 或 FP(即估算变量)。当然，计划人员也可以选择其他元素进行规模估算，例如，类或对象、变更、受影响的业务过程。最后，将生产率度量(例如，LOC/pm(人月)或 FP/pm)和适当的估算变量结合，导出每个功能的成本或工作量。将所有功能的估算合计起来. 即可得到整个项目的总估算。

软件组织的生产率度量常常是变化的。一般情况下，应该采用平均的 LOC/pm 或 FP/pm。在收集项目的生产率度量时，一定要划分项目类型，这样才能计算出特定领域的平均值。估算一个新项目时，先要找到新项目对应的领域，然后再使用适当领域生产率的平均值进行估算。

LOC估算(代码行)和FP估算(功能点)技术的不同之处在于LOC估算要求分解的越详细越好，分解的越详细估算也越准确。而FP估算关注的不是功能，而是5个信息域特性——输入、输出、数据文件、查询和外部接口，以及14种复杂度校正值。然后，利用这些估算结果导出FP值，使用该值与以往的数据结合来进行估算。

基于3.2.1节中个人网上银行系统的问题描述和主要功能需求，对该系统进行估算。该项目按照功能可以分解为如下的6个子项目：

- 账户信息查询和维护。
- 账户转账(汇款)。
- 生活缴费。
- 投资理财产品管理。
- 基金产品管理。
- 信用卡管理。

按照LOC的分解技术，得到表3-10所示的估算表。表中给出6个子项目的代码行的乐观、悲观、可能的估算值，并利用代码行公式计算出各子项目代码行的加权平均值后得到整个项目的代码行估算值为6581。

表3-10 基于LOC的估算

功　能	乐观值	可能值	悲观值	加权平均
账户信息查询和维护	800	1 100	1 500	1 116
账户转账(汇款)	750	1 050	1 450	1 066
生活缴费	650	850	1 300	891
投资理财产品管理	820	1 200	1 520	1 190
基金产品管理	810	1 150	1 450	1 143
信用卡管理	820	1 170	1 540	1 173
总计				6 581

根据以往类似项目的开发经验，开发该类系统的团队平均生产率如果为800LOC/PM(人月)，则该项目的工作量为8.2人月。如果一个员工的价格是每月10 000人民币，则该项目的人员成本估算值是8.2万。

如果采用FP估算，为了进行估算，假定复杂度加权因子都取平均值，表3-11列出了功能点估算结果。

表3-11 基于功能点估算

信息域值	乐观值	可能值	悲观值	估算值	加权因子	*FP*值
外部输入数	21	25	30	25	4	101
外部输出数	8	13	17	13	5	64

续 表

信息域值	乐观值	可能值	悲观值	估算值	加权因子	*FP* 值
外部查询数	9	15	20	15	4	59
内部逻辑文件数	6	8	13	6	10	85
外部接口数	1	2	3	2	7	14
总计						323

表 3-12 计算功能点的校正值

序 号	问 题	F_i(0～5)
1	系统是否需要可靠的备份和恢复?	5
2	是否需要数据通信?	5
3	是否有分布式处理的功能?	5
4	性能是否是关键?	4
5	系统是否将运行在现有的高度实用化的操作环境中?	2
6	系统是否要求联机数据项?	3
7	联机数据项是否要求建立在多重窗口显示或多操作之间切换以完成输入?	3
8	是否联机更新主文件?	5
9	输入、输出、文件、查询是否复杂?	4
10	内部处理过程是否复杂?	4
11	程序代码是否要设计成可复用的?	5
12	设计中是否包含变换和安装吗?	3
13	系统是否要设计成多种安装形式安装在不同的机构中?	3
14	应用系统是否要设计成便于修改和易于用户使用?	5
合计		58

最后,得出 *FP* 的估算值:$FP=\text{总计}\times(0.65+0.01\times\sum F_i)=397$。

开发这类系统的团队平均生产率如果是 40/PM(人月)。则工作量的估算值是 9.9 人月。如果一个员工平均价格是每月 8 000 人民币,则每个 FP 的成本约为 200 元,项目人员成本的估算值是 79 400 元。

3. 基于过程的估算

基于过程的估算是根据软件过程进行估算,将过程分解为一些小的活动、动作和任务,并估算完成每一项所需的工作量。

因此,基于过程的估算步骤为:第一步从项目范围中提取出软件功能;第二步列出为实现每一个功能所必须执行的一系列活动;第三步用表格的形式给出功能和活动的对应关系,类似于表 3-13;第四步对于每个功能,估算出完成各个软件过程活动所需要的工作量;第五步，将平均劳动力价格与每个软件过程活动的估算工作量结合，就可以估算出人员成本。

表 3-13 工作量估算表

功能＼活动	客户沟通	计划	风险分析	分析	设计	编码	测试	合计
账户信息查询和维护				0.2	0.4	0.2	0.5	1.3
账户转账(汇款)				0.1	0.2	0.2	0.3	0.8
生活缴费				0.2	0.3	0.1	0.3	0.9
投资理财产品管理				0.2	0.5	0.3	1	2
基金产品管理				0.2	0.5	0.2	1.1	2
信用卡管理				0.1	0.5	0.3	1.1	2
合计	0.5	0.25	0.25	1	2.4	1.3	4.3	10
工作量%	5%	2.5%	2.5%	10%	24%	13%	43%	

表 3-13 列出了个人网上银行系统的每个功能在不同软件工程活动的工作量估算(人月)。其中，构建发布活动又被细分为分析、设计、编码、测试。再加上客户沟通、计划和风险分析活动，从而算出总工作量的估算。

4. 基于用例点的估算

用例点估算是一种估算规模和工作量的方法，主要用于面向对象软件开发项目。用例点估算的步骤如下：

第一步：建立用例模型。

第二步：计算角色复杂度 UAW。

可以通过加权求和的方式求到角色复杂度，如表 3-14(a)所示。

表 3-14(a) 角色复杂度

角色复杂度	说明	权重
简单	角色是通过 API 或接口与系统进行交互的其他系统	1
一般	角色是通过协议(如 TCP/IP)与系统进行交互的其他系统	2
复杂	角色是通过 GUI 或 Web 界面与系统进行交互的人	3

第三步：计算用例复杂度 UUCW，如表 3-14(b)所示。

表 3-14(b) 用例复杂度

用例复杂度	说明	权重
简单	仅涉及 1 个数据库；操作步超过 3 步；实现用 5 个类以下	5
一般	涉及 2 个或 2 个以上数据库实体，操作在 4—7 步；实现用到 5—10 类	10
复杂	复杂的用户界面或涉及 3 个或以上数据库实体；操作超过 7 步；实现用到超过 10 个类	15

同样可以通过加权求和的方式求到用例复杂度。

第四步：计算未平衡用例点 UUCP＝UAW＋UUCW。

第五步：用技术复杂度因子 TCF 和环境复杂度因子 ECF 进行调整，得到用例点。

$$UCP = TCF \times ECF \times UUCP$$

第六步：估算项目开发工作量。只要给出基于每个 UCP 完成的时间，就可以计算出项目开发工作量。

$$工作量 = UCP \times 生产率$$

建议每个 UCP 为 16～30 人时，可以取均值为 20 个人时。

表 3-15 技术复杂度因子 TF_i 取值 0..5

技术因素	说 明	权 重	技术因素	说 明	权 重
TF_1	分布式系统	2	TF_8	可移植性	2
TF_2	系统性能要求	1	TF_9	可修改性	1
TF_3	终端用户使用效率要求	1	TF_{10}	并发性	1
TF_4	内部处理复杂度	1	TF_{11}	特殊的安全性	1
TF_5	可重用性	1	TF_{12}	提供给第三方接口	1
TF_6	易安装性	0.5	TF_{13}	需要特别的用户培训	1
TF_7	易用性	0.5			
$TCF = 0.6 + 0.01 \times \sum TF_i$					

表 3-16 环境复杂度因子 EF_i 取值 0..5

环境因素	说 明	权 重	环境因素	说 明	权 重
EF_1	UML 精通程度	1.5	EF_5	团队士气	1
EF_2	开发应用系统经验	0.5	EF_6	需求稳定性	2
EF_3	面向对象经验	1	EF_7	兼职人员比例	1
EF_4	系统分析员能力	0.5	EF_8	编程语言难易程度	2
$ECF = 1.4 + (-0.03 \times \sum EF_i)$					

5. 基于模型的估算

(1) COCOMO 模型

① 基本 COCOMO 模型

Boehm 提出的结构性成本 COCOMO(Constructive Cost Model)模型是一种利用经验模型进行工作量和成本估算的方法，这种模型分为基本、中间、详细三个层次，分别用于软件开发的不同阶段，即系统开发初期、子系统的设计、子系统内部设计。

$$PM = a \times (S)^b$$

$$D = c \times (PM)^d$$

其中 a 为工作量调整因子；b 为规模调整因子；S 表示规模，单位千行代码或功能点数；PM 表示工作量，单位人月；c 为开发时间常数；D 为开发时间，单位人月；d 为常数。

按照软件的应用领域和复杂程度，该模型把软件开发项目的总体类型分为 3 种(见表 3－17)：组织型(Organic)、嵌入型(Embadded)和介于上述两种软件之间的半独立型(Semidetaed)。每种类型取不同的 a 和 b 值。a,b,c,d 四个常数的值如表 3－18 所示。

表 3－17 项目类型表

项目类型	说　明
组织型	相对较小、较简单的软件项目，对需求不苛刻，开发人员对开发目标理解充分，相关工作经验丰富，对使用环境熟悉，受硬件约束较少，程序规模不大(<5 万行)。
嵌入型	软件在紧密联系的硬件、其他软件和操作的限制条件下运行，通常与硬件设备紧密结合在一起，对接口、数据结构、算法要求较高、软件规模任意。
半独立型	介于组织型和嵌入型之间，软件规模和复杂性属中等以上，最大可达 30 万行。

表 3－18 基本 COCOMO 模型参数

软件项目类型	a	b	c	d
组织型	2.4	1.05	2.5	0.38
半独立型	3.0	1.12	2.5	0.35
嵌入型	3.6	1.2	2.5	0.32

② 中间 COCOMO 模型

考虑了 15 种影响软件工作量的因素，通过工作量调节因子修正工作量的估算，从而使估算更合理，公式如下：

$$PM = a\ (S)^b EAF$$

其中，PM 是工作量，单位人月；S 是软件产品的代码行数；EAF 表示调节因子；a,b 是常数，取值如表 3－19 所示。

表 3－19 中间 COCOMO 模型参数

项目类型	a	b
组织型	3.2	1.05
半独立型	3.0	1.12
嵌入型	2.8	1.20

表 3－20 给出了影响工作量的因素及其取值，每个调节因子 F_i 的取值分为很低、低、正常、高、很高、极高 6 级，正常情况下 $F_i=1$；当 15 个 F_i 选定后，可得：

$$EAF = \prod_{i=1}^{15} F_i$$

表 3-20 调节因子取值表

工作量因素 F_i		很低	低	正常	高	很高	极高
产品因素	软件可靠性	0.75	0.88	1.0	1.15	1.40	
	数据库规模		0.94	1.0	1.08	1.16	
	产品复杂性	0.7	0.85	1.0	1.15	1.30	1.65
计算机因素	执行时间限制			1.0	1.11	1.30	1.66
	存储限制			1.0	1.06	1.21	1.56
	虚拟机易变性		0.87	1.0	1.15	1.30	
	环境周转时间		0.87	1.0	1.07	1.15	
人的因素	分析员能力		1.46	1.0	0.86		
	应用领域实际经验	1.29	1.13	1.0	0.91	0.71	
	程序员能力	1.42	1.17	1.0	0.86	0.82	
	虚拟机使用经验	1.21	1.10	1.0	0.90	0.70	
	程序语言使用经验	1.41	1.07	1.0	0.95		
项目因素	现代程序设计技术	1.24	1.10	1.0	0.91	0.82	
	软件工具的使用	1.24	1.10	1.0	0.91	0.83	
	开发进度限制	1.23	1.08	1.0	1.04	1.10	

为了便于说明，以个人网上银行系统为例，假设该系统的程序规模为 5000 行代码。试计算所需工作量和开发时间。

若使用基本 COCOMO 模型，采用表里的组织型参数。

$$\text{工作量 } PM = 2.4 \times (5)^{1.05} = 13 \text{ 人月}$$

$$\text{开发时间 } D = 2.5 \times 13^{0.38} = 6.6 \text{ 月}$$

若使用中间 COCOMO 模型，取得的调节因子值如表 3-21 所示。

表 3-21 调节因子

软件可靠性	1	虚拟机易变性	1.0	虚拟机使用经验	1.0
数据库规模	0.94	环境周转时间	1.0	程序语言使用经验	1.0
产品复杂性	0.7	分析员能力	1.0	现代程序设计技术	0.82
执行时间限制	1.0	应用领域实际经验	1.0	软件工具的使用	0.83
存储限制	1.0	程序员能力	1.0	开发进度限制	1.0

则

$$EAF = 1 \times 0.94 \times 0.7 \times 1 \times 0.82 \times 0.83 = 0.448$$

$$PM = 3.2 \times 5^{1.05} \times 0.448 = 7.77 \text{ 人月}$$

以上介绍的是它的中间模型和基本模型，基本模型不使用 EFA，仅用于粗略估算。中间模型是从整个生存周期来衡量 EFA 的影响，而详细模型需要考虑各个调节因子对不同开发阶段的影响。需要深入了解的读者，可以参阅 Boehm 的原著。

③ COCOMOⅡ模型

COCOMOⅡ模型是一种层次结构的估算模型。COCOMOⅡ模型被分为三个阶段性模型：应用构成阶段、早期设计阶段和体系结构后阶段，在不同阶段采用不同的模型计算工作量，从而使工作量的估算越来越接近实际情况。

应用构成阶段：该模型用于在软件开发早期，支持原型开发和基于已有构件开发的软件项目的工作量估算。此阶段的估算方法采用对象点计算的方法，而不用代码行进行估算。

早期设计阶段：该模型在需求已经稳定并且基本的软件体系结构已经建立时使用。此阶段采用功能点和成本驱动因素计算的方法，功能点可以转换为代码行。

体系结构后阶段：在软件的构造过程中使用。这个时候软件结构经历了最后的构造和修改，并且准备进入开发阶段。该模型用于产品实际开发和维护。此阶段采用代码行或功能点计算工作量。

COCOMOⅡ使用对象点进行估算的步骤为：

第一步，分别统计初始的对象实例数，主要包括：

- 用户界面的屏幕数；
- 报表数；
- 构件应用可能需要的构件数。

第二步，根据 Boehm 给出的标准，将每个对象实例归类到三个复杂度级别之一，如表 3-22所示，根据该表，对屏幕、报表和构件加权求和，得到对象点。

对象点＝屏幕数×权重＋报表数×权重＋构件数×权重

表 3-22　复杂度

对象类型	复杂度		
	简单的	中等的	困难的
屏幕	1	2	3
报表	2	5	8
3GL 构件			10

第三步，当采用基于构件的开发或一般的软件复用时，还要估算复用的百分比，然后用下面公式调整对象点数，得到新对象点数 NOP。

NOP＝对象点×(1－复用的百分比)

第四步，确定生产率的值 PROD。例如表 3-23 给出了在不同开发环境成熟度和不同水平的开发者经验的情况下生产率。

PROD＝NOP/人月

表 3-23 对象点的生产率

开发者的经验/能力	非常低	低	正常	高	非常高
环境成熟度/能力	非常低	低	正常	高	非常高
PROD	4	7	13	25	50

第五步，得到项目工作量的估算值。

$$估算工作量=NOP/PROD$$

在更复杂的COCOMO Ⅱ模型中，还需要一系列的比例因子、成本驱动和调整过程。这些估算模型是根据以前的有限的样本数据得出的，不可能适用于当前的所有软件开发项目和开发环境，所以计算结果只能是一个大概的参考。

为了反映当前项目的情况，应该对估算模型进行调整。应该使用已完成项目的数据对该模型进行检验，做法是将数据代入到模型中。并将已经完成项目的实际结果与用模型计算出来的结果进行比较。如果两者一致性不高，则在使用该模型前，必须对其进行调整和再次检验。

(2) Putnam 模型

Putnam 提出了一种动态多变量模型。这种模型依据收集到的一些大型项目(总工作量达到或超过 30 人年)的工作量分布情况而推导出来的，Putnam 模型把已交付的源代码(源语句)行数与工作量和开发时间联系起来，可以用下面的方程式来表示：

$$S=C_k(PM)^{1/3}t_d{}^{4/3}$$

其中 S 表示源程序代码行；t_d 表示开发持续时间(年)；PM 表示开发和维护在整个生命周期所花费的工作量(人年)；C_k 是技术状态常数，它反映出“妨碍程序员进展的限制”，并因开发环境而异。典型值的选取如表 3-24 所示。

表 3-24 C_k 技术状态常数表

C_k 的典型值	开发环境	开发环境举例
6 500	差	没有系统的开发方法，缺乏文档和复审，批处理方式
10 000	好	有合适的系统开发方法，有充分的文档和复审，交互执行方式
12 500	优	有自动开发工具和技术

(3) 机器学习方法

机器学习方法是采用一种机器学习算法导出一种预测模型。

① 神经网络方法

神经网络是一种学习方法，这种方法使用历史项目数据训练网络，通过不断学习找出数据中的规律，再用其估算新项目的工作量。图 3-12 说明了如何使用神经网络对工作量进行估算。它把影响项目工作量的四个因素——问题复杂性、应用新颖度、使用设计工具、团队规模作为输入，通过三层网络计算出工作量。它使用历史项目的数据作为训练集，再用训练好的网络去估算新的项目。

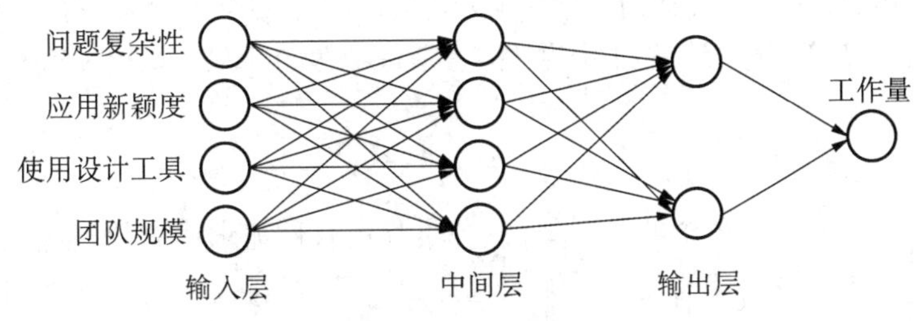

图3-12　神经网络示意图

② 基于案例的推理机器学习方法

可以用基于类推的估算，识别出与新项目类似的案例，再调整这些案例，使其适合新项目的参数。首先把一个新的问题标识为一个案例，系统从历史的信息库中检索出相似的案例加以复用，再调整这个案例使其适合新的项目参数，同时把新的输出案例加入到案例库中，不断丰富已有的案例。

这里有个问题是如何标识出不同项目之间的相同和不同之处？有些软件工具可以使用。ANGEL就是一种已经开发的用来自动化这种过程的应用程序，它通过标识案例之间的欧几里得距离来标识最接近新案例的已有案例。欧几里得距离的计算方法是：

$$欧几里得距离=[(新参数_1-旧参数_1)^2+(新参数_2-旧参数_2)^2+\cdots+(新参数_n-旧参数_n)^2]^{1/2}$$

3.2.5　项目进度管理

进度是指包括项目中所有活动的日期列表，这些活动按照时间先后顺序排列，活动间存在依赖关系，且活动需要任务和资源。进度是跟踪和沟通项目进展状态的依据，也是跟踪变更对项目影响的依据。

进度管理是指采用科学的方法确定进度目标，编制进度计划和资源供应计划，进行进度控制，在与质量、费用目标协调的基础上，实现工期目标。

进度管理的意义在于：

- 确保在需要时正好能得到合适的资源。
- 避免不同的活动在相同的时间竞争相同的资源。
- 为每个人员分配任务，协调人员。进度计划把项目各个活动和具体人员对应起来，形成责任矩阵，从而有效地进行人员工作的分配。
- 实际的进度可以有标准进行衡量，并根据实际情况调整项目。
- 产生成本消耗计划。人力成本占软件项目成本很大的一部分，进度计划中明确给出了人员分配，则可以形成成本计划的基础。
- 在项目生命周期内重新计划项目来纠正偏离目标的情况。

软件项目进度计划是软件项目计划中的一个重要组成部分，影响到软件项目能否顺利进行，资源能否被合理使用，直接关系到项目的成败。软件项目进度计划包括项目活动排序、项目历时估算、制定进度计划。

软件项目进度安排是一种活动，它通过将工作量分配给特定的软件工程任务，从而将估算的工作量分配到计划的项目工期内。软件工程项目的进度安排有两种情况，第一种情况，有明确的而且不能改变的交付日期,软件开发组织必须将工作量分布在预先确定的时间框架内。第二种情况是知道大致的时间界限,但是最终发布日期由软件工程开发组织自行确定。

1. 软件项目进度安排

首先,识别软件项目所包含的任务集,任务集是由软件需求而来的。这里不仅包含软件开发任务,也要包含软件管理的任务。无论选择哪一种过程模型,一个软件团队要完成的工作都是由任务集组成的。当前没有能普遍适用于所有软件项目的任务集。

第二,建立任务之间的依赖关系。根据任务本身的先后顺序进行排序。有些任务必须是串行的,有些任务可以并行的。

第三,对各个任务的工作量进行合理分配或估算。

第四,定义里程碑。里程碑是指一组活动的终点,是完成一个阶段工作后可以看到部分结果的检查点。每个任务或任务组都应该与一个项目里程碑相关联。一个或多个工作产品经过质量评审并且得到认可时,就标志着一个里程碑的完成。

第五,分配人力和其他资源,判断完成所有任务的时间,从而制定进度表。

最后,检查进度安排,确保任务之间没有冲突,并且包含完成项目必需的所有任务。

传统的开发过程和敏捷过程都需要初始项目进度安排,只是敏捷项目计划不太详细。采用传统的开发过程,在开始阶段就要创建完整的进度安排,并且随着项目进行而修改。采用敏捷开发过程,必须有一个总的进度安排,确定何时完成项目的主要阶段,然后再使用迭代的方法规划各个阶段。

2. 项目进度估算

进度估算就是要估算任务的持续时间,它是项目计划的基础,直接关系到整个项目的时间。工作量估算时没有考虑资源,但是进度估算时需要考虑资源。例如,同样工作量的软件设计工作,估算它的历时,需要考虑是一个人来完成,还是两个人来完成,不同的人数需要的时间是不同的。

在进度估算之前,往往已经完成了规模和工作量的估算,所以工作量就可以作为进度估算的依据。考虑团队规模是否确定,基于工作量的经验估算有两种。

当团队规模确定时,$D=E/S\times P$,其中 D 表示任务持续时间,可以用小时、日、周表示;E 表示工作量,可以用人月、人天表示;S 表示团队的规模,可以用人数来表示;P 表示开发效率,主要代表团队规模和个人开发相比的效率,体现了团队效率和个人效率的关系。这种方法适合比较小的项目。

团队规模未确定时,$D=c\times E^{0.3}$,其中 D 表示月进度,E 表示工作量,以人月为单位,其中 c 取 2 到 4 之间的参数。c 依赖项目属性和团队项目历史情况。

IBM 模型(Walston-Felix)是 1977 年 IBM 公司的 Walston 和 Felix 提出的。基本公式为:

$$E=5.2\times(\text{kLOC})^{0.91}$$
$$D=4.1\times(\text{kLOC})^{0.36}$$
$$S=0.54\times \text{E}^{0.6}$$
$$\text{DOC}=49\times(\text{kLOC})^{1.01}$$

上述公式中，E 是工作量，人月为单位；kLOC 是千行代码数；D 是项目持续时间，以月为单位；S 是人员需要数；DOC 是文档数量，以页为单位。

以上介绍的方法是估算整个项目的历时，而没有估算各个阶段的历时，无法制定出进度计划来。此时需要采用一些方法把整个项目的历时划分到每个阶段上，从而得出每个阶段的历时。有了阶段历时后，再根据识别的任务，进行阶段任务分解和排序，把这些时间分配到各个任务上去，对各个任务再进行工作量和开发时间的分配，这种方法可以看成是自上而下的经验比例进度估算法。

阶段历时的经验比例有多种，各个软件开发组织也有自己的不同值，下面给出几种经验比例供参考。

(1) 40—20—40 规则

R.S.Pressman 提出的 40—20—40 规则只用来作为一个指南。在整个软件开发过程中，编码前的工作量占 40%，编码工作量占 20%，编码后的工作量占 40%。实际的工作量分配比例必须按照每个项目的特点来决定。花费在分析或原型化上面的工作量应当随项目规模和复杂性成比例地增加。软件的重要性决定了所需测试工作的份量，如果软件系统是人命关天的（即软件错误可能使人丧命），就应该考虑分配更高的测试工作量比例。

(2) 设计和开发详细比例

McConnell 在《软件项目生存指南》也提出了一个比例。该比例如表 3-25 所示。

表 3-25　McConnell 工作量的比例

生命周期阶段	小项目/%	大项目/%
架构设计	10	30
详细设计	20	20
代码开发	25	10
单元测试	20	5
集成测试	15	20
系统测试	10	15

表中没有给出需求分析阶段的比例，因为他认为需求分析要另外花费项目的 10%到 30%的时间，而且配置管理和质量管理分别占项目总成本的 3%到 5%。

(3) Walker Royce 比例表

Walker Royce 在其软件项目管理中给出工作量比例如表 3-26 所示。

表 3-26　Walker Royce 工作量的比例

管理工作	5%
需求分析	5%
设计	10%
编码和单元测试	30%
集成和系统测试	40%
项目实施	5%
环境配置	5%

以上比例仅作为参考，项目经理在实际工作中，需要根据项目特点、团队成员情况和团队历来水平确定合理的比例。

(4) Jones 的一阶估算准则

假设在规模估算中得出了项目中功能点总数，就可以根据该功能点数使用表 3-27 中的数据作为指数直接估算进度。表 3-27 中的幂次是 Jones 根据数千个项目的基本数据分析而得到的。例如，如果开发的软件是平均水平的商业软件，功能点是 FP=170，则粗略的进度$=170^{0.43}=9$个月。

表 3-27　Jones 幂次值

软件类型	最优级	平均	最差级
系统软件	0.43	0.45	0.48
商业软件	0.41	0.43	0.46
封装商品软件	0.39	0.42	0.45

多年以来的经验数据和理论分析都表明项目进度是具有弹性的。即在一定程度上可以提前交付(通过增加额外资源)，也可以拖延项目交付日期(通过减少资源数量)。

PNR(Putnam-Norden-Rayleigh)曲线，表明了一个软件项目中所投入的工作量与交付时间的关系。项目工作量和交付时间的函数关系曲线如图 3-13 所示。图中的 t_o 表示项目最低交付成本所需的最少时间(即花费工作量最少的项目交付时间)，而 t_o 左边(即当我们想提前交付时)的曲线是非线性上升的。

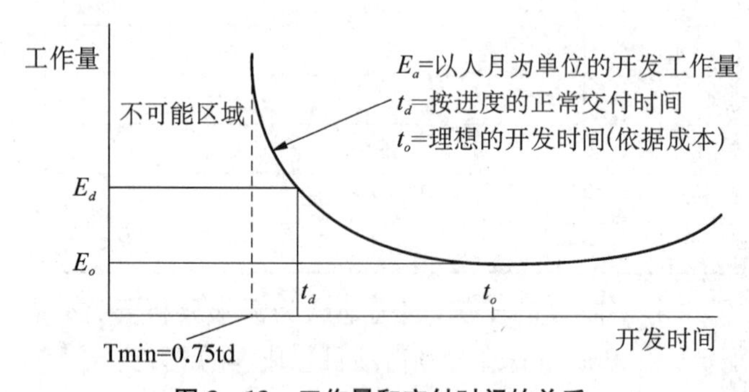

图 3-13　工作量和交付时间的关系

假设一个软件项目组织根据进度安排和现有可用的人员，估算所需要的工作量为 E_d，正常交付时间应为 t_d，虽然可以提前交付，但是曲线在 t_d 左侧急剧上升，即工作量急剧增加。PNR 曲线不仅说明了项目的交付时间不能少于 $0.75t_d$，而且如果想要再提前一些时间提交，工作量进入了不可能区域，项目面临失败风险，但是如果延长交付时间，可以降低工作量和成本。

PNR 曲线表明了完成一个项目的时间与投入该项目的工作量之间是高度非线性的关系。因此，工作量与开发时间、交付的代码(源代码行数)可以用下面的公式表示。

$$E=\frac{L^3}{P^3\ t^4}$$

其中，E 是在软件开发和维护的整个生命周期内所需要的工作量（按人年计算）；L 是交付的源代码行数。t 是以年为单位的开发时间。P 是一个生产率参数，它反映了软件工程工作的各种因素的综合效果（P 通常在 2 000 到 12 000 之间取值）。

3. 软件项目进度安排表示

软件项目的进度安排一般以图形的方式展现。图中要明确标明各个任务的计划开始时间、完成时间、各个任务完成的标志、各个任务参与的人数及各个任务所需要的资源等。为了体现这些要求，一般进度管理使用里程碑图、网络图、甘特图和资源图等表示。

（1）里程碑图

里程碑图显示项目进展中的重大工作完成。里程碑不同于活动，活动是需要消耗资源的，并且需要时间来完成。里程碑仅仅表示事件的标记，不消耗资源和时间。里程碑图对项目干系人是非常重要的，它表示了项目进展过程中的几个重要的时间节点。

（2）网络图

主要展示项目中的各个活动以及活动之间的逻辑关系，网络图是活动排序的一个输出，可以表达活动的历时。常用网络图有 PDM（Precedence Diagram）节点法网络图、ADM（Arrow Diagram）箭线法网络图、CDM（Condition Diagram）条件箭线法网络图。

PDM（节点法）网络图在网络图中一个活动用一个方框、节点或者其他方式表示。每一个活动被各种关系线相连接着，表示各个活动的逻辑关系。网络图开始于一个任务、工作、活动、里程碑，结束于一个任务、工作、活动、里程碑，有些活动有前置任务或者后置任务。如图 3－14 所示。

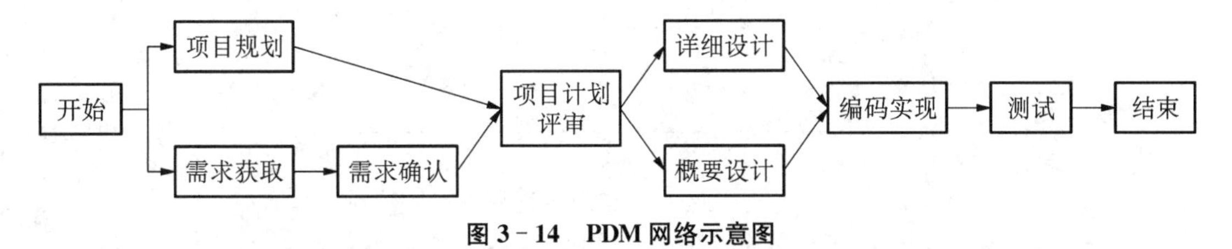

图 3－14　PDM 网络示意图

ADM 也称为 AOA（Activity-on-Arrow）或者双代号项目网络图。在 ADM 网络图中，箭线表示活动（工序或工作），虚线箭头表示虚拟活动，指实际不存在的活动。引入虚拟活动的目的是为了显示地表示活动之间的依赖关系。节点 Node 表示前一道工序的结束，同时也表示后一道工序的开始，只适合表示结束—开始的逻辑关系，如图 3－15 所示。

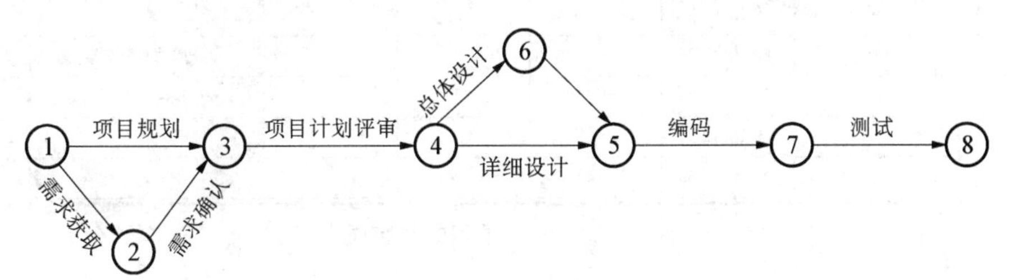

图 3－15　ADM 示意图

CDM 网络图也称为条件箭头图法网络图。CDM 允许活动序列相互循环与反馈，从而在绘制网络图的过程中形成许多条件分支。但在 PDM、ADM 中是不允许的。

(3) 甘特图

甘特图可以显示基本的任务信息，可以查看任务的工期、开始时间和结束时间以及资源的信息，有两种表示方法(棒状、三角形)。如图 3-16 所示，空心棒状图表示计划起止时间，实心棒状图表示实际起止时间；用棒状图表示任务进度时，一个任务需要两行的空间表示。

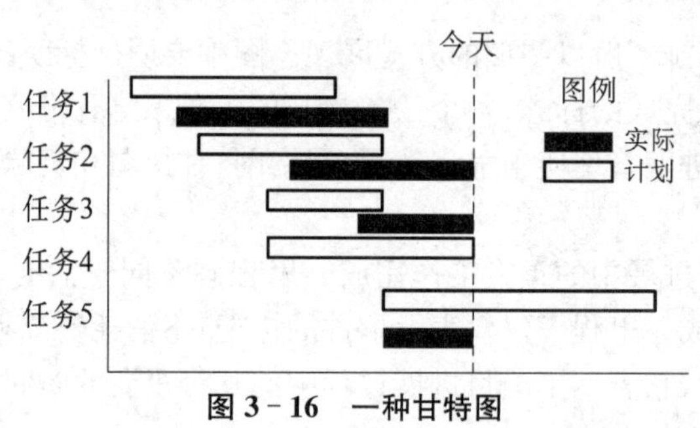

图 3-16　一种甘特图

另外一种表示甘特图的方式，如图 3-17 所示。它是用三角形表示特定日期，方向向上三角形表示开始时间，向下三角形表示结束时间，计划时间和实际时间分别用空心三角形和实心三角形表示。一个任务只需要占用一行。

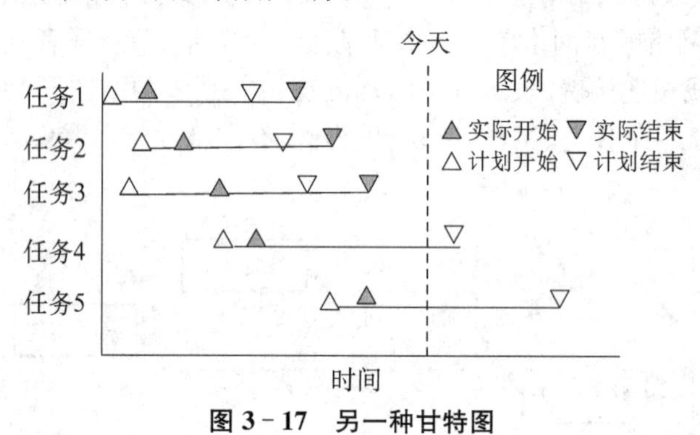

图 3-17　另一种甘特图

图 3-18 是采用软件工具 Microsoft Visio 绘制的一个项目的甘特图。

ID	任务名称	开始时间	完成	持续时间	2018年 11月													
					20	21	22	23	24	25	26	27	28	29	30	1	2	3
1	任务 1	2018/11/20	2018/11/23	4天														
2	新建任务	2019/9/26	2019/9/26	0天														
3	新建任务	2019/9/26	2019/9/26	0天														
4	任务 2	2018/11/26	2018/11/30	5天														
5	任务 3	2018/11/26	2018/11/29	4天														
6	任务 5	2018/12/3	2018/12/3	1天														
7	任务 4	2018/11/30	2018/11/30	1天														

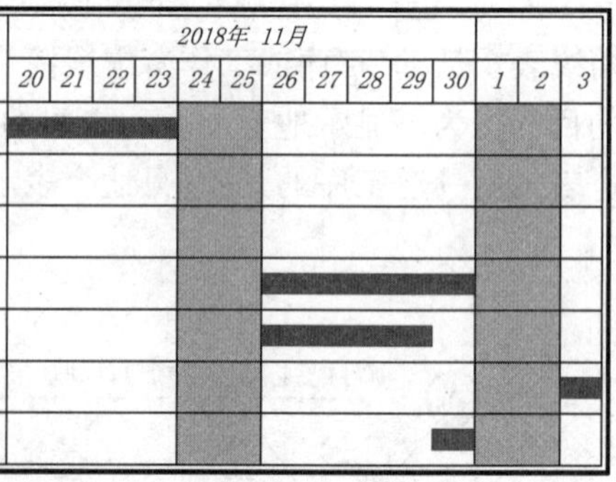

图 3-18　某个项目的甘特图

4. 软件项目进度计划编制原理

关键路径法(Critical Path Method, CPM)和计划评审技术(Program Evaluation and Review Technique, PERT)是项目计划管理的重要方法。这两种方法都采用网络图来描述一个项目的任务网络。即从一个项目的开始到结束，把应当完成的任务用图的形式表示出来。但 PERT 方法要求对每个任务的完成时间做三次估计，而不是一次估计。

最可能的时间：期望任务在正常情况下所花的时间，用字母 m 来表示。

乐观的时间：期望完成任务的最短时间(除非出现明显的奇迹)，用字母 a 来表示。

悲观的时间：考虑所有合理的可能情况下的最坏可能时间，用字母 b 来表示。

因此，PERT 使用下面公式来计算各个任务的持续期望时间为：

$$t=(a+4m+b)/6$$

$$\text{方差}\ \sigma^2=\left(\frac{b-a}{6}\right)^2$$

PERT 认为整个项目的完成时间是关键路径上各个任务的期望完成时间之和，且服从正态分布。假设关键路径上有 s 个活动，这 s 个任务的方差分别为 $\sigma_1{}^2, \sigma_2{}^2, \cdots, \sigma_s{}^2$，则关键路径的方差就是这 s 个活动的方差之和，即 $\sigma_1{}^2+\sigma_2{}^2+\cdots+\sigma_s{}^2$。

求出项目的工期的期望值和方差之后，一般假设服从正态分布，可以通过查标准正态分布表，得出项目在某一时间内完成的概率。例如假设按照 PERT 方法求出项目工期的期望值 $T=60$ 天，标准差 $\sigma=3.696$，如果客户要求在 70 天内完成项目，那么可能完成的概率是：

$$P(t\leqslant 70)=\Phi((70-60)/\sigma)\approx 0.996\,6$$

CMP 方法首先要绘制网络图，在绘制网络图时需要遵循以下约定：

① 网络图是有向图，本章节采用 ADM(Arrow diagram)图，任务(活动)用箭头表示，箭头上可以标上完成该任务的所需要的时间。事件用结点表示，事件表示流入该结点的任务已经完成，流出该结点的任务可以开始。事件的符号如图 3-19 所示。事件本身不消耗资源和时间，仅代表某个时间点。

② 按照项目执行任务的顺序把任务从左向右排列。

③ 两个事件之间仅可存在一条箭头。

④ 网络图中不能有回路。

⑤ 为了表示任务之间先后顺序关系可以引入空任务(用虚线箭头表示)，空任务完成时间为零。

图 3-19 事件的符号

⑥ 为了表示项目的开始和结束，在网络图中只能有一个终点和一个始点。

⑦ 网络图中不能够包含悬点，既不是终点而且没有流出任务的结点。

⑧ 每个事件用一个事件编号进行标记，一般按照各个结点的事件顺序编号。

事件的最早时刻和最迟时刻的定义如下：

最早时刻表示所有到达该事件的任务最早在此时刻完成，或者从该事件流出的任务最早在此时刻才可开始。

最迟时刻表示所有到达该事件的任务最迟必须在此时刻完成，或从该事件流出的任务必须在此时刻开始，否则整个项目就无法按时完成。

下面给出找关键路径的步骤：

(1) 计算事件最早时刻 EFT

设(i,j)为连接事件 i 和事件 j 的任务，$t(i,j)$为任务(i,j) 的持续时间，I 为所有任务的集合，设起始事件为 0 号事件，n 号事件为结束事件。设 $t_E(j)$为事件 j 的最早时刻，规定 $t_E(0)=0$，从左到右按事件发生的顺序计算每个事件的最早时刻，那么就有事件 j 的最早时刻为：

$$t_E(j)=\max\{t_E(i)+t_E(i,j)\},(i,j)\in I$$

最早时刻计算如图 3 - 20 所示。

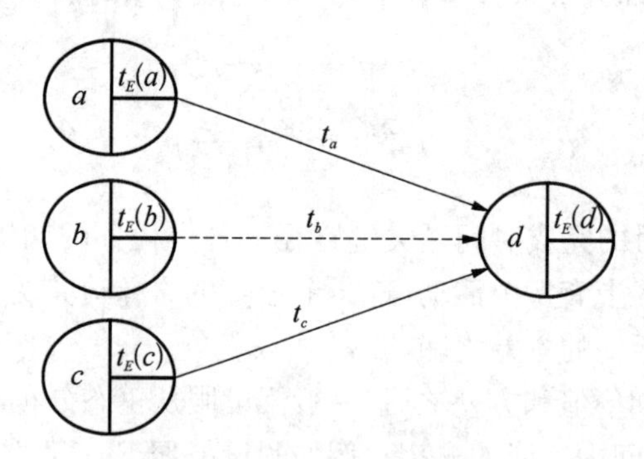

图 3 - 20　最早时刻计算

图 3 - 20 中的 $t_E(d)=\max\{t_E(a)+t_a,t_E(b)+t_b,t_E(c)+t_c\}$。

设有图 3 - 21 所示的为待求解的网络图，用上述公式计算得到的各事件最早时刻如图 3 - 22 所示。

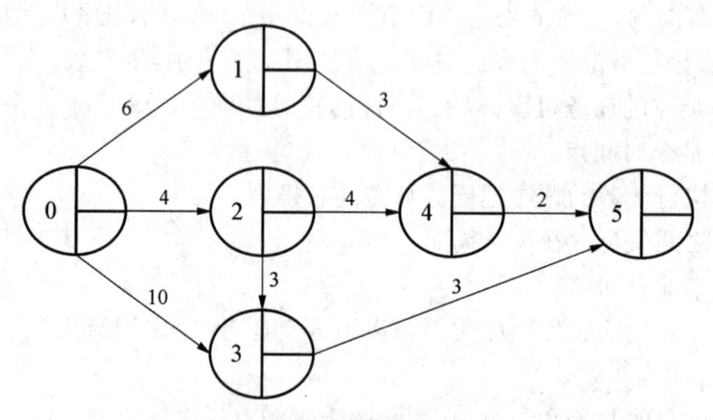

图 3 - 21　待求解的网络图

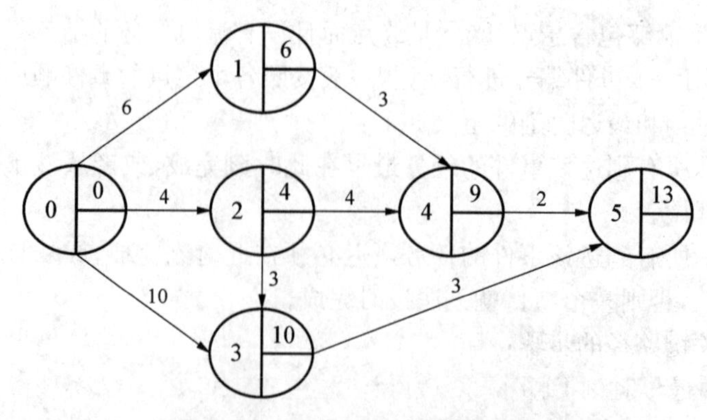

图 3 - 22　求出最早时刻的网络图

(2) 计算事件最迟时刻 LET

为了尽量缩短项目的完工时间,把终结点的最早时间,即项目的最早结束时间作为终结点的最迟时间。$t_L(i)$表示事件 i 的最迟时刻,设事件编号 n 为最后一个事件,则有:

$$t_L(n)=t_E(n)$$

可从右向左按事件发生的逆序计算每个事件的最迟时刻,事件 i 的最迟时刻为:

$$t_L(i)=\min\{t_L(j)-t(i,j)\},(i,j)\in I$$

以图 3-22 为例,利用上面公式可以计算出每个事件的最迟时刻如图 3-23 所示。

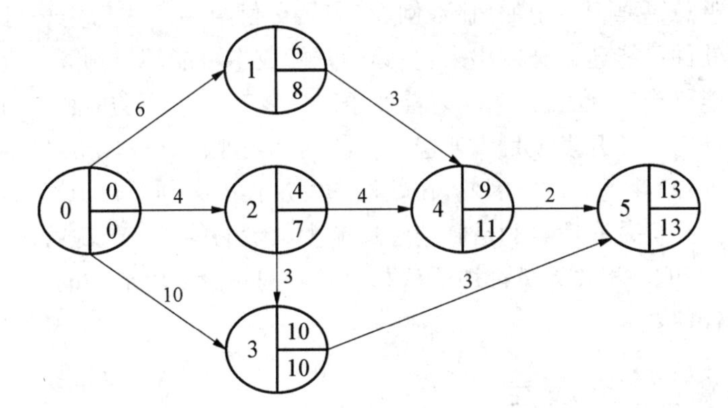

图 3-23 求出最晚时刻和最早时刻的网络图

(3) 计算机动时间

事件 i 和事件 j 之间的任务为(i,j),其机动时间为:

$$t_L(j)-t_E(i)-t(i,j)$$

对上面的网络图,各个任务的机动时间如图 3-24 所示,标在箭头线括号中。

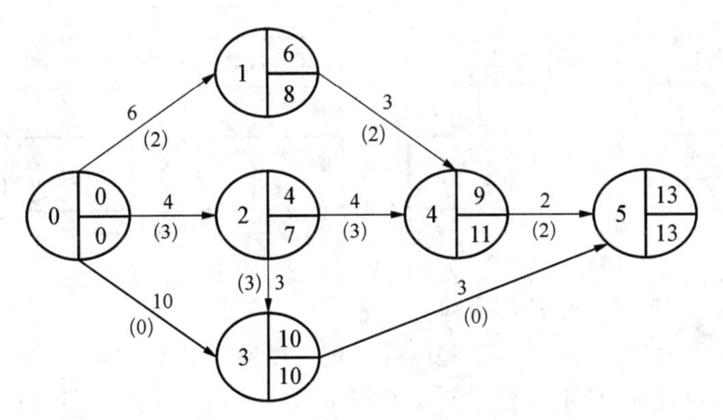

图 3-24 求出机动时间的网络图

(4) 关键路径

机动时间为零的任务(活动)组成了整个工程的关键路径。组成关键路径的任务所需要的实际完成时间不能超过整个项目的预定时间。如图 3-24 所示粗线箭头表示的路径就是该网络图的关键路径。了解项目关键路径的意义在于:必须保证关键路径上任务所需要的资源,保证关键路径上的任务顺利执行。因此,要缩短项目工期必须缩短关键路径上任务的完成时间。对不处于关键路径上的活动，可以根据需要调整其起止时间或者延长任务时间。

(5) 跟踪进度

在项目开发过程中，必须根据项目进度表，跟踪和控制各项任务的实际执行情况，一旦发现某个任务(特别是关键路径上的任务)未在计划进度规定的时间内完成，那么就要采取措施进行调整，此时可能要增加额外的资源，增加或调整新的员工或者调整项目进度表。

3.3 风险管理

软件开发几乎总是要冒一定的风险，例如，产品交付给用户之后用户可能不满意，到了预定的交付日期软件可能还未开发出来，实际的开发成本可能超过预算，产品完成前一些关键的开发人员可能跳槽，产品投入市场之前竞争对手发布了一个功能相似、价格更低的软件等。软件风险是任何软件开发项目中普遍存在的实际问题。软件风险经常导致软件项目延迟、超预算、质量下降、甚至失败。因此，在软件开发过程中必须及时识别风险、分析风险、规避风险、监控风险，并且采取适当的措施消除或减少风险的危害。风险管理是软件项目管理的重要组成部分，是项目相关人员都需要认真思考的问题。一个成功的项目经理，必须也是一个成功的风险管理者。

3.3.1 软件风险管理过程

可能性和损失是风险的两个基本属性。可能性表示风险有多大的概率发生，或者称为不确定性；损失表示风险事件造成的结果多大。风险是对项目成功造成威胁的潜在问题，这些潜在问题虽然还没有发生，但是它们会影响成本、进度、质量等成功要素。风险不仅是项目计划中的一个部分，还要求在开发过程中对它进行跟踪、报告及更新。

风险管理过程如图 3-25 所示，该过程包含以下几个阶段：

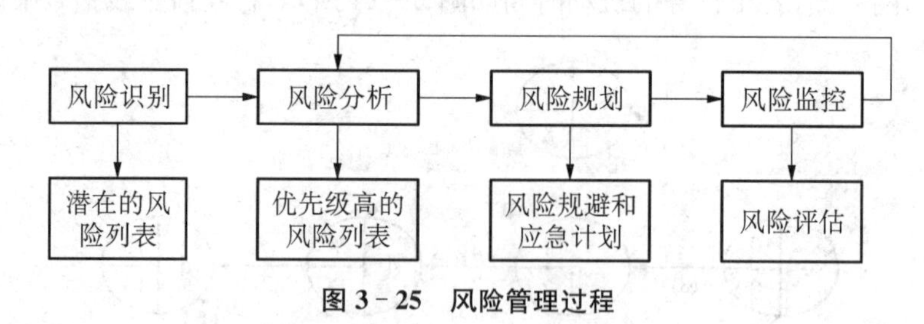

图 3-25　风险管理过程

第一阶段：风险识别，识别各类风险。

第二阶段：风险分析阶段，评估这些风险出现的可能性及其后果。

第三阶段：风险规划，制定计划说明如何规避风险或最小化风险对项目的影响。

第四阶段：风险监控，定期对风险和缓解风险的计划进行评估，并随着有关分析信息的增多及时修正缓解风险的计划。

风险管理过程的结果应该记录在风险管理计划中。风险管理过程也是一个迭代进行的过程，风险管理并不是一次性活动。从最初的计划制定开始，项目就处于被监控状态以及检测可能出现的风险，并持续于整个项目生命周期。随着有关风险信息的增多，需要重新进行分析，重新确定风险的优先级，对风险规避和应急计划要进行修正。

3.3.2　风险识别

风险识别是风险管理的第一步，这一步主要是发现可能对软件工程过程、正在开发的软件或开发机构产生重大威胁的风险，通过项目组成员的集体讨论或者凭借项目管理者的经验识别出这些风险。

有些风险是共性风险，即它们与所有软件项目相关，可以使用标准检查单并通过对过去项目的分析来标识它们。这些风险包括对需求误解或关键员工生病。还有一些与个别项目相关的特定风险，如果没有项目组成员的参与以及没有鼓励风险评估的工作环境，则可能很难标识这些风险。

要充分识别出项目中存在的风险，需要借助于一些工具和方法，下面介绍几种常用的方法。

1. 风险检查表

风险检查表是风险识别的重要工具之一，它能为识别风险提供系统的方法。检查表主要是根据风险分类和每类包含的要素进行编写的，各个公司可以根据项目实际情况来编写风险检查表，或者参考一下其他公司风险检查表来进行裁剪以适用项目的需要。常见的软件风险如表3－28所示。

表3－28　风险类型表

风险类型	可能的风险
技术	系统使用的数据库处理速度不够快。要复用的软件组件有缺陷，限制了项目的功能。
人员	招聘不到符合项目技术要求的职员，在项目的生命期内，关键性员工生病，不能发挥作用。
机构	机构调整，由不同的管理层负责该项目，开发机构财务出现问题，必须追加项目预算。
工具	CASE工具不能被集成或产生的编码效率低。
需求	需求发生变化，主体设计要返工，客户不了解需求变更对项目造成的影响。
估算	低估了软件开发工期，低估了软件规模。

2. 调查问卷法

调查问卷法是提出一系列问题让参与者考虑，通过参与者的回答来判断项目中是否存在相关的风险。

3. WBS法

WBS法是风险识别的一个工具，项目风险与项目任务不可分割，因此这种方法主要是根据项目已经分解的WBS，针对每个任务识别出相关的风险。

4. 头脑风暴法

由项目小组成员在一起，不受项目权威的影响，每个人充分发挥自己的能力思考项目中可能的风险，自由讨论和发言，充分预测项目中出现的各种情况，最终汇总成为项目的风险表。

不管采用什么样的方法和工具，风险识别最终都有一个输出结果：风险管理表。

3.3.3 风险分析

标识了影响项目的风险后，需要一些方法来评估风险的重要性。有些风险相对来讲并不重要（例如某些文档延期一天交付的风险），而有些风险则是非常重要的（例如，软件延期交付的风险）。有些风险很可能发生（例如，在一个周期较长的项目中，很可能出现团队中的软件开发人员请几天病假的情况），而其他风险相对而言很可能不会发生（例如，硬件故障导致丢失已经完成的代码）。显然，风险很多，无法计划每个可能的危险，因此需要根据重要性的度量来对风险的优先级排序。度量可以从三个方面开展，风险发生的概率、影响和二者的综合结果。

1. 定性分析

定性分析是对风险发生的概率和影响都采用定性的方法进行描述。例如表 3－29 所示。

表 3－29 风险概率影响矩阵

影响＼概率	非常高	高	中等	低	非常低
灾难性的	高	高	中等	中等	低
严重的	高	高	中等	低	低
轻微的	中等	中等	低	无	无
可忽略的	中等	低	低	无	无

风险发生的概率介于 0 到 1 之间，定性分析方法把风险概率分为“非常低、低、中等、高、和非常高”5 类，或者简单低分“高、中、低”3 类。

对于风险对项目造成的后果，按照严重性也可以分为“非常低、低、中等、高、和非常高”5 类，或者简单低分“高、中、低”3 类，或者“可忽略、轻微的、严重的、灾难性的”4 类。

确定了概率和影响之后，确定风险的综合影响结果，根据概率和影响的评估得出概率影响矩阵。

根据风险综合结果矩阵可以进行风险优先级排序。

2. 定量分析

定量分析常用的方法是计算风险暴露量。风险暴露量＝风险的概率×风险的损失。该指标是进行风险排序的重要依据。风险影响根据项目的目标采用不同的单位，比如把风险影响折算成对项目时间的影响。对于项目风险概率，定量分析的结果就是给出 0 到 1 之间的数值，如表 3－30 所示。

表 3－30 计算风险暴露量

风　险	发生的概率	损失的大小/周	风险暴露量
关键员工离职	0.3	5	1.5
设计欠佳返工	0.2	20	4
低估了软件规模	0.5	10	5

3. 风险概率和影响的确定

不论是定性分析或定量分析，项目风险的概率和影响确定有三种常用方法：一是由最熟悉相关风险的专家进行评估；二是德尔菲(Delphi)法，这个方法是通过反复使用调查问卷，从一组专家中取得一致的意见；三是少数服从多数法，由项目组成员来进行估算，然后根据大家的估算结果采用少数服从多数的原则来统一结果。

4. 风险优先级排序

根据风险暴露量、概率影响矩阵可以确定风险的优先级，以便明确风险管理的重点。根据2/8定律，要重点关注排在前20%的风险，因为这些风险对项目的损失占80%。

3.3.4 风险管理计划

风险分析完成之后就进入风险控制阶段，风险控制阶段的第一步是风险管理计划的制定。风险管理计划的主要内容包含：

(1) 说明风险为什么很重要，因为执行计划的人可能并没有参与计划的编制。

(2) 为了追踪风险的状态什么信息是必需的。风险表现形式是什么，也就是风险征兆是什么，谁来提供这些信息等。

(3) 谁来负责此风险管理活动。

(4) 为了执行风险管理计划需要什么资源。

(5) 风险可能什么时间发生，在哪里发生，怎样发生，怎么样应对风险，如何实施计划，应对风险的成本是多少等。

为了消除或减弱风险，往往制定两类计划，一个是行动计划，一个是应急计划。行动计划是通过迅速防御来降低或者消除风险的影响或者发生的概率，以此来化解风险。应急计划是指如果采取正常的风险应对行动计划，风险仍然没有化解掉，那么在风险监控中就要引入一个事先准备好的应急计划。

3.3.5 风险应对

风险管理计划制定后，就要执行计划，进入风险应对阶段。应对的策略主要包括：

(1) 规避风险。不做冒险的活动，通过计划的变更来消除风险或者消除风险发生的条件，保护目标免受风险的影响。例如表3-31中处理有缺陷的组件风险策略。

(2) 最小化策略。采用这些策略就会减少风险的影响。例如表3-31中的解决职员生病的策略。

(3) 应急策略。采用这些策略就算最坏的事情发生，有适当的对策处理。例如表3-31中的应对机构的财务问题策略就属于这一类策略。

(4) 风险转移策略。

(5) 消除风险产生的根源。

表3-31 风险应对策略

风 险	策 略
机构的财务问题	拟一份简短的报告，提交高级管理层，说明这个项目将对业务目标有重大贡献。
职员生病问题	重新对团队进行组织，使更多工作有重叠，员工可以了解他人的工作。

续 表

风　险	策　略
有缺陷的组件	用买进的可靠性稳定的组件更换有潜在缺陷的组件。
需求变更	导出可追溯信息来评估需求变更带来的影响，把隐藏在设计中的信息扩大化。
数据库的性能	研究一些购买高性能数据库的可能性。
低估了开发时间	对要买进的组件、程序生成器的效用进行检查。

3.3.6 风险监控

风险管理的最后一步是风险监控。在项目的进行过程中，很多意想不到的事情会导致风险不按照原计划中预先设定的消灭或减轻风险的路线前进。风险在项目的推进过程中，可能会增大或减弱，所以需要进行风险监控来检查每个风险的化解程度，如果化解是无效的，要及时调整应对策略，并识别可能出现的新风险。风险监控主要完成以下工作：① 不断地跟踪风险发生的变化；② 不断地识别新的风险；③ 不断分析风险的产生概率；④ 不断地整理风险表；⑤ 不断地规避优先级高的风险。

3.4 质量管理

随着软件日益融入人们生活的方方面面，人们对软件质量越来越关心，对软件质量的要求越来越高。现如今，软件质量仍然是个需要研究和解决的问题。

3.4.1 软件质量的定义

什么是质量？哈佛商学院的 David Garvin 给出了建议："质量是一个复杂多面的概念"，不同的人从各自的视角会有不同的理解和要求。对于用户来说，他们更关心的是系统的功能质量，比如说，是否满足了自己的需求，是否存在影响使用的缺陷，软件性能如何，以及是否容易使用等。对于开发人员，他们更多关心的是系统的结构质量，主要包括代码的可读性、可测试性、可维护性以及效率和安全等方面的因素。对于投资者，他们更为关心软件开发的过程质量，例如，项目是否可以在规定的时间和预算内交付，最终产品的交付质量是否可以保证等。从产品的观点来说，质量是产品的固有属性，比如功能特性。

一般意义上，软件质量定义为：在一定程度上应用有效的软件过程，创造出有用的产品，为使用者提供明显的价值。即：软件质量应该涵盖软件过程、软件产品和产品效用三个方面。软件过程用过程质量来衡量，软件产品包括内在质量和外在质量两部分，产品效用，用使用质量来衡量。三者相辅相成，过程质量会影响到软件产品内在的代码质量，而代码质量的好坏决定了产品的外在质量，外在质量最终影响到用户的使用质量，因此必须用有效的方法来检验整个开发过程、程序代码和最终产品，并对用户的使用质量进行监测。

质量大师杰温伯格在《质量・软件・管理系统思维》说到："质量就是软件产品对于某个(或某些)人的价值"(某个或某些人，统称之为用户)，这里面包含两个层次的质量含义，即

“正确的软件”和“软件运行正确”。

“正确的软件”是说，一个软件要能够满足用户的需求，为用户创造价值。此处的价值可以体现在两个方面，一是为用户创造利润，二是减少成本。如果一个软件能够满足的用户群体越大、创造的利润越大或减少的成本越大，则该软件产品的质量越高。反之，一个产品尽管运行良好，没有 Bug，扩展性很强，性能很好，但如果没有用户，没有为用户创造价值，则这样的软件尽管运行良好，也无任何质量可言。举个例子，曾经引发全球热潮的谷歌眼镜，从 2015 年 1 月 19 日开始不再接受订单，与此同时谷歌还关闭了“探索者”(Explorer)这个软件开发项目，除了销售策略欠佳方面的原因，由于需求调研不足，谷歌自己也不清楚谷歌眼镜存在的目的，产品过于超前，再加上价格昂贵等因素，使得这款看起来酷的产品很快失去了用户。

“软件运行正确”是指软件没有或有很少 Bug、扩展性很强、性能良好、易用性高等，这样的软件是一个运行良好的软件，但还不能称之为高质量的软件。只有在软件符合用户的需求的基础上，运行良好的软件，才是一个高质量的软件。当然，如果软件完全符合用户需求，但不易使用，经常出错，性能很差，这样的软件也不是一个高质量的软件。举个例子，微软的 Vista 系统，这是一个典型的“运行不正确”的软件，Vista 系统应该说是用户非常期待的，也是满足用户需求的，但是由于莫名其妙的死机，以及很差的运行效率等一系列缺陷，最终导致许多用户弃用，微软不得不在两年之后用 Window 7 取代了 Vista。

“正确的软件”及“软件运行正确”二者相辅相成，前者关系到软件的成败，后者关系到软件的好坏。现实的很多开发团队，特别是偏重技术的开发团队中，往往过分注重后者(软件的 Bug 率、性能、可扩展性、架构等)，经常陷入在软件开发过程的细节之中，而忽略了前者(软件需要符合用户的需求)，开发出的软件经常能用但无用，不是最终用户期望的软件，这样的软件虽然能用但无用，是零质量软件。

3.4.2 评价质量

在理解了质量的基本含义之后，下一步要考虑应该如何评价质量？目前有很多质量模型，它们分别定义了不同的用来评价软件质量的质量属性。

1. Garvin 模型

David Garvin 提出了一种多维度的质量评价模型，从 8 个维度即 8 个质量属性，反映了产品质量的不同方面，这 8 个属性分别是：性能、特色、可靠性、符合性、耐久性、可服务性、外观性、感知性，可以通过改善产品的各个质量属性来提高整个产品的质量。尽管 Garvin 没有专门为软件制定质量模型，但是评价软件质量时依然可以使用。

Garvin 所提出的 8 个软件质量属性中，多数只能主观地评价。因此需要一些能够直接或间接测量的因素，把测量数据和一些基准数据进行比较，从而较为客观地确定软件质量。

2. McCall 模型

McCall 的软件质量模型，使用 3 种视角如表 3－32 所列来定义和识别软件产品的质量，分别是：产品修正(承受可改变的能力)，产品运行(基本操作特性)，产品转移(对新环境的适应能力)。

表 3-32 McCall 质量模型属性

视角	质量属性	含义
产品修正	可维护性	为满足用户新的要求或当环境发生了变化或运行中发现新的错误时，对一个已经投入运行的软件相应诊断和修改所需要的工作量的大小。
	可测试性	测试软件以确保其能够执行规定功能所需工作量的大小。
	灵活性	修改一个运行的程序所需的工作量。
产品转移	可移植性	将程序从一个硬件和软件系统环境移植到另一个环境所需要的工作量。
	可复用性	一个软件或软件的部件能再次用于其他应用的程度。
	互连性	将一个系统连接到另一个系统所需要的工作量。
产品运行	正确性	在预定环境下，软件满足设计规格说明书和完成用户任务目标的程度。
	可靠性	软件在规定时间和条件下不出故障，持续运行的程度。
	效率	为了完成预定功能，软件系统所需要的计算机资源的多少。
	可使用性	对于一个软件系统，用户学习、使用软件及为程序准备输入和解释输出所需工作量的大小。
	完整性	为某一目的而保护数据，避免它受到偶然的或有意地破坏、改动或遗失的能力。

3. ISO9126 模型

ISO9126 模型是一种评价软件质量的通用模型，它定义了软件的 6 个质量属性，分别是：功能性、可靠性、易用性、效率或性能、可维护性和可移植性。每一个属性又细分成一系列子属性。如表 3-33 所示。

功能性是指软件满足已确定要求的程度，包括适合性、准确性、互操作性和安全性 4 个子属性。比如说，购物网站上购买商品，像关键字搜索、商品浏览、选购商品、生成产品订单等都是用户需要的主要功能。订单费用的结算也必须是运行准确的，同时这个系统还会和银行卡支付系统进行交互，系统也要保证用户账号的安全。

可靠性指的是系统是否能够在一个稳定的状态下满足用户的使用，那么这就意味着软件要有代码出错的处理能力。当外部出现异常错误时，软件能够对异常进行处理保持正常的运行状态。或者在软件失效时，系统能够重新恢复到正常的运行，同时恢复受直接影响的数据。

易用性：是指在规定的条件下使用时，软件产品被理解、学习、使用和吸引用户的能力。软件的易用性是用户在使用过程中所实际感受到的系统质量，它会直接影响到用户对产品的满意度。

性能也是影响产品质量的一个重要因素，通常从时间特性和资源使用两个方面来衡量。比如说，我们打开一个商品网页浏览商品，希望系统对用户请求具有快速的响应和处理，同时消耗的系统资源和网络带宽比较低。

可维护性是用于衡量软件产品被修改时，需要花费多大的努力。

可移植性是指软件从一种环境迁移到另一种环境的难易程度。可维护性和可移植性这两个属性，对于开发人员来说很重要的。

表3-33 ISO9126模型属性

功能性	适合性	软件提供了用户所需要的功能,同时软件提供的功能也是用户所需要的。
	准确性	是指软件提供给用户功能的精确度是否符合目标。
	互操作性	软件和其他系统进行交互的能力。
	安全性	软件保护信息和数据的安全能力。
可靠性	成熟性	软件产品避免因软件中错误发生而导致失效的能力。
	容错性	软件防止外部接口错误扩散而导致系统失效的能力。
	可恢复性	系统失效后,重新恢复原有的功能和性能的能力。
易用性	易理解性	软件显示的信息要清晰、准确且易懂,使用户能够快速理解软件。
	易学习性	软件使用户能学习其应用的能力。
	易操作性	软件产品使用户能易于操作和控制它的能力。
	吸引性	软件具有的某些独特的、能使用户眼前一亮的属性。
效　率	时间特性	在规定的条件下,软件产品执行其功能时能够提供适当的响应时间、处理时间以及吞吐率的能力。
	资源利用	软件系统在完成用户指定的业务请求所消耗的系统资源,如CPU占有率、内存占有率、网络带宽占有率等。
可维护性	易分析性	软件提供辅助手段帮助开发人员定位缺陷原因并判断出修改之处。
	易改变性	软件产品使得指定的修改容易实现的能力。
	稳定性	软件产品避免由于软件修改而造成意外结果的能力。
	易测试性	软件提供辅助性手段帮助测试人员实现其测试意图。
可移植性	适用性	软件产品无需做任何相应变动就能适用不同运行环境的能力。
	易安装性	在平台变化后,成功安装软件的难易程度。
	共存性	软件产品在公共环境与其共享资源的其他系统共存的能力。
	替换性	软件系统的升级能力,包括在线升级、打补丁升级等。

4. Boehm 软件质量模型

Boehm 认为应从软件的易使用性、可维护性和可移植性来评价软件产品的质量。

Boehm 质量模型把软件质量的概念分解为若干层次。具体地,易使用性反映用户的满意程度;可维护性从可测试性、可理解性、可修改性三个侧面进行度量,反映开发人员的满意程度;而可移植性被单独划分为一个属性。

5. ISO/IEC 25010-2014 软件质量模型

综合以上的各种软件质量模型,软件质量评价属性很多,但是这些属性要求都定义在不同的标准中,使得用户在综合使用这些标准时存在很大的困难。同时,标准之间也存在不一致或者不协调的方面。意识到这些问题后,国际标准化组织 ISO 和 IEC 的联合技术委员会软件工程分技术委员会,ISO/IECJTC1/SC7 整合相关的标准,提出了系统与软件质量要求和评价 SQuaRE(Systems and Software Quality Requirements and Evaluation)系列标准,并以 25000 作为这些标准的统一编号。SQuaRE 系列标准包括质量管理分部、质量模型分部、质量要求分部、质量评价分部和扩展分部。其中，质量模型分部给出了软件产品质量模型、使用质量模型和数据质量模型。

ISO/IEC 25010 质量特性规定了产品质量模型，由 8 个质量属性组成。这 8 个属性是功能适合性、性能效率、兼容性、易用性、可靠性、信息安全性、维护性、可移植性。

ISO/IEC 25010 质量特性规定了使用质量模型，由 5 个质量属性组成。5 个属性是有效性、效率、满意度、抗风险性、语境覆盖度。

3.4.3 软件质量困境

软件质量的重要性毋庸置疑，软件工程团队应该生产高质量的软件，那么是不是质量越高就越好？或者说软件产品是不是应该追求“零缺陷”？

不同的使用环境对软件质量的要求不一样。对于实时嵌入式软件、航天软件或者与硬件集成的应用软件来说，如果在软件使用时出现问题就会造成巨大的损失，所以使用之前，只要发现任何异常就会立即排查，直到异常被消除为止。在这种情况下，软件的质量越高越好，软件产品追求的是“零缺陷”。而许多互联网和游戏软件，如微信、QQ、百度导航等，在产品还存在一定缺陷的情况下，就发布上线，之后再不断地更新版本、修复已有的缺陷，似乎在这种情况下，用户也是可以接受一个有缺陷的软件产品的。那么为什么这种系统不像航天系统一样需要在发布之前修复所有发现的任何缺陷呢？显然不能抛开商业目标来谈论产品质量。企业的根本目标是要获得尽可能多的利润，为了提高用户对产品的满意度，企业必须提高产品质量，但是也不可能为了追求完美的质量而不惜一切代价。质量是有成本的，当企业为提高质量所付出的代价超过了产品收益时，这个产品也就没有商业价值了。因此企业必须权衡质量、效率和成本三个因素，产品质量太低或太高，都不利于企业的长远发展。理想的质量目标不是“零缺陷”，而是恰好让用户满意，并且将提高质量所付出的代价控制在预算之内，也就是提供“足够好”的软件。

3.4.4 软件质量实现

软件质量是如何实现的？或者说如何才能有效地提高软件质量？良好的软件质量不会自己出现，它是良好的项目管理和扎实的软件工程实践的结果，需要软件工程方法、项目管理技术、质量控制活动以及软件质量保证等支持。

软件开发过程包括了分析、设计、实现、测试等一系列活动。测试是检验软件产品的一个重要的手段，实际上，到测试阶段软件质量的问题发生已经很难进行纠正。所以说，质量并不是测出来的，而是在开发过程中逐渐地生长起来的。软件开发过程中的每一个阶段对于保证软件质量都至关重要，完整准确的需求分析、高质量的设计、高质量代码的构建等是每一个软件工程师义不容辞的责任。当然测试也是开发过程中不可缺少的一个重要环节。一般对于软件开发来说，高质量的设计、规范的编码以及有效的测试是保证软件产品质量的三个重要方面，也是提高软件质量的必要手段。

此外，良好的项目管理技术对于提高软件质量也是不可缺少的。项目经理使用估算确认交付日期，避免了因为赶进度而放弃高质量；进度依赖关系清楚了，团队能够有条不紊地开发，避免了走捷径的企图；进行了风险规划，这样出现问题就不会引起混乱，手忙脚乱，软件质量才不会受到不利因素的影响。

3.4.5　质量管理计划

质量计划是进行质量管理的纲领性文件，软件项目质量计划就是要将与项目有关的质量标准标识出来，提出如何达到这些质量标准和要求的设想。它是项目计划的组成部分之一，并与其他的项目计划编制过程同时进行。

1. 软件质量标准

标准主要包括技术标准和业务标准两大类。技术标准包含两个方面：一是作为软件开发企业的软件行业技术标准，包括知识体系指南、过程标准等；二是软件开发服务对象所在的行业技术标准，例如，安全保密标准、技术性能标准。业务标准指的是软件开发服务对象所在的组织或行业制定的业务流程标准和业务数据标准等。运用统一的技术与业务标准，有助于减少无效的讨论，有助于不同产品之间的兼容和衔接。

编制软件质量计划的一个重要工作就是确定开发软件产品和过程的标准。产品标准定义了所有产品组件应该达到的特性，而过程标准则定义了软件过程应该怎么执行。

IEEE、ISO及其他标准化组织制定了一系列广泛的软件工程标准和相关文件。标准可能是软件工程组织自愿采用的，或者是客户或其他利益相关者要求采用的。

2. 质量计划的要求

质量计划应说明项目管理小组如何具体执行它的质量策略。质量计划的目的是规划出哪些是需要被跟踪的质量工作，并建立文档，此文档可以作为软件质量工作的指南，帮助项目经理确保所有工作按计划完成。作为质量计划，应该满足下列要求：确定应达到的质量目标和所有特性的要求；确定质量活动和质量控制程序；确定项目不同阶段中的职责、权限、交流方式及资源分配；确定采用控制的手段、合适的验证手段和方法；确定和准备质量记录。

3. 质量计划的编制

软件项目的质量计划会根据项目的具体情况来决定采取的计划形式，没有统一的规定。有的质量计划只是针对质量保证的计划，有的质量计划既包括质量保证计划，也包括质量控制计划。质量保证计划包括质量保证(审计、评审软件过程、活动和软件产品等)的方法、职责和时间安排等；质量控制计划主要包括代码走查、单元测试、集成测试、系统测试等安排。

编制质量计划的主要依据是公司的软件质量方针、软件范围描述、软件产品描述、领域的标准和准则。

3.4.6　软件质量保证

软件质量保证是适用于整个软件过程的一种保护性活动，而不是在编码完成之后才开始考虑的事情。软件质量保证是以独立审核方式，从第三方的角度监控软件开发任务的执行，检查软件项目是否遵循已经制定的计划、标准和规程，给开发人员和管理层提供数据和信息。这些信息和数据主要反映产品和过程的质量，同时辅助软件开发团队取得高质量的软件产品。

软件质量保证的工作主要由软件质量保证小组负责完成。质量保证小组不属于开发团队成员，但是要全程参与软件开发活动。质量保证小组成员要有很高的素质，具体来说要有很强的沟通能力，熟悉软件开发过程，能应对繁杂的工作，工作要有计划性，有责任心，要客观。

软件质量保证的工作内容有：① 编制质量保证工作计划，组织评审该计划，把通过评审的计划发送给项目经理、项目开发人员和所有相关人员；② 参与项目的阶段性评审和审计；③ 检查项目的日常活动是否符合规程；④ 检查和审计配置管理工作；⑤ 记录各种不符合项并报告给高层管理人员，对评审中发现的问题和项目日常工作中发现的问题进行跟踪，直至解决；⑥ 收集新方法，提供过程改进的依据；⑦ 收集和分析软件度量。

3.4.7 软件质量控制

软件质量保证是从项目外部确保软件开发团队按照制定的计划和标准来执行项目，而软件质量控制则是从团队内部来保证软件产品和过程的质量，是发现和消除软件缺陷的一种活动。质量控制应该贯穿于项目的全过程，不仅对最终的软件产品进行控制，也需要对生产软件的过程进行控制。软件缺陷有放大效应，所以软件质量控制应该尽早开始。

软件质量控制的主要活动包括技术评审、代码走查、代码评审、单元测试、集成测试、系统测试和缺陷追踪等。

1. 技术评审

技术评审的目的是尽早地发现工作成果中的缺陷，并帮助开发人员及时消除缺陷，从而有效地提高产品的质量。

技术评审可以在任何开发阶段执行，它能比测试更早地发现并消除工作成果中的缺陷。越早消除缺陷就越能降低开发成本。此外，通过技术评审，开发人员能够及时地得到专家的帮助和指导，加深对开发工作和成果的理解，更好地预防缺陷，在一定程度上能够提高开发效率。如果缺乏技术评审，到了测试阶段往往会导致缺陷大量出现，使得开发人员不得不加班消除错误，开发效率受到影响。

2. 代码走查

代码走查是一种非正式的代码评审技术，正规的做法是把代码打印出来，邀请别的同行开会检查代码的缺陷。这种方法太消耗时间，所以实际中常常是在编码完成之后将自己写的代码的逻辑和写法向同事讲解，然后同事给出意见，分析找出程序的问题。

3. 代码评审

代码评审是代码编写者讲解自己的代码，由专家或项目组其他成员及项目经理来做评审，期间有不了解之处随时提问并提出意见。如果把代码走查看成是开发人员的质量控制，那么代码审查是更高一层的质量控制。要让代码审查起到应有的效果，一是要做好计划；二是评审要分重点和层次，先是自查，后是组内的评审，最后是外部评审；三是做好问题的确认和跟踪。

4. 软件测试

软件测试是软件项目中最基本的质量控制手段。软件测试的目的是尽可能地发现软件的缺陷，而不是证明软件是正确的。一般测试过程包括测试计划、测试的组织、测试用例设计、测试的执行和测试报告。软件测试的方法主要有白盒测试和黑盒测试，前者主要关注程序内部的逻辑结构，后者主要关注程序的运行结果。软件测试的类型主要有：单元测试，集成测试、功能测试、系统测试、验收测试、安装测试、性能测试、安全性测试、配置测试、兼容性测试、国际化测试、本地化测试、α/β测试、易用性测试等。

5. 软件缺陷跟踪

从发现缺陷开始，一直到缺陷改正为止的全过程称为缺陷跟踪。缺陷跟踪的意义在于确保每个被发现的缺陷都被解决。软件缺陷管理过程中所收集到的缺陷数据对评估软件系统的质量、测试人员的业绩、开发人员的业绩等提供了量化的参考指标，也为软件企业进行软件过程改进提供了必要的案例积累。

为了及时清除缺陷且不遗漏缺陷，需要对缺陷进行描述，既要描述缺陷的基本信息，如缺陷的内容，也要描述缺陷的追踪信息，如缺陷的状态。描述缺陷的信息通常有：缺陷ID、缺陷状态、缺陷严重程度、缺陷紧急程度、缺陷提交日期、缺陷解决人、缺陷解决时间、缺陷处理结果、缺陷确认人、缺陷确认时间等。对于大型软件项目而言，测试过程缺陷的总数可能成千上万，所以往往采用缺陷跟踪管理信息系统来支持缺陷管理。

6. 统计质量保证

质量的量化在产业界有不断增长的趋势，对于软件而言，统计质量保证包含以下步骤：

(1) 收集软件的错误和缺陷信息，并进行分类。

(2) 追溯每个错误和缺陷形成的根本原因(例如，不符合规格说明、设计错误、违背标准、缺乏与客户的交流)。

(3) 使用Pareto原则(80%的缺陷可以追溯到所有可能原因中的20%)，将这20%(重要的少数)原因分离出来。

(4) 一旦找出这些重要的少数原因，就可以开始纠正引起错误和缺陷的问题。

已经证明统计软件质量保证技术确实使软件质量得到了提高。在某些情况下，应用这些技术后，软件组织已经取得每年减少50%缺陷的成果。

3.5 软件配置管理

在软件项目开发过程中，会产生大量的“中间产品”，例如代码、文档、数据、脚本、执行文件、安装文件、配置文件等。这些中间产品的数量会随着软件项目规模的扩大而急剧增加。而且它们与有形的产品不同，有形产品一旦生产出来后，再加工就比较困难，而中间产品是以电子介质的方式存在计算机中，比较容易修改，因而容易发生变化，这些变化给软件产品的管理带来了复杂性。

此外，软件项目开发过程是在变化中进行的，任何一个微小的变化都会反映到软件项目产品中来，一个软件项目产品的变化就可能引起其他产品的变化，因为这些变化的产生导致在软件开发过程中会遇到下面的问题：

(1) 有时候，代码被改乱了，想找到某个文件的之前的版本，却没有保存。

(2) 开发人员使用错误的版本修改程序。

(3) 开发人员未经授权修改代码或文档。

(4) 由于代码管理混乱，人员流动，交接工作不彻底。

(5) 在维护过程中，需要重新编译某个版本，但是缺少原有的开发工具或者运行环境，造成无法重新编译某个历史版本。

（6）在协同工作过程中，代码修改混乱，自己修改好的代码，被人修改成旧的版本，因为协同开发或异地开发，版本变更混乱。

（7）已经修复的 Bug 在新版本中又出现。

以上由于变化引起的项目问题最终都会影响项目的成功，所以软件开发中必须有效地控制和管理变化，使得变化具有可追溯性，即记录任意一个变化引起的软件项目中间产品的变化过程。

3.5.1 软件配置管理定义

为了保持项目的稳定性，减少因项目混乱而造成的负面影响，就需要进行有效的软件项目配置管理。IEEE 对软件配置管理的定义是：软件配置管理是一门应用技术、管理和监督相结合的学科，通过标识和文档来记录配置项的功能和物理特性，控制这些特征的变更，记录和报告变更的过程和状态，并验证它们与需求是否一致。

软件配置管理是一种标识、组织和控制修改的技术，它在整个软件生命周期都有用，是对工作成果的一种有效保护。配置管理的过程是对处于不断演化、完善过程中的软件产品的管理过程。其目的是使错误量达到最小，并有效地提高生产率。软件配置管理的作用是记录软件产品的演化过程，控制变更，确保开发人员在软件生命周期的每一个阶段都可以获得精确的产品配置，保证软件产品的完整性、一致性和可追溯性。

3.5.2 软件配置管理的相关概念

1. 配置和配置项

配置意为多个部件集合在一起形成一个整体，相对于硬件配置，软件产品的配置包括更多的内容并具有易变性。

软件配置项是软件配置管理的对象，是为了配置管理而作为单独实体处理的一个产品或软件文档、数据、源代码和目标代码。软件配置项是在软件工程过程中创建的信息。除了这些来自软件工程工作产品的配置项之外，很多软件工程组织也将软件工具列入配置管理的范畴，如：特定版本的编辑器、编译器、浏览器以及其他自动化工具等。因为当要对软件配置项进行变更时，需要使用这些工具来生成文档、源代码和数据。在软件项目进行过程中，要不断地识别配置项，并为它们统一编号，以一定的目录结构保存在配置库中。对配置项的任何修改都应在软件配置管理系统的控制之下。

2. 基线

基线是一个软件配置管理概念，它能够帮助开发团队在不严重阻碍合理变更的条件下控制变更。IEEE 对基线的定义是：已经通过正式评审和批准的规格说明或产品，它可以作为进一步开发的基础，并且只有通过正式的变更控制规程才能修改它。

基线由一组配置项组成，这些配置项构成了一个相对稳定的版本。基线中的配置项在项目生命周期的不同时间点上通过正式评审而进入正式受控状态，它们被“冻结”了，不能再被随意修改。

在软件配置项成为基线之前，可以较快地且非正规地进行变更。然而，一旦成为基线，虽然可以进行变更，但是必须应用特定的、正式的规程来评估和验证每次变更。

基线一般表示一个开发阶段的结束。例如：需求文档经过正式评审后，就成为一个基线（需求基线），形成基线的文档需要变更申请批准后才能修改。在一次迭代结束后，就形成一个软件开发的里程碑。

软件工程任务产生一个或多个配置项，在配置项被复审并认可后，它们被放置到项目数据库中。当项目团队中的某个成员想修改某个基线配置项时，该配置项被从数据库复制到这个成员的私有工作区中，但是，这个提取出来的配置项只有在遵循配置管理控制的情况下可以被修改。

3.5.3　软件配置管理的参与人员

软件配置管理过程的主要参与人员有：

（1）配置控制委员会。负责指导和控制配置管理各项具体活动的进行，为项目经理的决策提供建议。

（2）项目经理。是整个软件项目开发的负责人，他根据配置控制委员会的提议，批准配置管理的各项活动并控制它们的进程。

（3）配置管理员。根据配置管理计划执行各项管理任务，定期向配置控制委员会提交报告，并列席配置控制委员会的例会。

（4）开发人员。根据项目组织确定的配置管理计划和相关规定，按照配置管理工具的使用模型来完成开发任务。

（5）系统集成员。负责生成和管理项目的内部和外部发布版本。

（6）QA 人员。跟踪当前项目的状态，测试报告错误，并验证其修复结果。

上述6个角色中，配置管理员是从事配置管理的具体任务的人员，在实际软件企业中，根据软件企业规模的大小，配置管理员可能是项目团队的全职人员，也可能是项目团队的兼职人员。

3.5.4　软件配置管理活动

软件配置管理的主要活动包括识别配置项、标识配置项、配置环境建立、版本控制、变更配置、配置审核、配置状态报告等。

1. 识别配置项

一个软件项目的工作产品有很多，哪些工作产品要列入配置项？识别的基本思想是“变化的东西才是配置管理的重点，不变的数据管理即可”。一般来说，可能成为配置项组成部分的主要工作产品如下：① 文档；② 代码；③ 数据文件；④ 软件开发工具。

2. 标识配置项

识别了项目中的配置项后，为了管理和控制的方便，需要为这些配置项命名。命名的原则是唯一性、可追溯性和可扩充性。唯一性即是不允许出现同名现象，可追溯性要求命名能够反映命名对象间的关系以便查询和跟踪，扩充性是指命名应该能容纳所有的配置管理项，不能因为增加新的配置项而需要删除或合并其他的配置项。

3. 建立配置管理环境

识别了配置项后就是搭建配置管理库，配置管理库是用来存储所有配置项和相关文件的系统，是软件产品的整个生存周期中建立和维护软件产品完整性的主要手段。

一般来说，软件项目中存储过程文件的库有三种。

(1) 开发库，也称动态库。是指在软件生存周期的某一个阶段期间，存放与该阶段软件开发工作有关的计算机可读信息和人工可读信息的库。由开发人员管理。

(2) 受控库，也称配置库。是指在软件生存周期某一个阶段结束时，存放作为阶段产品与软件开发工作有关的计算机可读信息和人工可读信息的库。软件配置管理就是对软件受控库中的各软件项进行管理，因此软件受控库也叫软件配置管理库，由配置管理员管理。

(3) 产品库。是指在软件生存周期的系统测试阶段结束后，存放最终产品，而后交付给用户运行或者现场安装的软件的库。进入产品库以后的更改必须执行严格的更改手续，并需要进行回归测试、系统测试等验证性试验，通过后方能办理入库手续。

4. 版本控制

在对象成为基线以前可能要做多次变更，可能发生多人同时要修改一个文档的现象，这种情况下就需要版本控制。版本控制的目的是按照一定的规则保存配置项的所有版本，避免发生版本丢失或混乱等现象。

版本是在明确定义的时间点上某个配置项的状态，版本管理是对系统不同的版本进行标识和跟踪的过程，从而保证软件技术状态的一致性。可以为配置项创建一个演化图，演化图描述了对象的变更历史。例如图 3－26 所示的就是一个版本控制过程，配置对象 1.0 经过修改成为对象 1.1，对象 1.1 经过修改变成 1.1.1。对象 1.1 经过更新变成了 1.2。这个图直观地显示了软件的修改情况。

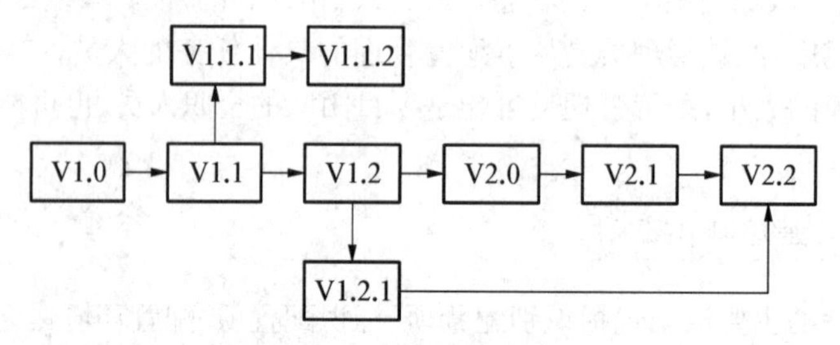

图 3－26　软件版本演化

在软件开发过程中，程序员修改代码可能出现两种情况，第一种情况，每个程序员各自负责不同的专门模块，没有出现两个程序员修改同一个代码文件的问题。这时每个程序员都可以从代码库读取文件，修改之后再存入代码库中。第二种情况，假设两个程序员同时修改同一个代码文件，就会出现代码覆盖问题，通常有两种模式进行版本控制。

(1) 独占工作模式。程序员从配置库中检出特定版本的文件到他的工作目录，同时配置管理员同步锁定了配置库中的该对象，直到这个程序员完成变更后，把对象检入回受控库，再解锁，这样就创建了文件的一个新版本。这种模式的好处是在于一个程序员将配置项检入回去之前，文件是被锁定的，其他程序员无法修改文件。但是这种模式不利于并行工作。

(2) 并行工作模式。这种模式下，多个程序员可以并行修改同一个文件。假设张三和李四两个程序员同时检出了受控库中的文件 A 进行修改，如果李四修改得到 A1 并检入受控库，当张三完成修改得到 A2 并准备检入时，配置管理员通过审核提示张三原始版本已经发生变化，则张三再检出目前受控库中的 A1 到本地目录，与自己完成的 A2 进行合并得当

A3,使得变化都体现在A3中,然后再把合并后的文件A3检入受控库中。

代码分支是支持并行开发的常用机制,分支包含了一个项目的文件树及其发展的历史,记录了一个配置项的发展过程,一个配置项可能选择多个分支,归并是将对分支的修改合并到另一个分支。

代码库应该有一个主分支,所有提供给用户使用的版本都在主分支上发布,主分支主要用来发布重大的版本,日常的开发在分支上完成。如果开发分支上的文件需要正式对外发布,就在主分支上对开发的分支进行合并。除了主干和日常开发分支之外,还有一些临时性的分支用于一些特殊目的的版本开发,比如说功能分支、缺陷修复分支等。需要注意的是每条分支的目的和用途要明确,并确定相关角色和权限。运用分支可以实现多人并行开发一个新的系统,同步更改多个并行版本的错误,以及同时集成和发布多个版本。

5. 变更控制

变更控制是配置管理的重要内容,是一个重点也是一个难点,变更控制把人的规程和自动工具结合起来,以提供一个控制变化的机制。变更控制的目的是为了在动态中保证配置项的完整性、一致性和可回溯性,保证配置项的变更过程规范、受控、有完整记录,受影响的各方均能及时了解情况,并协调一致。变更控制是通过创建产品基线,在产品的整个生存周期中控制它的发布和变更。主要工作是:① 变更的提出;② 变更的评价;③ 变更的处置;④ 实施经批准的变更;⑤ 对变更进行验证和结束变更。

变更控制的流程图如图3-27所示。

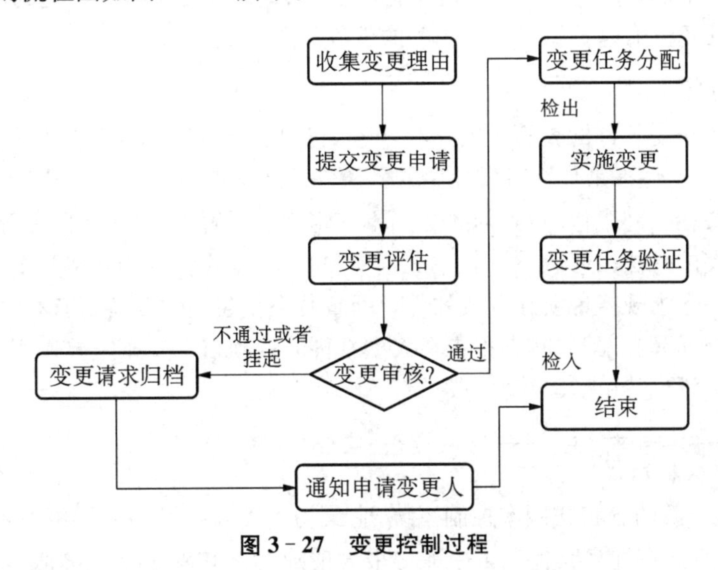

图3-27　变更控制过程

典型的变更控制过程如下:收集变更理由,提交变更申请后,首先检查变更请求的有效性,如果变更请求是一个已经记录过的变更请求或者变更请求已经被实施了的,那么这个请求是无效的。如果是新的变更请求,就评估这个变更,了解其对项目的影响情况,从质量、规范、成本、接口、可靠性、进度、预算等方面分析变更对项目的影响,如果同时接受多个变更请求,需要确定变更的优先级。

下一步是变更审核,由变更控制委员会(或者产品开发小组)确定是否进行变更。一般四种结果:① 批准变更;② 拒绝变更;③ 部分变更,需要指出应该变更的部分;④ 延迟变更或待定，等待条件成熟时再决策。

如果变更被批准，变更实现人员从受控库中取出基线的拷贝，实现被批准的变更，并对实现的变更进行验证。一旦变更控制委员会(或者产品开发小组)认为正确实现并验证了一个变更，就可以将更新的基线检入配置库中，更新该基线的版本标识。

6. 配置审计

标识、版本控制和变更控制帮助软件开发者维持秩序，否则情况可能将是混乱和不固定的。为了确保适当地实现了变更，软件配置管理使用两种方法，即技术复审和软件配置审计。

技术复审关注的是配置对象在修改后的技术正确性。评审者要评估配置项，以确定它与其他配置项是否一致、是否有遗漏或是否具有潜在的副作用。除了那些非常微不足道的变更之外，应该对所有变更进行技术复审。

软件配置审计一般作为技术复审的补充，解决以下问题：

(1) 批准后的变更已经完成了吗？引起任何额外的修改了吗？

(2) 是否已经进行了技术复审来评估技术正确性？

(3) 是否遵循了软件过程？是否正确地应用了软件工程标准？

(4) 在软件配置项中显著强调所做的变更了吗？是否说明了变更日期和变更者？配置对象的属性反映出该变更了吗？

(5) 是否遵循了软件配置管理规程中标注变更、记录变更和报告变更的规程？

(6) 是否已经正确地更新了所有相关的软件配置项？

7. 状态报告

配置状态报告是软件配置管理的一项任务，它回答下列问题：① 发生了什么事？② 谁做的这件事？③ 这件事是什么时候发生的？④ 它将影响哪些其他事情？

当大量人员在一起工作时，人与人之间不一定相互了解在做什么；两名开发人员可能试图按照互相冲突的想法去修改同一软件配置项；软件工程团队可能花费几个人月的工作量，对着一个过时的需求规格说明在开发软件。配置状态报告通过改善所有相关人员之间的通信，帮助消除这些问题。配置状态报告在大型软件开发项目中发挥重要作用，配置状态报告应定期进行，并尽量通过工具自动生成。

3.5.5 软件配置管理工具

Git 是一个开源的分布式版本控制系统，它最初由 Linus Torvalds 编写，用做 Linux 内核代码的管理，后来在许多其他项目中取得很大的成功。它除了常见的版本控制管理功能之外，还具有处理速度快、分支与合并表现出色的特点。

Github 是一个基于 Git 的开源项目托管库，目前成为全球最大的开源社交编程及代码托管网站，它可以托管各种 Git 库并提供一个 Web 界面。

Subversion(SVN)是一个开源的版本控制系统，支持可在本地访问或通过网络访问的数据库和文件系统存储库，具有较强而且易用的分支以及合并功能。

Microsoft Visual Source Safe 是微软公司推出的一款支持团队协同开发的配置管理工具，提供基本的文件版本跟踪功能，与微软的开发工具实现无缝集成。

Rational Clear Case 是 IBM 公司的一款重量级软件配置管理工具，包括版本控制、工作空间配置、构建管理、过程控制，支持并行开发与分布式操作。

3.6 本章小结

1. 软件工程包括技术和管理两方面的内容，是技术与管理紧密结合的产物。软件项目管理是软件工程的一个重要组成部分，是软件开发过程中一项重要活动，贯穿整个软件生存周期，是软件项目成功的保障。

2. 本章 3.1 介绍人员管理。软件项目取得成功的关键是在项目启动时挑选到高素质的、和谐的、目标一致的开发人员并建立结构合理的项目团队，在开发过程中要及时有效地沟通，具有团队协作精神。

3. 本章 3.2 介绍了项目规划的意义、作用和方法。合理的规划是建立在对要完成的项目做出一个比较符合实际的估算，而估算的基础是软件度量。介绍了面向功能的度量和面向规模的度量，接着介绍软件项目估算的方法和如何进行进度安排、进度估算方法及进度安排表示方法。

4. 本章 3.3 节介绍了风险管理。风险管理实际上就是一系列管理项目风险的步骤，包括标识软件项目中的风险，分析预测风险发生的概率以及风险造成的影响，并对所有可能的出现的风险进行评估。找出那些导致项目失败的风险，然后采取措施来缓解、避开或消除风险。风险管理的活动主要概括为：风险识别、风险预测、风险评估和风险监控，这些活动贯穿于整个软件工程过程中。

5. 本章 3.4 介绍了质量的定义，如何评价软件质量，并介绍了几种质量模型。提出了软件质量困惑，软件质量如何实现？从管理方面要做好质量计划编制，从项目外部要做好质量保证活动，从项目内部要做好质量监控活动。

6. 本章 3.5 介绍了软件配置管理的定义，软件配置管理的基本概念，配置管理参与的人员及配置管理活动和常用的配置管理工具。

习 题

1. 何谓项目？何谓软件项目管理？下列哪些活动是项目？

(1) 开展某个课题研究。

(2) 设计开发一个管理信息系统。

(3) 安排一场演出活动。

(4) 研制一种新药。

(5) 高等学校招生新生。

2. 在选择项目团队成员时要考虑哪些因素？

3. 假如你被指派为一个小型软件公司的项目经理，你的工作是管理该公司开发的已经被广泛使用的字处理软件的新版本的开发。你会选择哪种团队结构？为什么？

4. 软件项目开发中常用的沟通方式有哪些？

5. 项目规划主要回答哪些问题？

6. 产品交付之前,团队A在软件工程过程中发现了352个错误,团队B发现了185个错误。对于项目A和B,还需要做什么额外的测量,才能确定哪个团队能够更有效地发现排除错误?

7. 假如某项目的任务分解如下表所示:

任务代号	任务名称	紧前任务	期望完成时间
A	分析		3个月
B	设计	A	2个月
C	测试计划		2个月
D	测试数据	A、C	4个月
E	测试软件	C	6个月
F	编码	B	4个月
G	产品测试	D、E、F	2个月
H	文档	B	4个月

(1) 请绘出ADM(Arrow Diagram)图。

(2) 确定关键路径,指出完成软件开发需要多长时间。

(3) 若将"测试数据"任务的时间减少为3个月,对整个工期有影响吗?若将"测试数据"任务的时间增加为6个月,对整个工期有影响吗?将"编码"任务减少为3个月,对整个工期有影响吗?

8. 风险识别的方法有哪些?

9. 质量控制活动有哪些?

10. 软件质量如何实现?

11. 软件配置管理有哪些活动?

12. 软件配置管理有哪些参与人员?

13. 基线是什么?

14. 常用的软件配置管理工具有哪些?

【微信扫码】
本章参考答案&相关资源

第 4 章

软件需求工程

需求是系统应该提供的服务或对系统的约束一个高层抽象的描述，软件需求是软件开发的基础，反映了客户对系统解决某个问题的要求。用户需求分析的准确与否直接影响到软件开发的准确与否。因此，软件需求工程已成为一项不可或缺的软件工程活动，其基本任务是准确地回答“软件系统必须做什么？”这个问题。

随着软件开发模型的不断变换和发展，软件需求工程也是一个不断认识和逐步细化的过程，该过程包括从定义系统的远景和范围，到逐步细化可详细定义的功能，并分析出各种不同的软件成分，然后为这些成分找到可行的解决方法。特别是随着软件系统的规模越来越大，且软件需求必须适应环境的改变，软件需求分析和定义活动不再仅限于软件开发的最初阶段，而是贯穿于整个软件生命周期。因此，软件需求工程的过程在整个软件生命周期中占有至关重要的地位。

4.1 软件需求的概念

4.1.1 软件需求的定义

需求工程作者 Dorfman 和 Rhayer(1990)对软件需求进行了如下定义：

- 用户为了达到某个目标而解决某个问题时所必需的一种软件能力。
- 系统或系统组件为满足某个合约、标准、规格说明或其他正式文档所必须达到或拥有的软件能力。

1997 年 IEEE 在《软件工程标准词汇表》对需求做出如下定义：

- 用户为解决某一问题或为达到某个目标所需要的条件或能力。
- 系统或系统部件为满足合同、标准、规格说明或其他正式的强制性文档所必须具有的条件和能力。
- 对上述两点所描述的条件或能力的文档化说明。

IEEE 的定义包括从用户角度（系统的外部行为）以及从开发者角度（一些内部特性）来阐述需求，其关键的问题是一定要编写需求文档。

对于用户来说，软件系统相当于一个黑盒，软件系统与系统间的交互过程如图 4－1 所示。

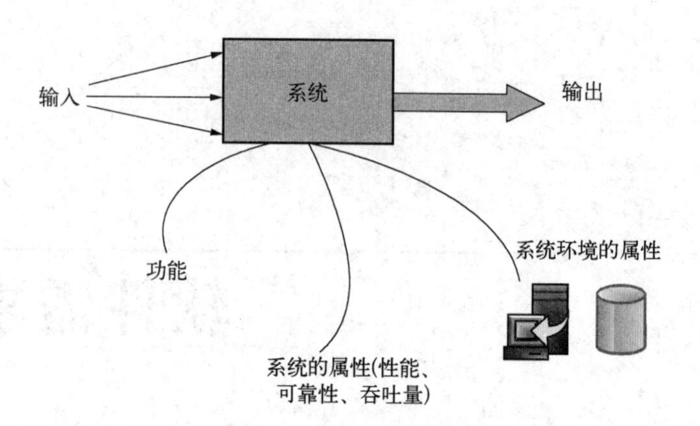

图 4-1 软件系统元素

因此，Davis(1999)认为可以从5个方面来完全描述系统：

- 系统输入。包括输入的设备、形式、外观以及感觉等必要的细节。
- 系统输出。必须支持对输出设备的描述，如语音输出或可视化显示等，以及系统所产生信息的协议和格式。
- 系统的功能。把输入映射到输出，以及他们的不同组合。
- 系统的属性。非行为需求，如可靠性、可维护性、可得到性以及吞吐量等开发人员必须考虑的因素。
- 系统环境的属性。附加的非行为需求，如系统在不同操作约束、负载和操作系统兼容性中运行的系统能力。

4.1.2 软件需求的层次

软件需求主要包括3个不同的层次：业务需求、用户需求、功能需求和非功能需求，不同需求从不同角度和不同层次反映其细节问题，他们之间的关系如图4-2所示。

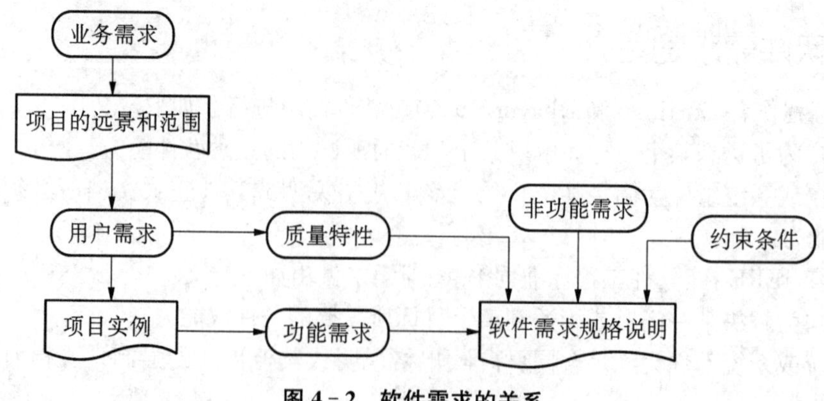

图 4-2 软件需求的关系

1. 业务需求

业务需求是组织或客户对于系统的高层次目标要求，定义了项目的远景和范围，即确定软件产品的发展方向、功能范围、目标客户和价值来源。这种需求通常来源于项目投资人、购买产品的客户、市场营销部门或产品策划部门，一般使用远景和范围文档进行记录。业务需求通常应该涵盖业务、客户、特性、价值、优先级这几个方面的内容。

以个人网上银行系统为例，其业务需求：

- 该系统支持手机端和 PC 端的个人网上银行服务，为用户提供高效、便捷的银行自助服务；
- 该系统可使得系统用户查询个人账户余额、转账、生活缴费、理财产品管理、基金产品管理、以及信用卡管理；
- 由于某些功能存在风险问题，理财产品和基金产品的管理需要用户在银行网点进行签约确认后才可使用。

在需求的层次结构中，业务需求处于整个结构的最顶层，它定义了整个系统的远景与范围，其他需求都必须符合业务需求设定的目标。项目的远景和范围应该以文档形式描述出来，这种文档一般比较简短，可能只有 1～5 页，主要包括业务机会、项目目标、产品适用范围、客户特点、项目优先级等方面的内容。

2. 用户需求

用户需求是从用户角度描述系统必须完成的任务，包括系统功能需求和非功能需求，通常只涉及系统的外部行为，而不涉及系统的内部特性。用户需求的描述应该易于用户的理解，一般不采用技术性很强的语言，而是采用自然语言和直观图形相结合的方式进行描述。利用用例（Use Case）模型或场景（Scenario）等方式说明。

以个人网上银行系统为例，其用户需求包括：

系统用户可<u>随时</u>通过 Internet 查询个人的账户余额和收支明细，并可以<u>快捷</u>地进行水、电、气的缴费，可以<u>方便</u>地进行手机话费充值。

使用自然语言进行需求描述容易产生含糊不清和不准确的问题，因此，清晰的文档结构和适当的语言表达对于用户的需求描述是十分必要的。

3. 功能需求和非功能需求

功能需求描述系统应该提供的功能或服务，通常涉及用户或外部系统与该系统之间的交互，一般不考虑系统的实现细节。在某些情况，功能需求还需明确声明系统不应该做什么。功能需求取决于开发的软件类型、软件未来的用户及开发的系统类型。

比如，个人网上银行系统为系统用户提供了以下服务：① 系统用户能查询该行所有自身账户的账户余额、账户明细情况，也应支持账户挂失；② 系统用户输入水、电、煤气、电话费单的用户号，选择资金划出账号即可进行缴纳；③ 用户可以选择相应的理财产品或基金产品进行购买，用户还可以查询自己的理财产品信息和基金产品信息。

以上的功能需求可以以不同的详细程度反复编写和细化。

非功能需求是从各个角度对系统的约束和限制，反映了应用对软件系统质量和特性的额外要求。非功能需求包括过程需求、产品需求和外部需求等类型，其中过程需求包含交付、实现方法和标准等方面的需求，产品需求包含性能、可用性、实用性、可靠性、可移植性、安全性、容错性等方面的需求，外部需求有法规、成本、互操作性等需求。具体的各项非功能需求的内容见图 4-3 所示。

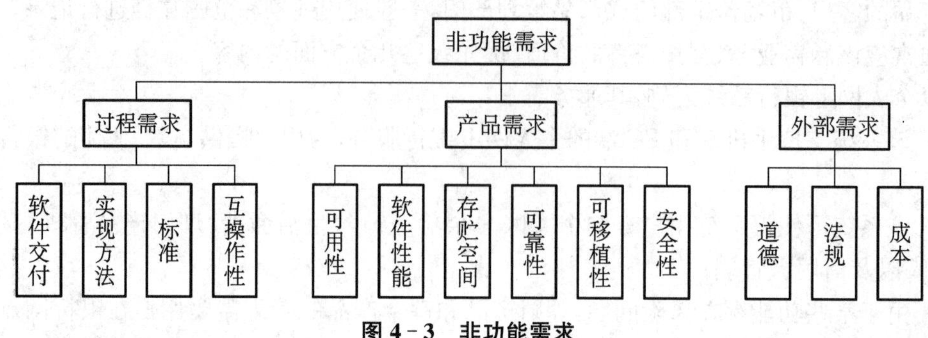

图 4-3 非功能需求

4.1.3 需求工程过程

需求工程是应用已证实有效的原理和方法，并通过合适的工具和符号，系统地描述出待开发系统及其行为特征和相关约束。需求工程包括需求获取、需求分析、需求规格说明、需求验证和需求管理等过程。

在这个过程中，开发人员聆听客户的需求，观察用户的行为（需求获取），将这些信息进行分析和整理（需求分析），编写规格说明文档（需求规格说明），采用评审和商议等有效手段对其进行验证（需求验证），最终形成一个需求基线，并在整个软件开发生命周期中有效地管理和控制需求的变更（需求管理）。结合 2001 年 Abran 和 Moore 给出的需求工程过程模型和当前软件开发过程，图 4-4 展示了整个需求工程的过程。

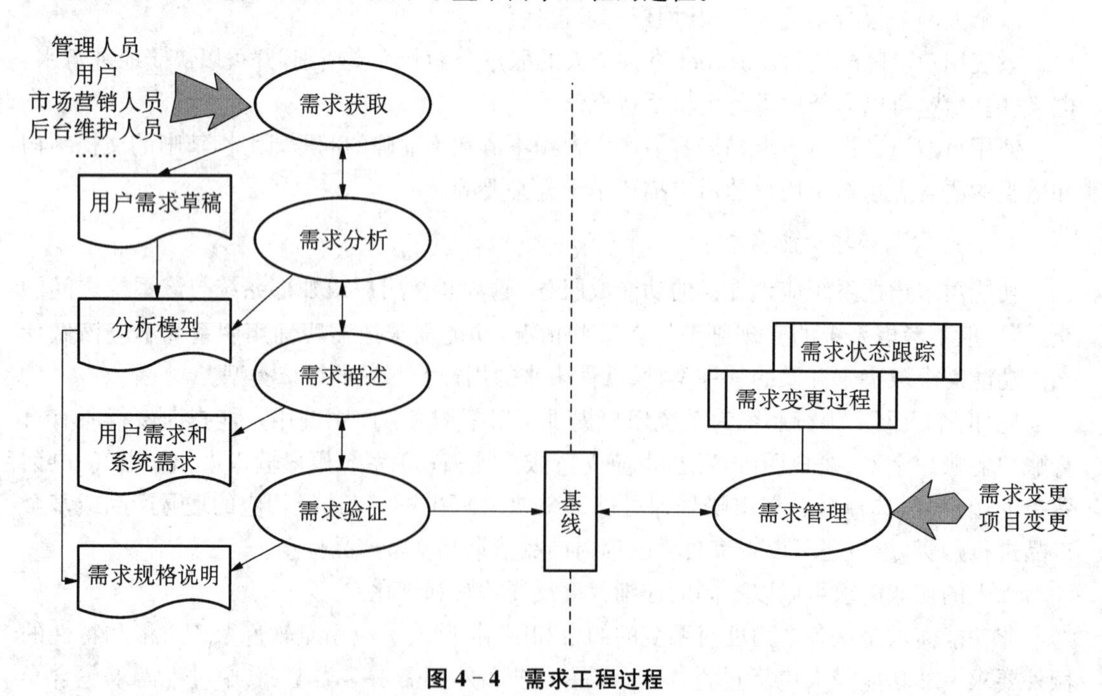

图 4-4 需求工程过程

根据图 4-4 所示，需求工程过程包括需求获取、需求分析、需求描述、需求验证和需求管理 5 个步骤，涵盖了与软件需求相关的所有活动，包括：

- 确定目标系统的所有利益相关者（Stakeholders）。

- 从每一类利益相关者角度出发，收集他们的需求。
- 了解这些利益相关者对系统期望的目标。
- 分析这些目标，将目标细化为系统的功能需求、非功能需求、业务约束等，剔除与系统实现无关的信息。
- 协商和确定各需求的优先级。
- 对系统的需求进行建模，并用书面文字来描述软件需求规格说明。
- 形成需求文档，与用户进行交涉，确保需求描述与用户需求保持一致。
- 整个需求分析的过程是一个不断迭代的过程，通过多次的沟通和交流，不断明晰用户的需求。

4.2 需求获取

需求获取涉及与项目相关的各种人员，包括组织管理层、最终使用系统的用户、市场营销人员、系统维护人员等，这些人员通常具有不同的目的，并从不同的角度提出自己的要求。因此，软件设计师只有在了解他们对系统的要求后才能开始设计系统。否则，一旦某项需求不满足用户的要求，都会导致设计方面的大量返工。把需求获取集中在各类用户的任务上，有助于避免更多的失误。

4.2.1 需求获取的任务

需求获取的目标是确定用户到底“需要”什么样的软件产品，然而，如何明确用户的需求却是整个软件开发过程中最关键、最困难、最需要沟通和交流的环节。主要原因在于：需求的不稳定性，软件需求会随着时间的推移发生变化；需求的不准确性，用户对目标系统的要求往往不清晰，导致提取的需求不准确。因此，需求获取应该集中在用户任务上，其主要任务内容包括：

(1) 聆听用户需求，了解目标系统的应用环境，明确该业务系统的应用领域。如网上银行、移动公司、证券、电子商务等，如果分析员对该领域有一定的了解，就可以先利用易于理解的语言和直观的图标建立该领域的业务模型来表示用户的基本需求，并与用户不断的进行迭代沟通，不断获取目标系统中各用户的准确需求。

(2) 分析和整理所获取的信息。在不断与用户交流和沟通的过程中，要对获取的需求信息结合行业领域准则进行分析和整理，并将分析和整理后的需求与用户进行讨论。每一次分析和整理用户需求的过程，就是对业务需求不断细化和明晰的过程，经过分析和整理的需求有助于进一步启发用户的需求。针对改进型业务系统，分析和整理需求信息除了来源于与用户进行交谈和讨论的结果外，还包括目标系统中存在和描述现有产品或竞争产品的文档、遗留系统的需求规格说明、当前系统的问题报告和改进要求、市场调查和用户问卷调查、观察用户工作流程、用户工作场景分析等。

(3) 形成文档化的描述。当分析员完整的获取了用户的各项需求后，利用需求建模工具建立目标系统的需求模型，如 Use Case 模型、活动图模型、BPMN 业务模型、数据字典等。然后结合软件工程需求规格文档的标准规范，形成文档化描述。

然而，在实际的软件开发中，需求获取是一个十分困难的过程，其主要原因在于：

(1) 用户通常并不真正知道自己希望计算机系统做什么。

(2) 用户通常使用业务语言表达需求,开发人员缺乏相关的领域知识和经验,难以准确地理解这些需求。

(3) 不同的用户提出不同的需求,可能存在矛盾和冲突。

(4) 管理者可能出于增加影响力的原因而提出特别的需求。

(5) 由于经济和业务环境的动态性,需求经常发生变更。

因此,需求获取应该识别项目相关人员的各种要求,解决这些人员之间的需求冲突。

4.2.2 需求获取的技术

需求获取的关键在于与用户的沟通和交流,收集和理解用户的各项需求。在需求获取过程中,我们可以采用多种不同的技术进行业务理解和信息收集,常见的需求获取技术包括面谈和问卷调查、需求专题讨论会、观察用户工作流程、基于用例的方法、原型化方法等,而选择这些技术需要根据应用类型、开发团队技能、用户性质等因素来决定。

1. 面谈

面谈是一种十分直接而常用的需求获取方法,它也经常与其他需求获取技术一起使用,以便更好地澄清和理解一些细节问题。面谈的主要流程包括:面谈之前的准备、进行面谈和面谈之后。其整个面谈的内容如图 4-5 所示。需要说明的是,面谈过程应该进行认真的计划和准备。

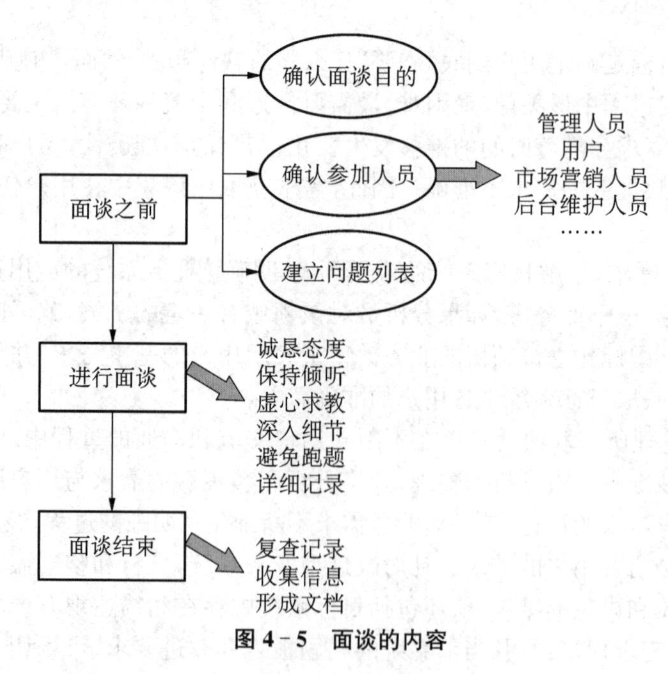

图 4-5 面谈的内容

以个人网上银行系统的一次面谈,举例说明其主要步骤。

(1) 面谈之前

① 确认面谈目的

在项目调研的初期,我们需要了解网上银行的业务过程,因此本次面谈的主要目的是了解当前网上银行的业务流程、所存在的主要问题以及相关人员的期望要素。

② 确认参加面谈的相关人员

客户方面：银行经理、银行柜员、用户代表。

开发方面：项目负责人、分析人员、开发人员。

③ 建立要讨论的问题和要点列表

银行账户管理由谁负责？这些人员的计算机专业背景如何？

该银行具有哪些类型的银行账户？

网上银行系统期望的基本功能有哪些？

进行网上转账的账户制定了哪些规则？

网上转账实现的期望流程是什么？

目前网上银行系统存在的主要问题是什么？其产生的原因是什么？

银行管理人员希望如何解决这些问题？

当前竞争对手的网上银行系统有哪些亮点？

目前该银行的账户规模有多少？

账户的编码和管理？

银行柜员对于网上银行的期望是什么？

用户对于网上银行的期望是什么？

……

(2) 进行面谈

面谈获得所需信息的首要前提是应该与面谈者建立良好的谈话氛围，以下行为有助于建立氛围。

诚恳态度：直截了当地谈话，对面谈者在软件中的利害关系表现出真正兴趣。

保持倾听：完全关注对方，认真听取对方的谈话。

虚心求教：不要显得“无所不知”。

深入细节：对模糊应答需要刨根问底。

避免跑题：可适当引导当前网上银行系统的基本业务功能，紧密围绕该主题。

详细记录：对面谈人员的每一个问题答案、客户方的每一个疑问等内容进行详细记录。

面谈结束时需要再次启发对方，询问是否还有需要提出的问题和可以带走的资料，确定有问题时双方的联系方式，并向对方人员表示感谢。

(3) 面谈之后

复查记录的准确性、完整性和可理解性，把收集的信息转化为适当的模型和文档，再次确定有问题时双方的联系方式，并向对方人员表示感谢。

2. 需求专题讨论会

专题讨论会是指开发方和用户方召开多次需求讨论会，达到彻底弄清项目需求的一种需求获取方法。需求专题讨论会适合用户方对业务系统的工作流程、项目达到的最终目的等方面非常了解，同时，开发方也对该业务系统领域有过类似的开发经验。因此，召开需求专题讨论会可以更加准确的描述和掌握需求。需求分析员需要经常组织和协调需求专题讨论会，人们通过协调讨论和群体决策等方法，为具体问题找到解决方案，并在应用需求上达成共识，对操作过程尽快取得统一意见。

在这种会议中，参加人员一般包括三种角色：

主持人或协调人：该角色在会议中起着十分关键的作用，他应该鼓励参会人员积极参与和畅所欲言，保证会议过程顺利进行。

记录人：该角色需要协助主持人将会议期间所讨论的要点内容记录下来。

参与人：该角色的首要任务是提出设想和意见，并激励其他人员产生新的想法。

专题讨论会具有以下优点：① 协助建立一支高效的团队，围绕一个目的；② 所有风险承担人都畅所欲言；③ 促进风险承担人和开发团队达成共识；④ 能够揭露和解决那些妨碍项目成功的行政问题；⑤ 能够很快产生初步的系统定义。

3. 观察用户工作流程

客户可能无法有效的表达或只能片面的表达自己的需求，开发人员很难通过面谈和会议了解完整的需求，因此，观察用户工作流程是一种比较好的解决方法。

观察用户工作流程有两种形式：主动观察和被动观察，主动观察是指分析人员以用户的角色参与到业务系统的工作流程中去，从而获取第一手业务系统的完整需求；而被动观察是指分析人员观察用户的业务操作，记录用户的操作流程，从而获得业务系统的需求信息。

缺点主要有两点：① 观察用户的工作流程时间较长，而且需要涉及不同的业务阶段；② 用户在观察到过程中会有意识地隐藏现实的工作情况。

4. 原型化方法

原型通常是指模拟某个产品的原始模型，旨在演示目标系统主要功能的可运行程序。在软件开发中，原型是软件的一个早期可运行的版本，它反映最终系统的部分重要特性。如果通过获取目标系统的基本需求后，通过快速分析并构造出一个小型的软件系统，满足用户的基本要求。用户可在试用原型系统的过程中得到亲身感受并受到启发，做出相应的反应和评价，然后开发方根据用户的意见对原型加以改进。经过不断试验、纠错、试用、评价和修改，获得新的原型版本，从而进一步确定各种需求的细节。因此，它是最准确、最有效、最强大的需求获取技术。

作为开发方和用户方交流的手段，快速原型必须包含两个方面的要点。第一个要点是必须包括用户界面，这是确定用户界面风格及报表的板式和内容。第二个要点是必须可以模拟系统的外部特征，包括引用了数据库的交互作用及数据操作，执行系统关键区域的操作等。因此，原型系统可以运行用户输入成组的事务数据，执行这些数据处理的模拟过程，包括出错处理。

在构造原型之前，需要与客户进行充分的沟通，结合其应用领域、复杂性、客户特点和项目特点等因素，决定在评价完原型之后是否抛弃或演化。因此，该方法分为抛弃式原型和演化式原型。抛弃式原型是指先构造一个功能简单而且质量要求不高的模型系统，针对这个模型系统反复进行分析修改，形成比较好的设计思想，据此设计出更加完整、准确、一致、可靠的最终系统。系统构造完成后，原来的模型系统将被抛弃；而演化式原型是指先构造一个功能简单而且质量要求不高的模型系统，作为最终系统的核心，然后通过不断地扩充修改，逐步追加新要求，最后发展成为最终系统。

使用快速原型法需要考虑软件系统的特点，可采用的开发技术和工具等要素，也可以采用表 4-1 所示的问题列表来判断是否要选择原型法，以及选择哪一种原型法。

表 4-1　原型方法的问题选题

问　题	抛弃式原型	演化式原型
应用领域已完全被理解吗?	是	是
问题域可以被建模吗?	是	是
客户的基本需求确定了吗?	是	否
需求已明确且稳定吗?	否	是
是否存在模糊不清的需求?	是	否
需求中是否存在相互矛盾?	是	否

原型开发的过程要经历快速分析或修改、构造、运行和评价四个阶段,其开发过程如图 4-6 所示。

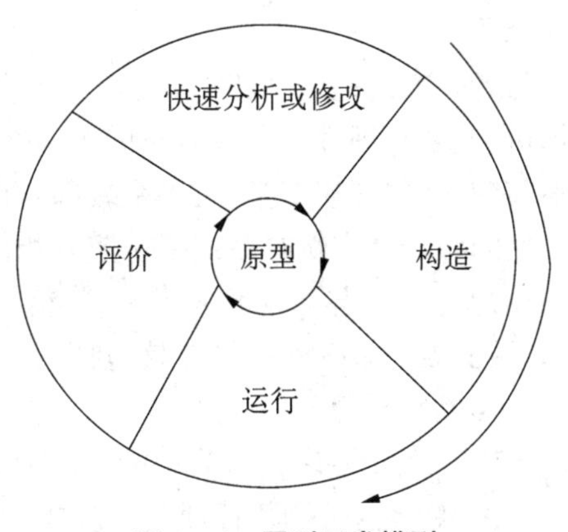

图 4-6　原型开发模型

原型法的缺点在于它受到软件工具和开发环境的限制。同时,在实际操作过程中,由于原型忽略了暂时不需关心的部分,针对演化式原型进化为最终系统时需要十分小心,否则会造成后期开发的很大问题。

4.3 需求建模

4.3.1 用例建模法

随着面向对象技术的发展,基于用例的方法在需求获取和建模方面应用得越来越普遍。这种方法是以任务和用户为中心的,可以使用户更清楚地认识到新系统允许他们做什么。另外,用例有助于开发人员理解用户的业务和应用领域,并可以运用面向对象分析和设计方法将用例转化为对象模型。用例图是 Jacobson 于 1992 年首次提出,在 2001 年发布的 OMG UML 描述中用例模型作为描述业务系统功能方面的模型被广泛地使用。其核心是通过用例(Use Case)捕获系统的需求,再结合参与者(Actor)对系统的功能需求进行分析和建模。用例图是由参与者、用例以及他们之间的关系构成的、用于描述系统功能的动态视图。用例图显示了系统的用户和用户希望提供的功能,有利于用户和软件开发人员之间的交流和沟通，帮助开发人员可视化地了解系统的功能。借助用例图，系统用户、系统分析人员、系统设计人员、领域专家等利益相关者能够以可视化的方式对问题进行探讨，减少了大量交流上的障碍，便于在问题域上达成共识。

用例图作为一种面向对象的需求分析方法，与传统的 SRS 方法相比，用例图可视化表达了系统的需求，具有直观、规范等优点，克服了纯文字说明的不足。同时，用例方法完全从外部来定义系统的功能，将需求与设计进行分离。利用用例的使用环境和上下文说明，描述系统完整的服务，因而易于用户理解需求，是开发人员与用户之间进行有效沟通的一种需求分析手段。

用例模型由三个组成元素构成：参与者、用例和关系。

1. 参与者（Actor）

参与者是指存在于系统外部并直接与系统交互的人、系统、子系统或类的外部实体的抽象。每个参与者可以参与一个或多个用例，每个用例也可以有一个或多个参与者。参与者的 UML 图形表示如图 4-7 所示。

图 4-7 参与者

参与者代表的是一个集合，通常一个参与者可以代表一个人、一个计算机子系统、硬件设备或者时间等。在一个业务系统中可能存在许多参与者实例（如多个学生、多个教师），但对业务系统来说，这些多个同类型的参与者实例在系统中扮演着相同的角色，因此多个具有相同属性和行为的参与者实例应为一类参与者角色（学生、教师、管理员）。如网上银行系统的参与者就包括用户、金融机构（银行系统）、银联中心等几类参与者。

参与者还可以划分为主要参与者和次要参与者。主要参与者指的是执行系统主要功能的参与者。例如，学生管理系统中的学生、教师、管理员。次要参与者是指使用系统次要功能的参与者，为当前业务系统提供服务的参与者，如学生管理系统中的邮件系统。标注出主要参与者有利于找出系统的核心功能，往往也是用户最关心的功能。

参与者可以通过以下问题识别角色：

(1) 谁使用系统的主要功能？

(2) 谁需要系统的支持以完成日常工作任务？

(3) 谁负责维护、管理并保持系统正常运行？

(4) 系统需要应付（或处理）哪些硬件设备？

(5) 系统需要和哪些外部系统交互？

(6) 谁（或什么）对系统运行产生的结果（值）感兴趣？

2. 用例（Use Case）

用例是从用户角度描述系统的行为，它将系统的一个功能描述成一系列事件，这些事件最终对参与者产生有价值的可观测结果。它定义了系统是如何被参与者使用的。用例最大的优点是站在用户的角度上，从系统的外部来描述系统的功能，并不关心系统内部是如何完成它所提供的功能，表达了整个系统对外部用户可见的行为。其 UML 图形表示如图 4-8 所示。

用例1

图 4-8 用例

用例具有如下特征：

● 用例必须由某一个参与者触发激活后才能执行，即每个用例至少应该涉及一个参与者。如果存在没有参与者的用例，则可以考虑将该用例合并至其他用例之中。

● 用例表明的是某一类行为，而不是某个具体的实例行为。用例所描述的是它代表的功能的各个方面，包含了用例执行期间可能发生的各种情况。

● 用例是一个完整的描述，一个用例在实现环境中可能会被细化和分解为更小的执行流程，但这些执行流程具有先后顺序之分，只有当所有的执行流程都完成，并最终将结果返回给参与者，才能代表整个用例的完成。

任何用例都不能在缺少参与者的情况下独立存在，同样，参与者也必须要有与之相关联的用例。当参与者确定后，可以从参与者如何使用系统、需要系统提供什么样的服务等方面来识别用例。因此，用例可以通过回答下面的问题来识别：

(1) 与系统实现有关的主要问题是什么？

(2) 系统需要哪些输入/输出？这些输入/输出从何而来？到哪里去？

(3) 执行者需要系统提供哪些功能？

(4) 执行者是否需要对系统中的信息进行读、创建、修改、删除或存储？

(5) 系统中发生的事件是否通知参与者？

(6) 是否存在影响系统的外部事件？

(7) 参与者是否将外部的某些事件通知给系统？

在进行用例识别的时候，针对同一个业务系统的描述，不同的人可能会产生不同的用例模型，这就涉及用例的粒度问题。用例的粒度是指用例所包含的系统服务或功能单元的多少。如果用例的粒度很小，得到的用例数就会太多。反之，如果用例的粒度很大，那么得到的用例数就会很少，如果用例数目过多则会造成用例模型过大，导致后面的设计困难。如果用例数量很少则会造成用例的粒度太大，导致后面设计不能充分地实现系统的功能。因此，在确定用例粒度的时候，应该根据每个系统的具体情况、具体问题进行分析，尽可能保证整个用例模型在易理解的前提下，决定用例的大小和数目。

用例图只是在总体上大致描述了系统所提供的各种服务，让人们对系统有一个总体的认识。但对每一个用例，还需要详细地描述信息，以便让用户对于整个系统有更加详细的了解，这些信息就包含在用例描述之中。因此，用例描述包含的内容如下：

● 目标：简要描述用例的最终任务和结果。

● 事件流：事件流包括基本流和备选流。基本流描述用例的基本流程，是指用例正常运行时的场景。备选流描述用例执行过程中可能发生的异常和偶尔发生的情况。基本流和备选流应该能够覆盖一个用例所有可能发生的场景。因此，事件流中内容应包括：

(1) 说明用例是怎样启动的，即哪些角色在什么情况下启动执行用例。

(2) 说明角色和用例之间的信息处理过程，如哪些信息是通知对方的，怎样修改和检索信息的，系统使用和修改了哪些实体等。

(3) 说明用例在不同的条件下，可以选择执行的多种方案。

(4) 说明用例在什么情况下才能被视作完成，完成时结果应传给角色。

● 特殊需求：说明此用例的特殊要求。这些特殊需求包括该用例非功能性需求和设计约束，如性能、可靠性、可用性等。设计约束包括兼容性、操作系统及环境等方面。

● 前提条件：说明此用例开始执行的前提条件。

● 后置条件:说明此用例执行结束后,结果应传给什么角色。

以学生选课系统中的选课用例为例,提供表 4-2 所示的用例描述模板。

表 4-2 选课用例描述

<table>
<tr><td colspan="2">用例编号</td><td colspan="2">UC1</td></tr>
<tr><td colspan="2">用例名称</td><td colspan="2">退选课程</td></tr>
<tr><td colspan="2">用例目标</td><td colspan="2">学生用户在系统中退选某门已选课程</td></tr>
<tr><td colspan="2">参与者</td><td colspan="2">学生</td></tr>
<tr><td colspan="2">前置条件</td><td colspan="2">学生用户已成功执行“登录”用例</td></tr>
<tr><td colspan="2">后置条件</td><td colspan="2">执行“更新选课表”用例和“更新课程”用例</td></tr>
<tr><td rowspan="12">事件流</td><td rowspan="8">基本流</td><td>步骤</td><td>活动</td></tr>
<tr><td>1</td><td>学生用户在系统主界面上,查看个人的课程表。</td></tr>
<tr><td>2</td><td>学生用户选择了某一门具体的课程。</td></tr>
<tr><td>3</td><td>学生点击“退选”按钮。</td></tr>
<tr><td>4</td><td>选课系统给予提示:“真的要退选该门课程吗?”,并给出“确定”和“取消”两个按钮。</td></tr>
<tr><td>5</td><td>学生用户选择“确定”。</td></tr>
<tr><td>6</td><td>选课系统将该门课程从学生的个人课表中移除,同时修改该门课程的已选人数-1。</td></tr>
<tr><td>7</td><td>可重复 2—6 步,直到学生结束退选。</td></tr>
<tr><td rowspan="3">备选流</td><td>步骤</td><td>活动</td></tr>
<tr><td>4a</td><td>学生用户点击“取消”按钮,退选活动终止,回到主界面,退选课程仍在学生的个人课表中。</td></tr>
<tr><td>4b</td><td>……</td></tr>
<tr><td colspan="2">特殊需求</td><td colspan="2">无</td></tr>
<tr><td colspan="2">备　注</td><td colspan="2">1. 任何已选了某门具体课程的学生用户都有退选资格。
2. 选课和退选活动必须在规定的时间段中完成。</td></tr>
</table>

3. 用例之间的关系

从原则上来讲,用例之间都是并列的,它们之间并不存在着包含从属关系。但是从保证用例模型的可维护性和一致性角度来看,我们可以在用例之间抽象出包含(include)、扩展(extend)和泛化(类属)(generalization)这几种关系。这几种关系都是从现有的用例中抽取出公共的那部分信息,然后通过不同的方法来重用这部分公共信息,以减少模型维护的工作量。

(1) 包含关系

包含关系指用例可以简单地包含其他用例具有的行为,并把它所包含的用例行为作为自身行为的一部分。在 UML 中,包含关系是通过在虚线箭头上应用<<include>>构造型来表示的,如图 4－9 所示。它所表示的语义是指基础用例(Base)会用到被包含用例(Inclusion),但被包含用例可以作为独立的用例存在。具体地讲,就是将被包含用例的事件流插入到基础用例的事件流中。虚线箭头的源端连接基础用例,箭头的目的端连接包含用例。在 UML1.0 和 UML2.0 中,包含关系的表述是一致的。

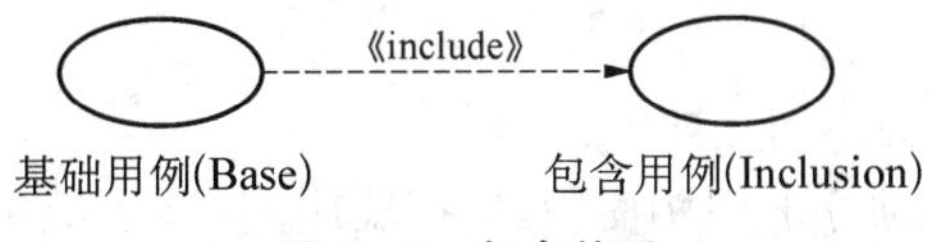

图 4－9　包含关系

在处理包含关系时,可以把几个用例的公共部分单独地抽象成一个新的用例,如:

● 多个用例用到同一段的行为,则可以把这段共同的行为单独抽象成一个用例,然后让其他用例来包含这一用例。

● 当某一个用例的功能过多、事件流过于复杂时,也可以把某一段事件流抽象成一个被包含的用例,以达到简化描述的目的。

如在一个旅游网站系统中,用户具有浏览订单、修改订单、删除订单等功能。其中修改订单需要对订单进行浏览才能修改,因此,该用例模型如图 4－10 所示。

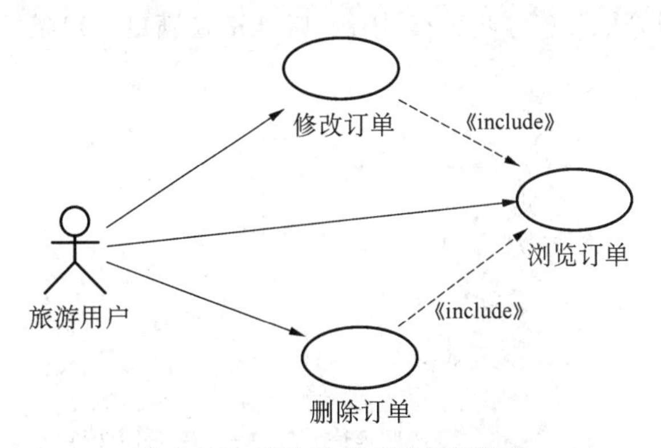

图 4－10　带包含关系的用例模型

上图所示的例子中,修改订单和删除订单这两个用例都需要使用到浏览订单中的行为。而浏览订单本身可以作为一个独立的用例存在。如果以后对浏览订单用例进行修改,则不会影响到修改订单和删除订单这两个用例,不会出现同一段行为在不同用例中描述不一致的情况。因此,包含关系提高了用例模型的可维护性,当需要对公共需求进行修改时,只需要修改一个用例而不必修改所有与其有关的用例;同时,包含关系还可以避免在多个用例中重复描述同一段行为。

(2) 扩展关系

扩展关系是指在一定条件下,把新的行为加入到已有的用例中,获得的新用例叫作扩展用例(Extension),原有的用例叫作基础用例(Base),从扩展用例到基础用例的关系就是扩展关系。一个基础用例可以拥有一个或多个扩展用例,这些用例可以一起使用。扩展(extend)关系在 UML 中是通过在虚线箭头上应用<<extend>>构造型来表示的,如图 4－11所示,基础用例(Base)中定义有一至多个已命名的扩展点,扩展关系是指将扩展用例(Extension)的事件流在一定的条件下按照相应的扩展点插入到基础用例(Base)中。虚线箭头的源端为扩展用例，箭头的目的端为基础用例。

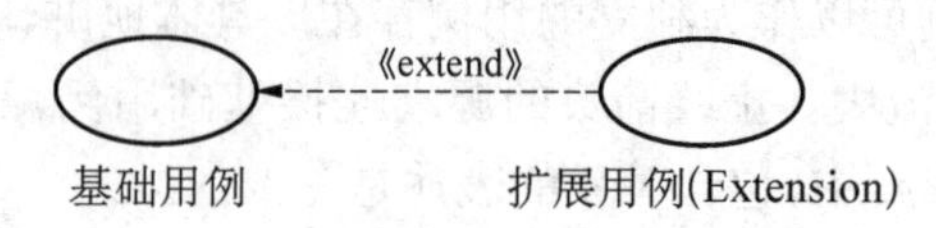

图 4－11　扩展关系

扩展关系与包含关系的不同点如下：

● 包含用例可以作为独立的用例使用，而扩展用例必须由基础用例启动。

● 扩展用例的插入点可以有多个，而包含关系的插入点只有一个。

● 对于包含关系而言，子用例中的事件流是一定插入到基础用例中去的。而扩展关系可以根据一定的条件来决定是否将扩展用例的事件流插入基础用例事件流。

● 扩展关系中，即使不启动扩展用例，基础用例本身也是完整的。而对于包含关系而言，基础用例在没有被包含用例的情况下是不完整的。

用户打电话模块的部分用例模型如图 4－13 所示。可以看出，基础用例是“打电话”，扩展用例是“呼叫等待”和“呼叫转移”。在一般情况下，只需要执行“打电话”用例即可。但如果被叫用户的电话处于通话中，就会将“打电话”用例转移至“呼叫等待”或“呼叫转移”。可见，用户想执行“呼叫等待”或“呼叫转移”用例，必须是在满足一定条件下，才能激活这两个扩展用例。

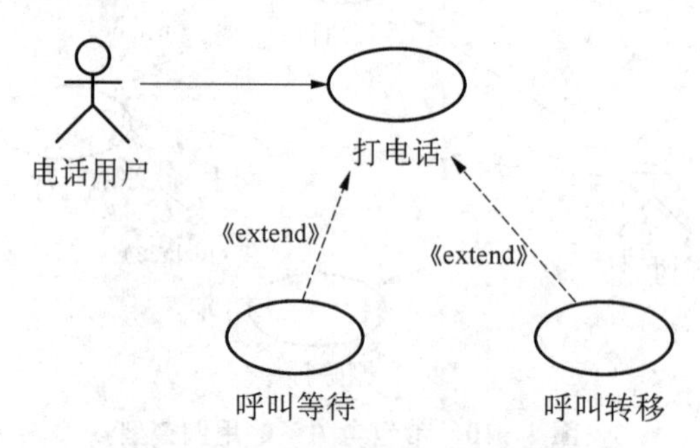

图 4－12　带扩展关系的用例模型

扩展关系往往被用来处理异常或者构建灵活的系统框架。使用扩展关系可以降低系统的复杂度，有利于系统的扩展，提高其性能。同时，扩展关系还可以用于处理基础用例中的那些不易描述的问题，使系统显得更加清晰且易于理解。

(3) 泛化关系

当多个用例共同拥有一种类似的结构和行为的时候，我们可以将它们的共性抽象成为父用例，其他的用例作为泛化关系中的子用例。在用例的泛化关系中，子用例是父用例的一种特殊形式，子用例继承了父用例所有的结构、行为和关系。在 UML 中，用例的泛化关系是通过一个三角箭头从子用例指向父用例来表示的。如图 4－13 所示。

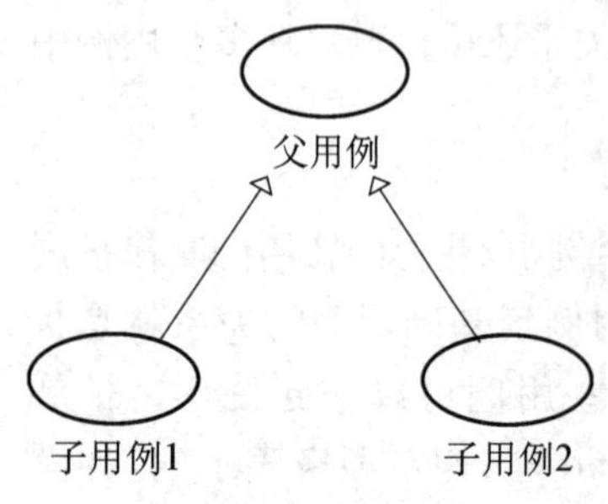

图 4－13　泛化关系

当系统中有两个或多个用例在行为、结构和目的方面存在共性时，就可以使用泛化关系。这时，可以用一个新的用例来描述这些共有部分，这个用例就是父用例。在实际应用中很少使用泛化关系，子用例中的特殊行为都可以作为父用例中的备选流存在。

泛化关系也可以用于描述参与者与参与者之间的父与子的关系。如学生选课系统中存在学生、教师、教务管理员等参与者，这些参与者用户都有登录、修改密码、查询课程等用例，因此可以将这些参与者抽象为用户一个参与者，同时将他们拥有的共有用例由用户来启动。其模型如图 4－14 所示。

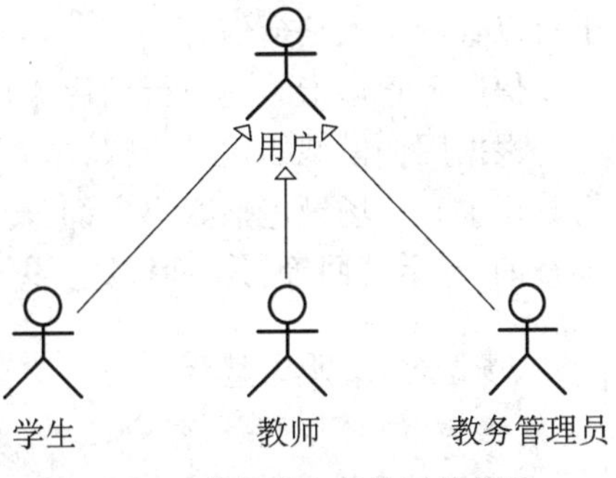

图 4－14　参与者之间的泛化关系

4. 用例模型的建模步骤

建立用例模型的基本步骤如下：

(1) 确定参与者：通过确认系统功能使用者和维护者以及与系统接口的其他系统或硬件设备等，可以有效地识别出系统的参与者。

(2) 确定场景：场景是对人们利用计算机系统过程中做什么和体验了什么的叙述性描述，确定场景的关键在于理解业务领域，这需要理解用户的工作过程和系统的范围。

(3) 确定系统用例：将上述场景归纳为用例，确定每个用例涉及的参与者，并将参与者和特定的用例联系起来，最终绘制出系统的用例图。

(4) 编写用例描述文档：单纯使用用例图并不能提供用例所具有的全部信息，因此需要使用文字描述那些不能反映在图形上的信息。用例描述实际上是关于角色与系统如何交互的规格说明，其关键在于清楚地说明参与者和系统之间交互或对话的顺序以及该对话过程的变化部分等。

5. 个人网上银行系统实例分析

个人网上银行系统的主要功能包括：账户信息查询和维护、账户转账（汇款）、生活缴费、投资理财产品管理、基金产品管理、信用卡管理 6 大功能。

账户信息查询和维护是网上银行的一项基本功能。该功能可以清晰地列出用户在该行所有账户的账户余额、账户明细情况，也应支持账户挂失。所有的个人网上银行系统都应具备此功能。

账户转账（汇款）包括行内同城转账及异地汇款。对于用户客户端来说，只要个人账户在网点申请成为网银的签约用户之后，客户登录个人网上银行系统就可以进行转账汇款。对于需要定期向某个账户进行转账的需求，还可以通过查询转账记录，查找要转账的账户，避免每次都输入对方账户信息。对于银行端来说，根据用户转账的类型确定收取相应的转账手续费。

生活缴费主要指水、电、煤气和电话费的缴纳，以及手机充值等。当用户需要缴费时，用户登录网上银行系统，选择相应的缴费项，输入水、电、煤气、电话费单的用户号，选择资金划出账号即可进行缴纳。

理财产品管理需要用户在银行网点进行签约确认后才可使用。用户可以选择相应的理财产品进行购买，用户还可以查询自己的理财产品信息。

基金产品管理是指银行代销的各类基金产品，用户可以对基金进行查询、对比和购买，也可以查询个人基金信息。

信用卡管理指的是银行信用卡账户的开卡、信用卡消费账单查询、消费积分查询等。

根据用例模型的建模步骤,本系统的参与者包括客户、银行系统、银联中心、中国人民银行数据中心。场景包括账户查询、转账、充值话费、缴纳电费、购买基金、信用卡还款、账户明细查询、基金赎回等。下面以购买基金为例,具体的场景描述如下:

场景名称:购买基金

参与者实例:王一,客户;ExampleBank,网上银行系统。

事件流程:

1. 王一在 ExampleBank 上查找需要购买的基金;
2. ExampleBank 核实王一购买该基金的资格;
3. 如果符合购买资格,王一同意协议条款,并点击立即购买;
4. 王一输入购买的金额,并选择付款账户;
5. 王一输入支付密码,完成基金购买。

其他流程:

1. 王一的风险等级低,ExampleBank 告诉王一不符合当前基金的购买资格;
2. 王一的账户金额小于他输入的购买金额,ExampleBank 告诉王一余额不足购买;
3. 王一的支付密码有误,ExampleBank 提示王一重新输入。

根据以上场景,确定与每位参与者有关的用例。

与“客户”有关的用例主要包括:

登录:客户输入认证通过的手机号码和密码。

账户查询:客户查询在该银行申请的所有类型的账户。

账户明细查询:客户选择所需查询的账户,并输入查询时间段,查询该时间段中该账户的所有收入和支出情况。

转账:客户输入需要转入的账户名称和账号,选择转出账户,输入转账金额,完成转账。

信用卡申请:客户在系统中填写相关材料,申请信用卡。

信用卡还款:客户在系统中对该行的信用卡还款。

贷款:客户在系统授权下完成借款。

购买基金:客户在系统中购买基金产品。

购买理财:客户在系统中根据个人的风险等级购买理财产品。

购买期货:客户在系统中购买期货产品。

购买外汇:客户在系统中购买外汇。

购买保险:客户在系统中购买保险产品。

购买证券:客户在系统中购买证券产品。

生活缴费:客户选择缴费品种和缴费所在的城市,并输入缴费号码完成水费、电费、燃气费等生活缴费。

话费充值:客户输入需要充值的电话号码和充值金额,在系统中完成缴费。

对以上用例进行分类,客户的功能主要包括投资理财、账户管理、支付缴费、转账汇款、信用卡管理、登录与安全验证等 6 大子系统。其顶级用例模型如图 4 - 15 所示。

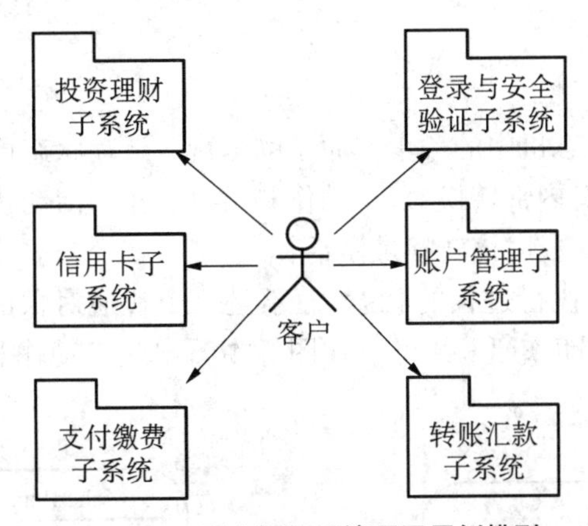

图 4-15　网上银行系统顶层用例模型

以投资理财子系统为例,根据确定出的投资理财相关用例后,将参与者和特定的用例联系起来,该子系统的用例模型如图 4-16 所示。

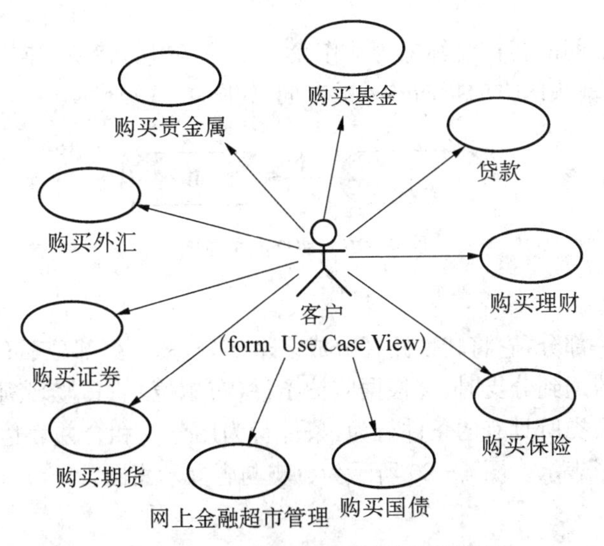

图 4-16　投资理财子系统的用例模型

4.3.2　活动图建模法

活动图是一种用于描述系统行为的模型视图,活动图可记录单个操作或方法的逻辑、单个用例或商业过程的逻辑流程。活动图是 UML 用于对系统的动态行为建模的图形工具之一,其实质上是一种流程图。

1. 活动图的组成

(1) 动作状态(活动)

动作是指执行不可中断的动作,并在此动作完成后通过完成转换转向另一个状态的状态。动作使用平滑的圆角矩形表示,动作状态所表示的动作写在圆角矩形内部,如图 4-17 所示。动作状态通常用于工作流执行过程中的步骤进行建模。在一张活动图中,动作状态运行在多处出现。不同动作状态和状态图中的状态不同,它不能有入口动作和出口动作,也不能有内部转移。

(2) 活动状态

活动状态用于表达状态机中的一个非原子的运行。活动状态可以分解成其他子活动或动作状态,活动状态可以有内部转换、入口动作和出口动作。活动状态具有至少一个输出完成转换,当状态中的活动完成时该转换被激活。

活动状态是一个程序执行过程的状态,而不是一个普通对象的状态。UML 活动状态的表示图标也是平滑的圆角矩形,并可以在图标中给出入口动作和出口动作等信息,如图4-18所示。

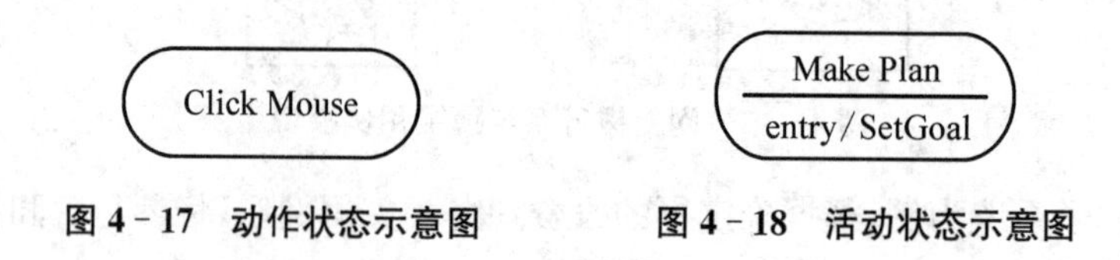

图 4-17 动作状态示意图　　图 4-18 活动状态示意图

(3) 动作流

所有动作状态之间的转换流称之为动作流。与状态图的转换相同,活动图的转换也用带箭头的直线表示,箭头的方向指向转入的方向,如图 4-19 所示。

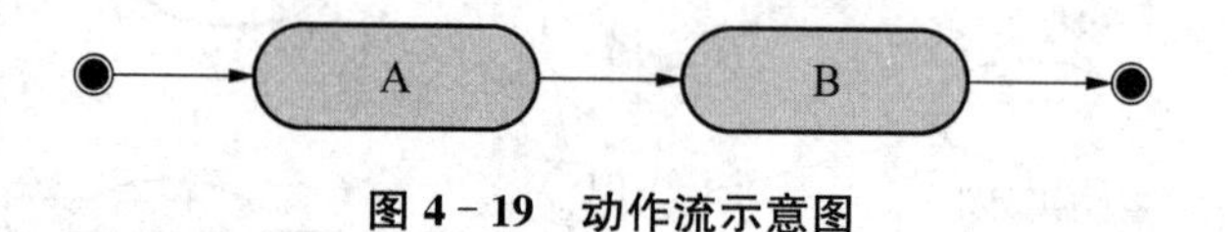

图 4-19 动作流示意图

(4) 分支与合并

分支是转换的一部分,它将转换路径分成多个部分,每一个部分都有单独的监护条件和不同结果。当动作流遇到分支时,会根据监护条件(布尔值)的真假来判定动作的流向。分支一般用于表示对象类所具有的条件行为,条件行为用分支和合并表达。在活动图中分支与合并用空心小菱形表示。图 4-20 所示为分支与合并示意图。

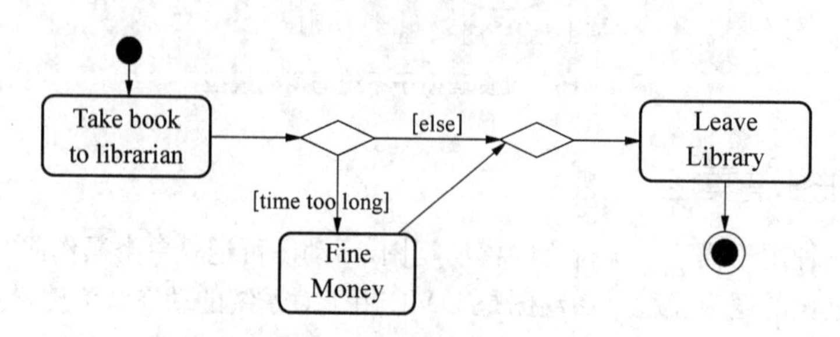

图 4-20 分支与合并示意图

一个分支有一个入转换和两个带条件的出转换,出转换的条件应当是互斥的,这样可以保证只有一条出转换能够被触发。

合并指的是两个或多个控制路径在此汇合的情况。一个合并有两个带条件的入转换和一个出转换,合并表示从对应的分支开始的条件行为的结束。因此,合并与分支常常成对使用。

(5) 分叉与汇合

分叉用于将动作流分为两个或者多个并发运行的分支，而汇合则用于同步这些并发分支，以达到共同完成一项事务的目的。

分叉可以用来描述并发线程，每个分叉可以有一个输入转换和两个或多个输出转换，每个转换都可以是独立的控制流。

汇合代表两个或多个并发控制流同步发生，当所有的控制流都达到汇合点后，控制才能继续往下进行。每个汇合可以有两个或多个输入转换和一个输出转换。

分叉和汇合都使用加粗的水平线段表示。如图 4－21 所示为一个简单的带分叉和汇合的示意图。

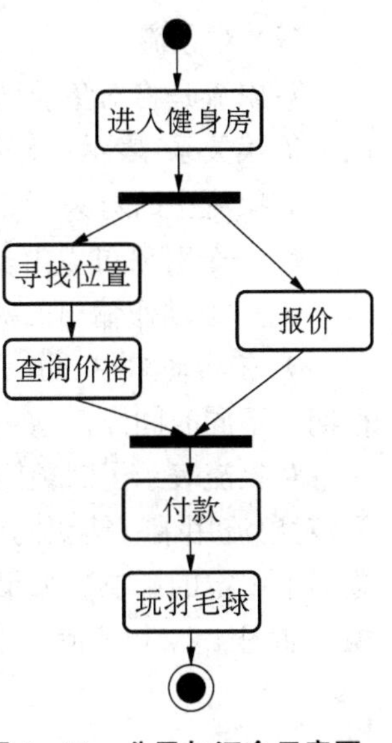

图 4－21　分叉与汇合示意图

(6) 泳道(Swimlane)

泳道是指将活动图中的活动划分为若干组，并把每一组指定给负责这组活动的业务组织(即对象)。每个泳道代表了特定含义的状态职责的部分，泳道区分了负责活动的对象，明确地表示了哪些活动是由哪些对象进行的。在活动图中，每个活动只能明确地属于一个泳道。

泳道用垂直实线绘出，垂直线分隔的区域就是泳道。在泳道上方可以给出泳道的名字或对象(对象类)的名字，该对象(对象类)负责泳道内的全部活动。

泳道没有顺序，不同泳道中的活动既可以顺序进行也可以并发进行，动作流和对象流允许穿越分隔线。如图 4－22 所示为泳道示意图。

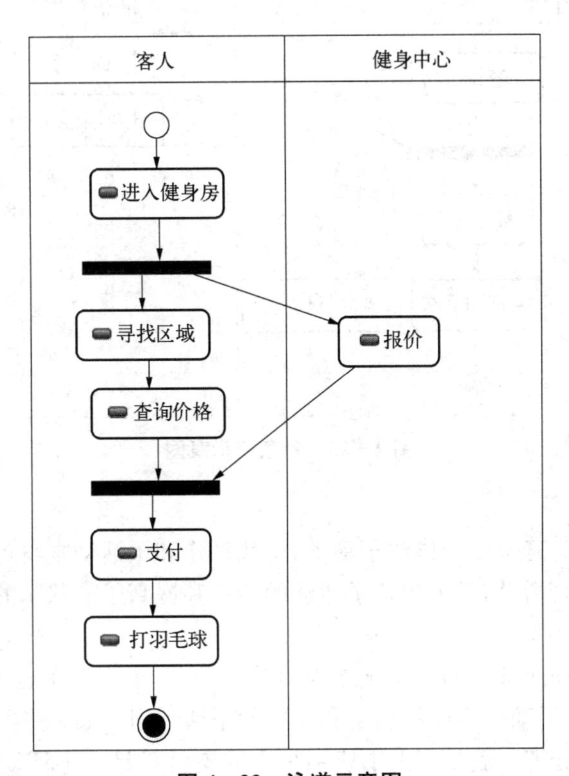

图 4－22　泳道示意图

(7) 对象流

对象流是将对象流状态作为输入或输出的控制流，是动作状态或者活动状态与对象之间的依赖关系，表示动作使用对象或者动作对对象的影响。

对象流中的对象特点：

- 一个对象可以由多个动作操纵。
- 一个动作输出的对象可以作为另一个动作输入的对象。
- 在活动图中，同一个对象可以多次出现，它的每一次出现表明该对象正处于对象生存期的不同时间点。

对象流表示了对象间彼此操作与转换的关系。为了在活动图中把他们与普通转换区分开，对象流用带有箭头的虚线表示。如果箭头从动作状态出发指向对象，则表示动作对对象施加了一定的影响。如果箭头从对象指向动作状态，则表示该动作使用对象流所指向的对象。如图 4-23 所示为对象流示意图。

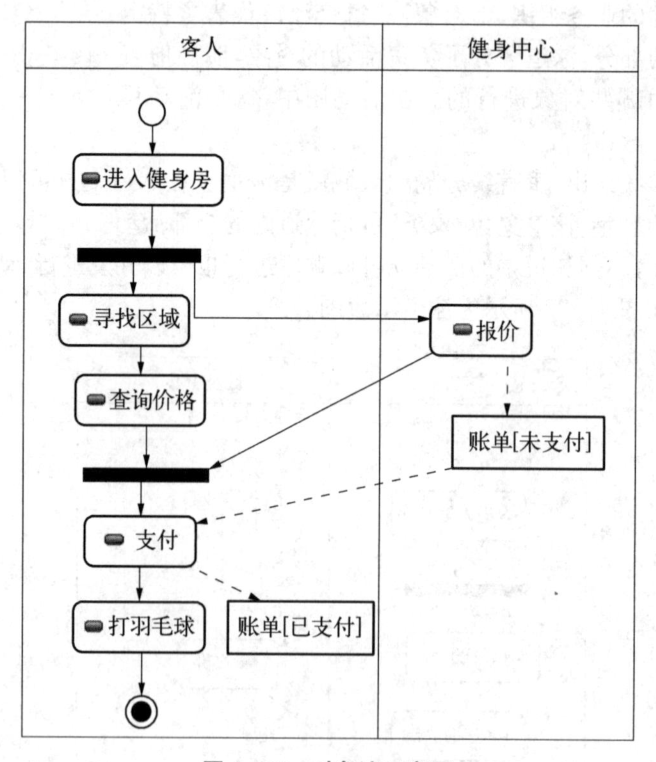

图 4-23 对象流示意图

(8) 活动的分解

一个活动可以分为若干个动作或子活动，这些动作和子活动本身可以组成一个活动图。这样的活动称之为组合活动，一个包含子活动的活动和嵌套了子状态的组合状态类似，概念上也相对统一。

一个不含内嵌活动或动作的活动称之为简单活动；一个嵌套了若干活动或动作的活动称之为组合活动，组合活动有自己的名字和相应的子活动图。如果一些活动状态比较复杂，就可以将该活动进行分解。例如网上书店系统中的支付只是一个活动状态，但支付却包含不同的情况。对于会员来说，可以打折后付款，而一般的顾客就需要全额付款。因此，将支付这个活动状态分解为两个活动。如图 4－24 所示。

注意，使用活动分解可以在一幅图中展示所有的工作流程细节，但是如果所展示的工作流程较为复杂，就会使活动图难以理解。因此，当流程复杂时也可将子图单独放在一个图中，然后使用活动状态来引用它。

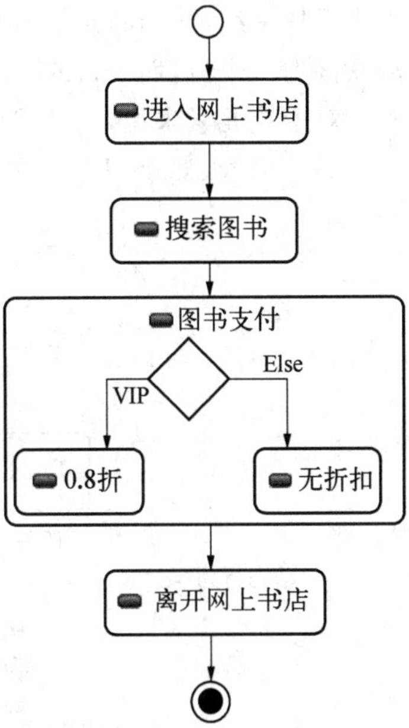

图 4－24　活动分解示意图

2. 活动图建模步骤

活动图建模的步骤如下：

（1）识别要对其工作流描述的类或对象。

（2）确定工作流的初始状态和终止状态，明确工作流的边界。

（3）对动作状态或活动状态建模。

（4）对动作流建模。

（5）对对象流建模。

（6）对建立的模型进行精化和细化。

4.3.3　BPMN 业务流程建模法

BPMI（The Business Process Management Initiative）开发了一套标准叫业务流程建模符号（BPMN，Business Process Modeling Notation），于 2004 年 5 月对外发布了 BPMN 1.0 规范。后来 BPMI 并入到 OMG 组织，OMG 于 2011 年推出 BPMN 2.0 标准，对 BPMN 进行了重新定义（Business Process Model and Notation）。BPMN 的主要目标是提供一些被所有业务用户容易理解的符号，BPMN 2.0 是被 BPM 工业接受的一个标准而被广泛地使用，支持从创建流程轮廓的业务分析到这些流程的最终实现，直到最终用户的管理监控。

根据 BPMN 标准文档（http://www.omg.org/spec/BPMN/2.0）的描述，BPMN 的模型由流对象（Flow Objects）、连接对象（Connecting Objects）、数据（Data）、泳道（Swimlane）、工件（Artifacts）5 大类元素组成。图 4－25 提供了一个 BPMN 基本元素的图标记描述，可以看出 BPMN 由描述动态行为和静态组织结构元素组成，动态行为元素主要包括对象（Objects）、序列流（Sequence Flows）和消息流（Message Flows），而静态组织结构元素包括泳道（Lane）和池（Pool）。动态行为元素中，Object 可以是一个事件（Event）、活动（Activity）或者网关（Gateway）。一个事件可能标识着过程的开始（Start Event）和结束（End Event），也可能出现在过程中间（Intermediate Event）。一个活动可以是一个任务（Task）或者一个子过程（Subprocess）。其中任务表示原子活动，代表需要执行的工作。一个子过程表示为其他活动过程的复合活动，它往往作为一个独立的子过程嵌入到整个协作过程中。因此一个嵌入式子过程是一个过程的一部分。同样，一个活动可能有一些附加的行为属性，如循环 Looping 和平行 Multiple Instances。

值得注意的是网关被定义为路由结构。其中平行分支网关（And-fork）用于创建并行（Sequence）流，并行联接网关（And-join）为同步并发流，而 Data/Event-based XOR 决策网关用于从一组 Exclusive 替代流中选择一个。XOR merge 网关是指将一组 Exclusive 替换流联接为一个流，而 Inclusive OR 决策网关（Or-fork）表示从所有的输出流中选择任意个分支。对于流元素来说，一个 Sequence Flow 在过程图中连接两个对象，并表示一个控制流关系。而一个 Message Flow 用于捕获两个过程之间的交互。

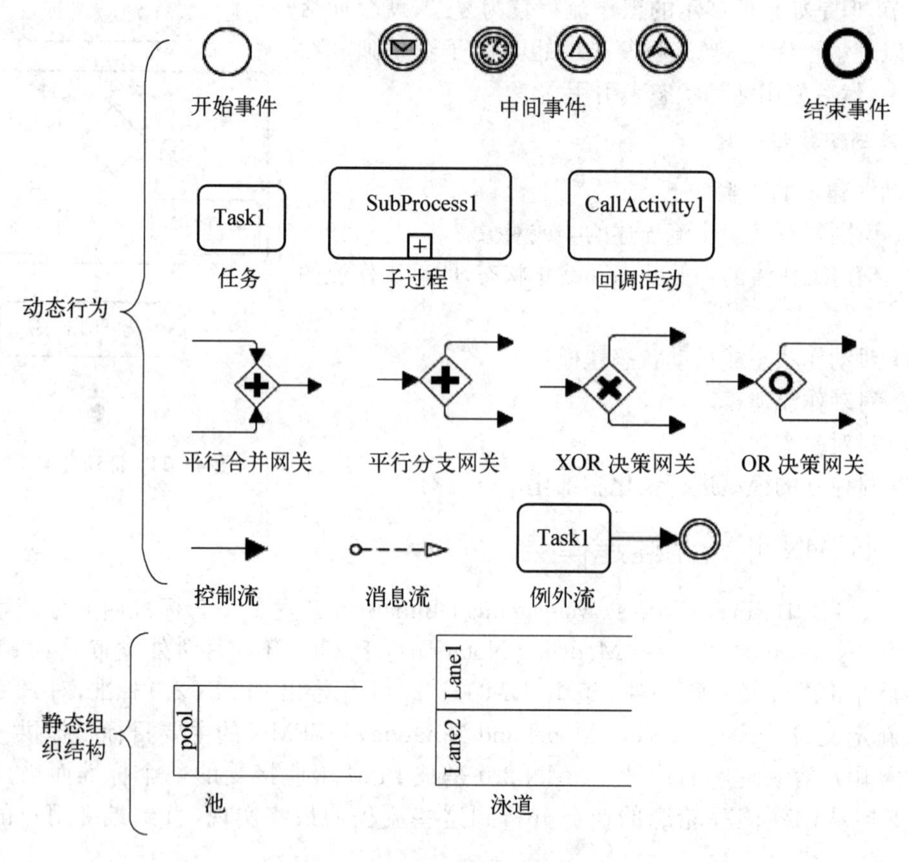

图 4-25 基本的 BPMN 模型元素

总之，BPMN 模型可通过流、事件、活动和结果来描述业务过程，通过网关来表示业务决策和分叉点，用泳道来组织和分类不同的活动。每个业务过程中的活动还可以细化为一个子过程，能够更为细致的标识和描述更多的业务服务细节。因此 BPMN 模型包括内部业务过程和外部业务协作流程。其中内部业务过程代表实现一个业务目标的活动顺序，如图 4-26 所示；而外部交互协作流程代表不同参与者之间的交互细节，如图 4-27 所示。由此可见，BPMN 模型可以在业务过程设计和执行之间建立起一个“桥梁”，使得软件分析师和 SOA 体系结构架构师能够根据终端用户的需求定义业务服务。

从图 4-27 可见，该模型中的流信息包括了控制流（实线箭头）和消息流（虚线箭头），其中控制流描述了业务系统中每个参与者用户的业务流程信息，而消息流描述了参与者之间的协作交互细节。因此，利用 BPMN 业务流程模型可描述和刻画业务系统完整的业务流细节。

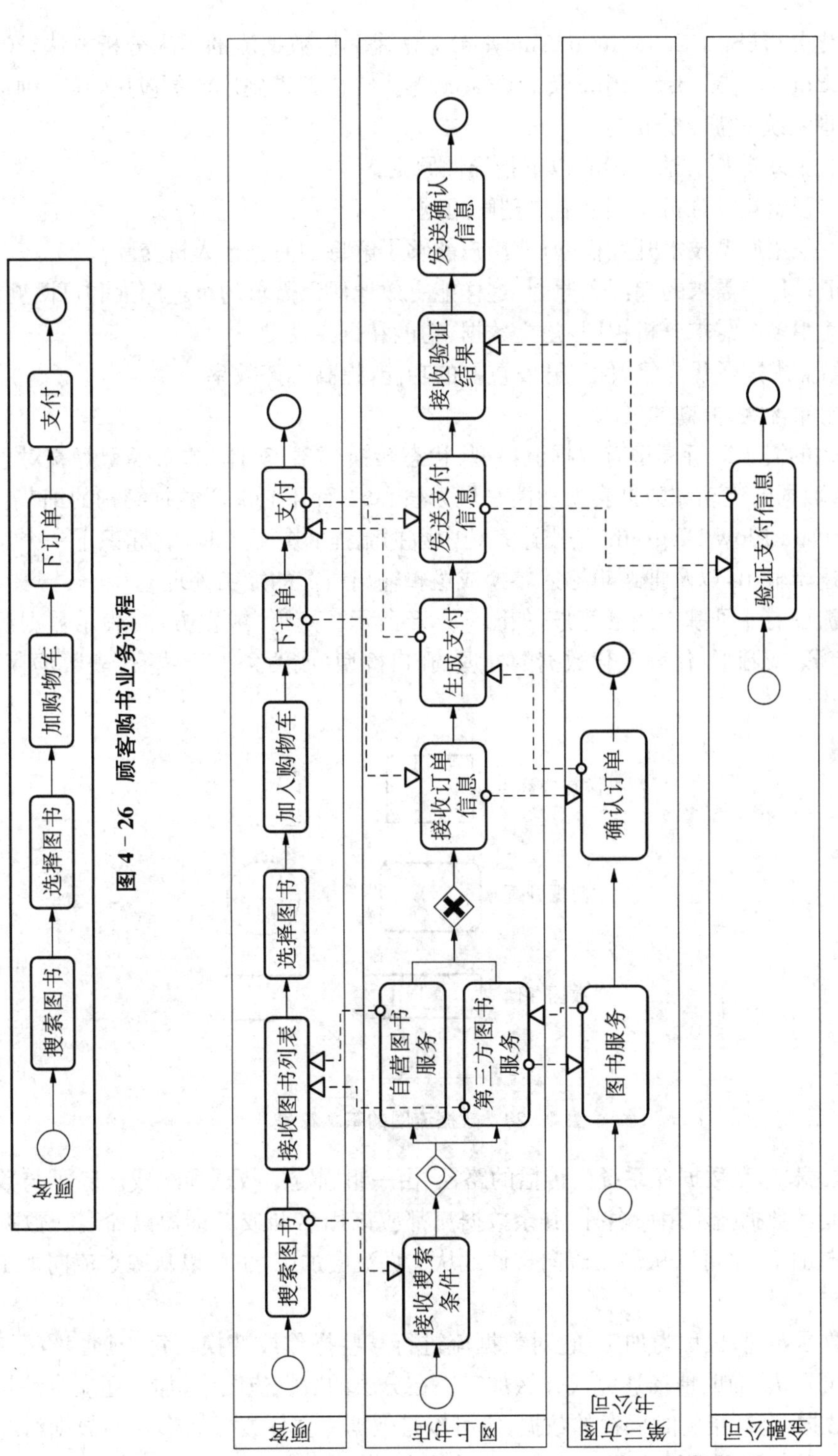

图4-26 顾客购书业务过程

图4-27 顾客购物协作业务流程

4.3.4 面向数据流的建模法

结构化分析(SA, Structured Analysis)方法是面向数据流的需求分析方法,20 世纪 70 年代末由 Yourdon、Constaintine 及 DeMarco 等人提出并得到广泛的应用,是一种适用于大型数据处理系统的需求分析方法。

结构化需求分析方法一般有以下指导性原则:

(1) 在开始建立分析模型之前先理解问题。

(2) 可采用原型技术开发模型,使用户能够了解将如何进行人机交互。

(3) 记录每个需求的起源和原因,这样能有效地保证需求的可追踪性和可回溯性。

(4) 使用多个需求分析视图,建立数据、功能和行为模型。

(5) 给需求赋予优先级,优先开发重要的功能,提高生产效率。

(6) 删除含糊、模糊的需求。

结构化的需求分析模型有数据流模型、状态转换模型、实体-关系模型等。对于数据流模型来说,数据的流动和数据转换功能是最为核心的,而不必关心数据结构的细节。数据流图(DFD, Data Flow Diagram)是描述系统中数据流程的图形工具,它标识了一个系统的逻辑输入和逻辑输出,以及把逻辑输入转换成逻辑输出所需的加工处理。

数据流图有 4 种基本图形符号,如图 4-28 所示。矩形(或立方体)表示数据源点或终点;圆角矩形(或圆形)代表变化数据的处理;开口裤型(或两条平行线)代表数据存储;箭头表示数据流。

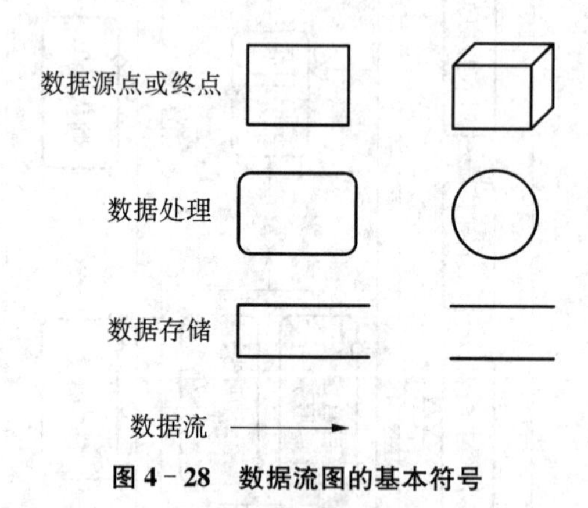

图 4-28 数据流图的基本符号

(1) 数据流,是数据在系统内传播的路径,由一组固定的数据项组成。除了与数据存储(文件)之间的数据流不用命名外,其余数据流都应该用名词或名词短语命名。数据流可以从加工流向加工,也可以从加工流向文件或从文件流向加工,也可以从源点流向加工或从加工流向终点。

(2) 数据处理,也称为加工,它对数据流进行某些操作或变换。每个加工也要有名字,通常是动词短语,简明地描述完成什么加工。在分层的数据流图中,加工还应有编号。

(3) 数据存储,指暂时保存的数据,它可以是数据库文件或任何形式的数据组织。流向数据存储的数据流可理解为写入文件或查询文件,从数据存储流出的数据可理解为从文件读数据或得到查询结果。

(4) 数据源点和终点，是软件系统外部环境中的实体(包括人员、组织或其他软件系统)，统称为外部实体。一般只出现在数据流图的顶层图中。

数据流图的基本要点是描绘“做什么”，而不考虑“怎样做”。通常，数据流图要忽略出错处理，也不包括诸如打开和关闭文件之类的内部处理。

应用数据流图进行需求建模的步骤如下：

(1) 首先确定外部实体及输入、输出数据流(数据源点、数据终点、数据流)。

(2) 再分解顶层的加工(处理)。

(3) 确定所使用的文件(数据存储)。

(4) 用数据流将各部分连接起来，形成数据封闭。

特别要注意的是，数据流图不是传统的流程图或框图，数据流也不是控制流。数据流图是从数据的角度来描述一个系统，而框图则是从对数据进行加工的工作人员的角度来描述系统。数据流图中的箭头是数据流，而框图中的箭头则是控制流，控制流表达的是程序执行的次序。

以个人网上银行系统为例，该系统的数据流模型建模如下：

(1) 外部实体：顾客、银行系统、银联中心、中国人民银行数据中心。

(2) 数据流：转账事务、查询事务、基金事务、充值事务等。

(3) 数据存储：用户、账户信息、转账记录、消费记录、基金记录等。

(4) 处理：转账、查询账户、查询基金、购买基金、充值等。

根据以上的分析结果，图4-29所示为个人网上银行系统的顶层数据流图模型。

图4-29 个人网上银行系统基本模型的数据流图

基本模型的数据流图非常抽象，因此需要把基本功能细化，描绘出系统的主要功能。因此，可以分事务对基本模型进行求精。以转账事务为例，图4-30显示了个人网上银行系统转账事务的数据流图模型。可以看出转账事务涉及“顾客”和“银行”两个实体，顾客的转账可以分为“登录”“转账”“产生转账记录”三个主要功能，同时涉及“顾客信息”“账户信息”两个数据存储，并对应“验证信息”“转账事务”“转账记录”三个数据流。

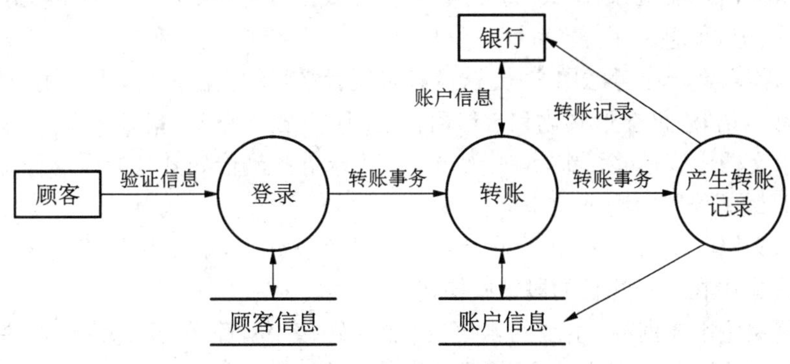

图4-30 转账事务数据流图

由于在需求阶段的模型主要用于与用户进行交互,在此处涉及的数据交互还不应太细,关于数据流图的逐步求精和逐步细化的过程可在软件设计环节进行。

4.4 软件需求的规格说明

4.4.1 软件需求规格说明的作用

软件需求规格说明(SRS,Software Requirement Specification)是描述需求的重要文档,是软件需求分析工作的主要成果。应着重反映软件的功能需求、性能需求、外部接口、数据流程等多方面的内容。不仅在软件开发过程中,而且在软件整个运行和维护阶段都起着重要的作用。因此,软件需求规格说明精确地阐述一个软件系统必须提供的功能和性能以及它所要考虑的限制条件,它是所有后续的项目规划、设计和编码的基础,也是系统测试和用户文档的基础。

在需求开发过程中,客户和开发人员对于所要开发的产品达成共识,并编写形成相关的需求文档。该文档需要满足必要的质量特性,并经过项目相关人员的评审之后,最终确定形成软件需求的基线。软件需求规格说明具有广泛的使用范围,并成为客户、市场销售人员、项目管理人员、开发人员、测试人员和产品发布人员等之间进行理解和交流的手段。因此,软件需求规格说明在开发过程中对以下人员的重要性体现如下:

- 客户、市场人员和销售人员通过该文档指定需求,检查需求描述是否满足原来的期望。
- 项目管理人员可以利用它规划软件开发过程,更加准确地估计开发进度和成本,控制需求的变更过程,并将其作为最后验收目标系统的可测试标准。
- 开发人员通过需求规格说明文档了解软件需要开发的内容,并将其作为软件设计的基本出发点。
- 测试人员根据软件需求规格说明中对产品行为的描述,制定测试计划、测试用例和测试过程。
- 产品发布人员根据软件需求规格说明和用户界面设计编写用户手册和帮助信息等。

4.4.2 编写需求文档的原则

(1) 需求文档只描述“做什么”而无须描述“怎么做”,不应该包括设计和实现的细节、项目计划信息和测试信息。

(2) 编写需求文档应考虑用户、分析员和实现者之间的交流需要,采用用户的术语而不是计算机专业术语,应该在形式化和自然语言之间进行适当的选择。

(3) 需求文档应该足够详细,编写人员应该力求寻找到恰如其分的需求详细程度,一个有益的原则是编写可单独测试的需求。

(4) 需求文档应使用语法、拼写和标点正确的完整句子,语句和段落应该简单明了,避免把多个需求集中在一个冗长的段落中描述。

(5) 应避免使用模糊的、主观的术语,诸如友好、容易、简单、迅速、有效、许多、最新技术、可接受的、至少、最小、提高等,这将导致需求无法验证。

(6) 应该使用列表、数字、图和表来表示信息，这样可以使需求文档便于阅读。

4.4.3 软件需求规格说明模板

按照 GB/T 9385-1988《计算机软件需求说明编制指南》的要求，需求规格说明书的主要内容如以下模板所示。

软件需求说明书

来源：国家计算机标准和文件模板　作者：

软件需求说明书的编制是为了使用户和软件开发者双方对该软件的初始规定有一个共同的理解，使之成为整个开发工作的基础。编制软件需求说明书的内容要求如下：

1 **引言**

1.1 编写目的

说明编写这份软件需求说明书的目的，指出预期的读者。

1.2 背景

说明：

a. 待开发的软件系统的名称；

b. 本项目的任务提出者、开发者、用户及实现该软件的计算中心或计算机网络；

c. 该软件系统同其他系统或其他机构之间相互来往的关系。

1.3 定义

列出本文件中用到的专门术语的定义和外文首字母组词的原词组。

1.4 参考资料

列出用得着的参考资料，如：

a. 本项目的经核准的计划任务书或合同、上级机关的批文；

b. 属于本项目的其他已发表的文件；

c. 本文件中各处引用的文件、资料，包括所要用到的软件开发标准。列出这些文件资料的标题、文件编号、发表日期和出版单位，说明能够得到这些文件资料的来源。

2 **任务概述**

2.1 目标

描述该项软件开发的意图、应用目标、作用范围以及其他应向读者说明的有关该软件开发的背景材料。解释被开发软件与其他有关软件之间的关系。如果本软件产品是一项独立的软件，而且全部内容自含，则说明这一点。如果所定义的产品是一个更大的系统的一个组成部分，则应说明本产品与该系统中其他各组成部分之间的关系，为此可使用一张方框图来说明该系统的组成和本产品同其他各部分的联系和接口。

2.2 用户的特点

列出本软件的最终用户的特点，充分说明操作人员、维护人员的教育水平和技术专长，以及本软件的预期使用频度。这些是软件设计工作的重要约束。

2.3 假定和约束

列出进行本软件开发工作的假定和约束，例如经费限制、开发期限等。

3 需求规定

3.1 对功能的规定

用列表的方式(例如 IPO 表即输入、处理、输出表的形式),逐项定量和定性地叙述对软件所提出的功能要求,说明输入什么量、经怎样的处理、得到什么输出,说明软件应支持的终端数和应支持的并行操作的用户数。

3.2 对性能的规定

3.2.1 精度

说明对该软件的输入、输出数据精度的要求,可能包括传输过程中的精度。

3.2.2 时间特性要求

说明对于该软件的时间特性要求,如对:

a. 响应时间;

b. 更新处理时间;

c. 数据的转换和传送时间;

d. 解题时间等的要求。

3.2.3 灵活性

说明对该软件的灵活性的要求,即当需求发生某些变化时,该软件对这些变化的适应能力,如:

a. 操作方式上的变化;

b. 运行环境的变化;

c. 同其他软件的接口的变化;

d. 精度和有效时限的变化;

e. 计划的变化或改进。

对于为了提供这些灵活性而进行的专门设计的部分应该加以标明。

3.3 输入输出要求

解释各输入输出数据类型,并逐项说明其媒体、格式、数值范围、精度等。对软件的数据输出及必须标明的控制输出量进行解释并举例,包括对应拷贝报告(正常结果输出、状态输出及异常输出)以及图形或显示报告的描述。

3.4 数据管理能力要求

说明需要管理的文卷和记录的个数、表和文卷的大小规模,要按可预见的增长对数据及其分量的存储要求做出估算。

3.5 故障处理要求

列出可能的软件、硬件故障以及对各项性能而言所产生的后果和对故障处理的要求。

3.6 其他专门要求

如用户单位对安全保密的要求,对使用方便的要求,对可维护性、可补充性、易读性、可靠性、运行环境可转换性的特殊要求等。

4 运行环境规定

4.1 设备

列出运行该软件所需要的硬设备。说明其中的新型设备及其专门功能,包括:

a. 处理器型号及内存容量；
b. 外存容量、联机或脱机、媒体及其存储格式，设备的型号及数量；
c. 输入及输出设备的型号和数量，联机或脱机；
d. 数据通信设备的型号和数量；
e. 功能键及其他专用硬件。
4.2 支持软件
列出支持软件，包括要用到的操作系统、编译(或汇编)程序、测试支持软件等。
4.3 接口
说明该软件同其他软件之间的接口、数据通信协议等。
4.4 控制
说明控制该软件的运行的方法和控制信号，并说明这些控制信号的来源。

4.5 需求验证

优秀的需求规格说明应该准确地、完整地表达软件需求，其中的需求描述应该易于理解，并且在测试和验证时不会出现二义性和不可验证的问题。虽然不存在十全十美的需求规格说明，但只要在编写需求文档时始终记住其质量特性，则会产生优秀的需求文档，为后续的软件开发工作打下良好的基础。

在单个需求描述方面，需求文档的质量特性包括正确性、完整性、无二义性、一致性和可验证性等。

1. 正确性

正确性是指需求规格说明对系统功能、行为、性能等的描述，必须与用户的期望相吻合，代表了用户的真正需求。

[举例 1] 下面的需求描述正确吗？

在用户每次存钱的时候系统将进行信用检查。

分析：在现实情况中，用户存钱时并不需要信用检查，因此这个需求描述是错误的。

2. 无二义性

无二义性是指需求规格说明中的描述对所有人都只能有一种明确统一的解释。由于自然语言极易导致二义性，所以应尽量把每项需求用简洁明了的用户语言表达出来。

[举例 2]下面的需求描述是无歧义的吗？

如果用户试图透支，系统将采取适当的行动。

分析："适当的行动"对不同的人来说有不同的解释，显然是歧义的。

改正：如果用户试图透支，系统将显示错误信息并拒绝取款操作。

3. 完整性

完整性是指每一项需求必须完整地描述即将交付使用的功能。需求遗漏问题很难被发现，需求规格说明应该包括软件要完成的全部任务，不能遗漏任何必要的需求信息，注重用户的任务而不是系统的功能将有助于避免不完整性。如果知道缺少某项信息，可用"待定"

作为标准标识来识别这项缺漏。对于所有“待定”项，应当首先描述造成“待定”情况的条件，再描述必须做哪些事才能解决问题。

4. 可验证性

可验证性是指需求规格说明中描述的需求都可以运用一些可行的手段对其进行验证和确认。对于每一个需求项，需要指定所使用的方法进行合格性检查，以确保需求得到满足。其合格性检查方法包括对系统的功能进行检查，使用测试工具来测试软件系统，对测试结果的数据进行归纳、解释和推断，对软件系统的代码、文档进行审查，以及采用特殊的手段进行检查。

[举例 3]下面的需求描述是否可验证？

系统应尽快响应所有有效的请求。

分析：“尽快”是不可验证的，应该给出具体数量值。

改正：系统将在 20 秒内响应所有有效的请求。

5. 一致性

一致性是指需求规格说明对各种需求的描述不能存在矛盾，如术语使用冲突、功能和行为特性方面的矛盾以及时序上的不一致等。所以，一致性要求需求不会与同一类型的其他需求或更高层次的业务、系统或用户需求发生冲突。必须在开发前解决需求不一致的问题。为了保持需求的一致性，必须反复检查在不同视图的需求模型中的需求描述，一旦发现不一致，需要寻找其根本原因，并和用户进行有效的沟通，并做出决策，从而消除需求不一致的问题。

[举例 4]下面的需求描述是否有矛盾？

(1) 系统允许立即使用所存资金。

(2) 只有在手工验证所存资金后，系统才能允许使用。

分析：“立即使用”与“手工验证”是相矛盾的，应该对同一功能描述进行统一。

改正：经过验证后的所存资金，系统允许使用。

[举例 5]下面的两个需求描述是否有矛盾？

(1) 所有命令的响应时间应小于 0.1 s。

(2) BUILD 命令的响应时间应小于 0.5 s。

分析：所有命令中必然会包括 BUILD 命令，因此这两个需求描述是矛盾的。

改正：可以去掉需求描述(2)。

6. 可修改性

需求会随着技术的发展、环境的变化等方面产生变更。可修改性是指需求规格说明的格式和组织方式应保证后续的修改能够比较容易和协调一致。我们可以使用软件工具或者目录表、索引和相互参照列表等方法使软件需求规格说明更容易修改。能够对需求规格说明做必须的修订，并可以为每项变更需求维护其修改记录。因此，这需要对每项需求进行唯一标识，与其他需求分开表述，从而实现需求的唯一性。在需求规格说明中，每一个需求标识只能出现一次，每个需求项应尽量独立，使其在修改某项需求时不会影响到其他需求项。

7. 可追踪性

每项需求应该是可追踪的，都可以追溯到其来源，它对应的设计单元、实现它的源代码以及用于验证其是否被正确实现的测试用例。需求的可追踪性可用软件需求项的唯一标识符来进行追踪。

在对设计和编码文档进行审查时,需要追踪每一个程序模块与需求的对应,以查实是否每一个设计都能对应到一个需求,或每一个需求都得到设计和实现;同样,在需求变更时可以知道哪些设计受到了影响。此外,当用户需求变更时,也可以立刻知道,哪些软件需求必须改变。

4.6 需求管理

软件需求的最大问题在于难以清楚确定以及不断发生变化,这也是软件开发之所以困难的主要根源,因此有效地管理需求是项目成功的基础。在软件过程能力成熟度模型(CMM, Capability Maturity Model)中,需求管理作为CMM二级所应达到的目标能力之一,其目的在于把软件需求建立一个基线供软件工程和管理使用,并使软件计划、产品和活动与其保持一致。

需求管理是在软件开发过程中维护需求规格说明的完整性、准确性以及保持需求文档是最新版本的所有活动,如图4-31所示。需求管理中每部分活动的作用包括:

(1) 变更控制,控制对需求基线的变更。

(2) 版本控制,控制单项需求与需求文档的版本。

(3) 需求跟踪,管理单项需求与其他项目工作制品之间的逻辑联系链。

(4) 需求状态跟踪,跟踪基线中需求的状态。

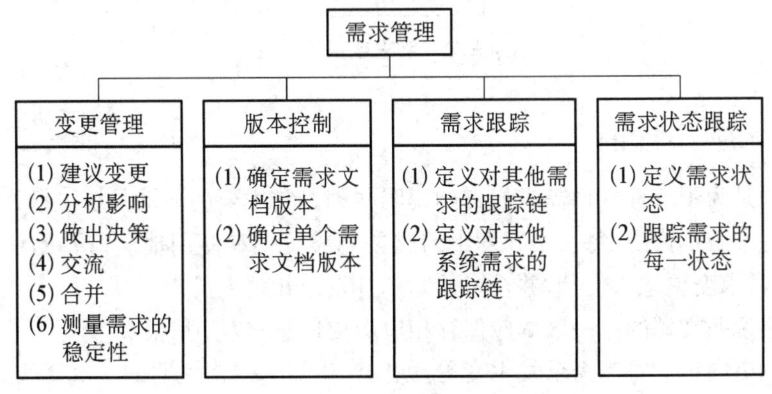

图4-31 需求管理的主要活动

4.6.1 需求变更管理

对于软件项目来说,需求的变更是合理的,且是不可避免的,业务过程、市场机会、产品竞争以及软件技术在系统开发期间都是变化的,管理层也会在项目开发过程中对项目做出适当调整。因此,必须在项目进度表中对必要的需求变更留有余地。但是如果不控制这种变更将会导致项目陷入混乱、不能按进度执行或软件质量低劣等问题。因此,应该按照规范的管理过程控制和实施需求变更。

软件开发项目组可以成立一个变更控制委员会,该委员会可以由一个小组担任,也可由多个不同组的成员组成。该委员会负责做出决策，批准和实施已提交的需求变更请求。在软件配置管理活动中，变更控制委员会对项目中任何基线工作产品的变更都可做出决定，需求变更文档仅是其中之一。该委员会的主要工作包括：① 制定决策；② 交流情况，一旦变更委员会做出决策时，应及时更新变更数据库中请求的状态，并通知所有相关人员，以保证他们能充分处理变更；③ 重新协商约定。变更往往需要付出代价，当软件开发组接受了重要的需求变更时，要与管理部门和客户重新协商约定。协商的内容包括推迟项目交接的时间、要求增加人手、推迟实现尚未实现的低优先级需求，或者在质量上进行折中。

在处理需求变更时，所有的需求变更都需要提交变更申请，由变更控制委员会评估其变更影响，如果变更控制委员会同意了变更请求，则协调所有相关人员实施变更，并验证变更的结果是否与预期的结果相符，如果结果相符，则变更结束；如果结果不相符，则继续实施变更。当然在变更过程中如果出现多次变更后导致软件系统出现较大风险，也可以取消本次变更。其需求变更的步骤如图 4-32 所示。

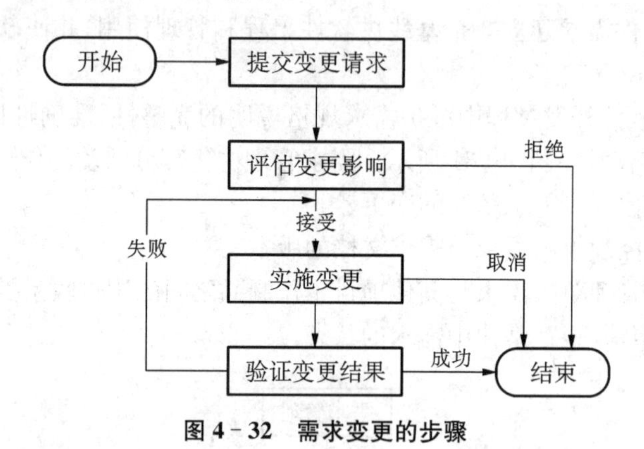

图 4-32　需求变更的步骤

4.6.2　需求版本控制

版本控制是为了管理软件需求规格的说明文档。它主要的活动是统一标识需求规格说明文档的每一个版本，并让每一个开发组的成员能够获得和使用他所需要的任一版本。同时，把每一个需求变更记入文档，并及时通知到开发组相关人员。

需求规格说明文档的每一版本应保存相应历史信息，包括版本号、变更日期、变更人员、变更原因和变更内容。每当需求发生变更，就应产生需求规格说明的一次修改。

版本控制最简单的方法是根据约定，手工标记软件需求规格说明的每一次修改。因此，版本号管理策略可采用：X.X.X.[Y]。

第一位 X：主版本号

当项目进行了重大修改或局部修改累计较多，而导致项目整体发生全局变化时，主版本号加 1，其他位归 0。

第二位 X：次版本号

当项目在原有的基础上增加了重要新功能时，主版本号不变，子版本号加 1，修正版本号归 0。

第三位 X：修正版本号

当项目进行了局部修改或Bug修正时，主版本号和次版本号不变，修正版本号加1。

第四位Y：

a) 当服务端或H5(不涉及客户端)进行发版时，在当前三位版本号的基础上启用第四位，例如1.2.3.1。

b) 当客户端进行紧急Bug修复时，启用第四位。

当然，软件项目中也可以采用固定版本号方式来进行版本管理，如版本号以本周固定时间点设定，未来的版本号以此类推。不管本周有没有发版都需要设定一个版本号。

如果采用软件配置工具中的版本控制工具来管理需求规格说明文档，可以自动建立文档的版本树，标识文档的演化情况。这种工具能根据开发人员的存取权限，把文档的任一版本提供给开发人员使用，同时可提供一个日志记录。

4.6.3 需求跟踪

需求跟踪帮助人们全面地分析变更带来的影响，从而做出正确的变更决策。需求跟踪包括编制每个需求同系统元素之间的联系文档，这些元素包括别的需求、体系结构、其他设计部件、源代码模块、测试、帮助文件、文档等，从而建立了需求的跟踪联系链或需求跟踪矩阵。

(1) 需求跟踪链

通过需求跟踪链，可以在整个软件生存周期中跟踪一个需求的使用和更新情况。良好的需求跟踪能力是优秀需求规格说明的一个特征。为了实现可跟踪的能力，必须统一标识出每一个需求，以便能明确地进行查询。

图4-33说明了四类需求跟踪能力链。客户需求可向前追溯到需求，这样就能区分出开发过程中或开发结束后由于需求变更而受到影响的需求。这也确保了需求规格说明书包括所有客户需求。同样，可以从变更中回溯相应的客户需求，确认每个软件需求的源头。如果用使用实例的形式来描述客户需求，图的上半部分就是使用实例和功能性需求之间的跟踪情况。图4-33的下半部分指出：由于开发过程中系统需求转变为软件需求、设计、编写等，所以通过定义单个需求和特定的产品元素之间的(联系)链可从需求向前追溯。这种联系链使分析人员知道每个需求对应的产品部件，从而确保产品部件满足每个需求。第四类联系链是从产品部件回溯到需求，使分析人员知道每个部件存在的原因。绝大多数项目不包括与用户需求直接相关的代码，但对于开发者却要知道为什么写这一行代码。如果不能把设计元素、代码段或测试回溯到一个需求，可能存在一个“画蛇添足的程序”。然而，若这些孤立的元素表明了一个正当的功能，则说明需求规格说明书漏掉了一项需求。

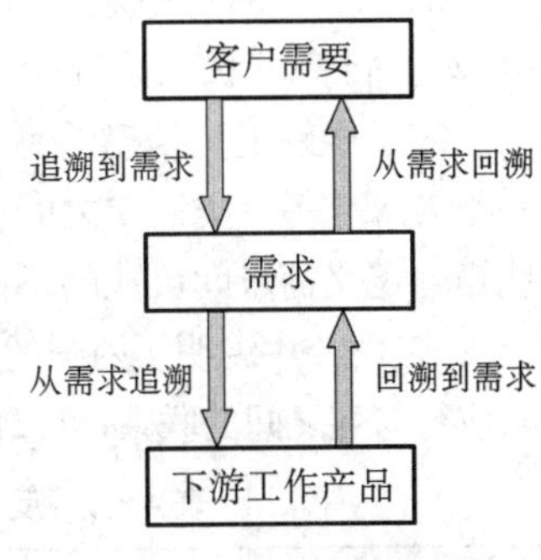

图4-33 需求跟踪能力链

跟踪能力联系链记录了单个需求之间的父层、互连、依赖的关系。当某个需求变更(被删除或修改)后，这种信息能够确保正确的变更传播，并将相应的任务做出正确的调整。一个项目不必拥有所有种类的跟踪能力联系链，要根据具体的情况调整。

(2) 需求跟踪矩阵

表示需求和别的系统元素之间的联系链的最普遍方式是使用需求跟踪能力矩阵。表4-3

展示了这种矩阵，这是一个"化学制品跟踪系统"实例的跟踪能力矩阵的一部分。这个表说明了每个功能性需求向后连接一个特定的使用实例，向前连接一个或多个设计、代码和测试元素。设计元素可以是模型中的对象，例如数据流图、关系数据模型中的表单或对象类。代码参考可以是类中的方法、源代码文件名、过程或函数。加上更多的列项就可以拓展到与其他工作产品的关联，例如在线帮助文档。包括越多的细节就越花时间，但同时也很容易得到相关联的软件元素，在做变更影响分析和维护时就可以节省时间。

表 4-3　一种需求跟踪能力矩阵

用　例	功能需求量	设计元素	代　码	测试实例
UC-28	Catalog.query.sort	Class Catalog	Catalog.sort()	Search.7 Search.8
UC-29	catalog.query.import	Class catalog	Catalog.import() Catalog.validate()	Search.8 Search.13 Search.14

跟踪能力联系链可以定义各种系统元素类型间的一对一、一对多、多对多关系。表 4-3 中允许在一个表单元中填入几个元素来实现这些特征。

一对一，一个代码模块应用一个设计元素。一对多，多个测试实例验证一个功能需求。多对多，每个使用实例导致多个功能性需求，而一些功能性需求常拥有几个使用实例。手工创建需求跟踪能力矩阵是一个应该养成的习惯，即使对小项目也很有效。一旦确立使用实例基准，就准备在矩阵中添加每个使用实例演化的功能性需求。随着软件设计、构造、测试开发的进展不断更新矩阵。例如，在实现某一功能需求后，可以更新它在矩阵中的设计和代码单元，将需求状态设置为"已完成"。

表示跟踪能力信息的另一个方法是通过矩阵的集合，定义系统元素对间的联系链。例如：一类需求与另一类需求之间；同类中不同的需求之间；一类需求与测试实例之间。可以使用这些矩阵定义需求间可能的不同联系，例如：指定/被指定、依赖于、衍生为以及限制/被限制。

表 4-4 中说明了两维的跟踪能力矩阵。矩阵中绝大多数的单元是空的。每个单元指示相对应行与列之间的联系，可以使用不同的符号明确表示"追溯到"和"从… 回溯"或其他联系。

表 4-4　反映使用实例与功能需求之间联系的需求跟踪能力矩阵

功能需求	用例			
	UC-1	UC-2	UC-3	UC-4
FR-1	√			
FR-2	√			
FR-3			√	
FR-4			√	
FR-5		√		√
FR-6			√	

跟踪能力联系链只要有合适的信息都可以定义。表 4-5 定义了一些典型的知识源，即

关于不同种类,源和目标对象间的联系链。定义了可以为工程项目提供每种跟踪能力信息的角色和个人。

表4-5 跟踪能力联系链可能的信息源

链的源对象种类	链的目的对象种类	信息源
系统需求	软件需求	系统工程师
用例	功能性需求	需求分析员
功能性需求	功能性需求	需求分析员
功能性需求	软件体系结构元素	软件体系结构(设计)者
功能性需求	其他设计元素	开发者
设计元素	代码	开发者
功能性需求	测试实例	测试工程师

因此,当需求发生变化时,使用需求跟踪可以确保不忽略每个受到影响的系统元素,实现需求变更的正确实施,降低由此带给项目的风险等。

4.6.4 需求管理工具

手工进行需求管理很难保持文档和现实的一致,且无法跟踪需求的每个状态,特别是对大项目而言。因此,选用合适的需求管理工具可以在整个开发期间有效地管理需求的变动,并使用需求作为设计、测试和项目管理的基础。国内外几款需求管理工具如下(http://www.jianshu.com/p/347baf0fa7ba)。

(1) Rational Requisite Pro

IBM Rational Requisite Pro是一个强大、易用、集成的需求管理产品,能够帮助项目团队改进项目目标的沟通,增强协作开发,降低项目风险,以及在部署前提高应用程序的质量。它使用Microsoft Word文档和数据库这两种方式来存储并管理需求,使其兼有数据库的强大功能和Word的易用性,从而可实现更高效的需求管理。利用这些数据库,人们可以随需定制符合需求的包(文件夹),将需求信息组织起来,并且从Requisite Pro提供的可定制的各种视图以及过滤器中,来进行优先级划分、链接需求并跟踪变更。通过与Word的高级集成方式,为需求的定义和组织提供熟悉的环境。提供数据库与Word文档的实时同步能力,为需求的组织、集成和分析提供方便。支持需求详细属性的定制和过滤,以最大化各个需求的信息价值。提供了详细的可跟踪性视图,通过这些视图可以显示需求间的父子关系,以及需求之间的相互影响关系。通过导出的XML格式的项目基线,可以比较项目间的差异。可以与IBM Software Development Platform中的许多工具进行集成,以改善需求的可访问性和沟通。

(2) Telelogic DOORS

TelelogicDOORSreg;Enterprise Requirements Suite (DOORS/ERS)是基于整个公司的需求管理系统,用来捕捉、链接、跟踪、分析及管理信息,以确保项目与特定的需求及标准保持一致。DOORS/ERS使用清晰的沟通来降低失败的风险,这使通过通用的需求库来实现更高生产率的建设性的协作成为可能,并且为根据特定的需求定义的可交付物提供可视化的验证方法，从而达到质量标准。DOORS/ERS 是仅有的面向管理者、开发者与最终用户及整个生命周期的综合需求管理套件。不同于那些只能通过一种方式工作的解决方案，DOORS/ERS 赋予多种工具与方法对需求进行管理，可以灵活地融合到公司的管理过程中。以世界著名的需求管理工具 DOORS 为基础，DOORS/ERS 使得整个企业能够有效地沟通从而减少失败的风险。DOORS/ERS 通过统一的需求知识库，提供对结果是否满足需求的可视化验证，从而达到质量目标，并能够进行结构化的协同作业使生产率得到提高。

(3) Borland CaliberRM

Borland CaliberRM 是一个基于 Web 和用于协作的需求定义和管理工具，可以帮助分布式的开发团队平滑协作，从而加速交付应用系统。CaliberRM 辅助团队成员沟通，减少错误，提升项目质量。CaliberRM 提供集中的存储库，能够帮助团队在早期及时澄清项目的需求，当全体成员都能够保持同步，工作的内容很容易具有明确的重点。此外，CaliberRM 和领先的对象建模工具、软件配置管理工具、项目规划工具、分析设计工具以及测试管理工具良好地集成。这种有效的集成有助于更好地理解需求变更对项目规模、预算和进度的影响。

(4) oBridge

oBridge 是一套强大的需求管理软件，它可以记录需求和它的演变过程，跟踪需求与设计、测试之间的关系，帮助用户分析需求变化造成的每一个影响，评估需求变更造成的工作量，让需求管理不再成为项目的短板。oBridge 需求管理软件能帮助用户实现项目需求条目化、版本化、层次化管理，建立需求跟踪矩阵，实现需求变更影响分析，并能在不同单位间实现离线数据交换。

4.7 本章小结

软件需求是软件开发成功与否的一个关键因素，包括业务需求、用户需求、功能需求和非功能需求等不同层次。需求工程实现对软件需求的开发和管理，其中需求开发的内容包括需求获取、需求分析、编写需求规格说明和需求验证，而需求管理则针对需求开发的结果进行变更控制、版本控制和需求跟踪。

获取完整而正确的需求对项目的设计与开发会产生重要影响，同时也与软件项目开发的成本和进度直接关联。因此，需求获取应该识别项目相关人员的各种要求，解决这些人员之间的需求冲突。常见的需求获取技术包括面谈和问卷调查、需求专题讨论会、观察用户工作流程、基于用例的方法、原型化方法等，而选择这些技术需要根据应用类型、开发团队技能、用户性质等因素来决定。

当前，需求分析模型使用综合文本和图形的方式进行表示，结构化分析模型包括数据流图、实体关系图、状态转换图等。数据流图用来创建功能模型，描述了信息流和数据转换；实体关系图用来创建数据模型，描述了系统中所有重要的数据对象；状态转换图用来创建行为模型，描述状态以及导致状态改变的事件。而面向对象分析模型包括用例模型、活动图模型和业务流程模型等。

需求文档在软件开发过程中起着重要的作用，需要采用适当的方法保证其一致性、完备性和无二义性，需求评审是需求验证的一种有效手段。

习 题

一、单项选择题

1. 需求分析的最终结果是形成(　　)文档。

A. 项目计划说明书　　B. 可行性分析报告
C. 设计说明书　　D. 需求规格说明书

2. 在软件需求的不同层次中,(　　)是组织或客户对于系统的高层次目标要求,定义了项目的远景和范围。

A. 业务需求　　B. 用户需求　　C. 功能需求　　D. 性能需求

3. 参与者之间可以存在(　　)关系。

A. 扩展关系　　B. 包含关系　　C. 泛化关系　　D. 实现关系

4. 在软件需求的不同层次中,(　　)描述系统应该提供的功能或服务,通常涉及用户或外部系统与该系统之间的交互,一般不考虑系统的实现细节。

A. 业务需求　　B. 用户需求　　C. 功能需求　　D. 性能需求

5. 用例模型中的参与者可以是(　　)。

A. 该系统的用户　　B. 与系统交互的外部系统
C. 与系统交互的硬件设备　　D. A、B和C都是

6. 在软件工程的需求分析阶段,不属于问题识别内容的是(　　)。

A. 功能需求　　B. 性能需求　　C. 环境需求　　D. 输入/输出需求

7. 需求规格说明描述了(　　)。

A. 计算机系统的功能、性能及其约束　　B. 每个指定系统的实现
C. 软件体系结构的元素　　D. 系统仿真所需要的时间

8. 组织需求评审的最好方法是(　　)。

A. 检查系统模型的错误　　B. 让客户检查需求
C. 将需求发放给设计团队去征求意见　　D. 使用问题列表检查每一个需求

9. 需求导出后产生的工作制品将依赖于(　　)而不同。

A. 预算多少　　B. 将要构建的产品规模
C. 正在使用的软件过程　　D. 利益相关者的需要

10. 在各种不同的软件需求中,(　　)描述了用户使用产品必须要完成的任务,可以在用例模型或方案脚本中予以说明。

A. 业务需求　　B. 功能需求　　C. 非功能需求　　D. 用户需求

11. 需求规格说明书的内容中,不应该包括对(　　)的描述。

A. 主要功能　　B. 算法的详细过程
C. 软件性能　　D. 用户界面和运行环境

12. 软件需求分析阶段的工作,可以分成以下四个方面:对问题的识别、分析与综合、制定规格说明以及(　　)。

A. 总结　　B. 实践性报告
C. 需求分析评审　　D. 以上答案都不正确

13. DFD的基本符号不包括下列哪种(　　)。

A. 数据字典　　B. 加工　　C. 外部实体　　D. 数据流

E. 数据存储文件

14. 需求验证应该从以下哪几个方面进行验证(　　)。

A. 可靠性、可用性、易用性 、重用性

B. 可维护性、可移植性、可重用性、可测试性

C. 一致性、现实性、完整性、有效性

D. 功能性、非功能性

二、简答题

1. 简述需求工程的过程。

2. 简述需求获取技术。

3. 简述需求导出和分析的过程。

4. 简述如何进行需求分析。

5. 简述什么是软件需求管理? 软件需求管理的主要活动有哪些?

三、设计题

1. 某公司拟开发一款证券管理系统,对于想从事证券投资的股东,需要去证券公司开立一个交易账户。开户时,证券公司需要把股东的个人信息注册到股东表中,并且对股东购买的股票进行记录以进行后续的证券买卖结算。投资者一旦拥有了账户,就可以进行买进和卖出操作,同时可以查询自己的交易记录和股票相关信息。证券公司可以维护股票信息和股票类型。请按照自己的理解并合理假设一些情况,设计该系统的用例模型,并对重点用例进行说明。

2. 某社区医院打算建立一个病患住院管理系统,可以管理病人的入院登记、诊疗的记录和费用结算功能。其中医护人员负责处理病人的入院和出院,护理站人员负责登记诊疗记录及查阅记录。登记入院时将病人的信息录入系统,随后系统会自动给病人家属或指定联系人发送短信确认信息。出院时通过系统对诊疗记录和住院时间的统计,结算所有的费用,收费信息需要记入外部的收费管理系统中。请按照自己的理解并合理假设一些情况:

(1) 采用面向对象需求分析方法,设计该系统的用例模型,并对重点用例进行说明。

(2) 采用数据流程图方法,设计该系统的数据流图。

【微信扫码】
本章参考答案 & 相关资源

第5章

软件系统建模

软件系统建模就是建立软件系统抽象模型的过程，通常是使用统一建模语言来形式化模型并用一些图形符号来表示系统。软件系统模型可以帮助软件分析员和架构师更好地理解系统功能，易于软件开发及与用户沟通。

5.1 面向对象的建模

面向对象建模语言问世于20世纪70年代中期。从1989年到1994年，其数量从不到10种迅速增加到了50多种。各种建模语言的设计者都努力推广自己的语言产品，并在实践中不断完善。然而，面向对象方法的用户并不了解不同建模语言的优缺点以及相互之间的差异，因而很难根据应用的特点选择合适的建模语言。于是，爆发了一场"方法大战"。

Booch是面向对象方法最早的倡导者之一，他提出了面向对象软件工程的概念。1991年，他将以前所进行的面向Ada的工作扩展到整个面向对象设计领域。1993年，Booch对其先前的方法做了一些改进，使之适合于系统的设计和构造。Booch在其OOAda中提出了面向对象开发的4个模型：逻辑视图、物理视图及其相应的静态和动态语义。对逻辑结构的静态视图，OOAda提供对象图和类图；对逻辑结构的动态视图，OOAda提供了状态变迁图和交互图；对于物理结构的静态视图，OOAda提供了模块图和进程图。

Jacobson于1994年提出了面向对象的软件工程(OOSE)方法，该方法的最大特点是面向用例(Use Case)。OOSE是由用例模型、域对象模型、分析模型、设计模型、实现模型和测试模型组成的。其中用例模型贯穿于整个开发过程，它驱动所有其他模型的开发。

Rumbaugh等人提出了OMT方法。在OMT方法中，系统是通过对象模型、动态模型和功能模型来描述的。其中，对象模型用来描述系统中各对象的静态结构以及它们之间的关系；功能模型描述系统实现什么功能(即捕获系统所执行的计算)，它通过数据流图来描述如何由系统的输入值得到输出值。功能模型只能指出可能的功能计算路径，而不能确定哪一条路径会实际发生。动态模型则描述系统在何时实现其功能(控制流)，每个类的动态部分是由状态图来描述的。

Coad与Yourdon提出了OOA/OOD方法。一个OOA模型由主题层、类及对象层、结构层、属性层和服务层组成。其中，主题层描述系统的划分，类及对象层描述系统中的类及对象，结构层捕获类和对象之间的继承关系及整体—部分关系，属性层描述对象的属性和类及对象之间的关联关系，服务层描述对象所提供的服务（即方法）和对象之间的消息链接。OOD模型由人机交互（界面）构件、问题域构件、任务管理构件和数据管理构件组成。

Fusion方法自认为是“第2代”开发方法。它是在OMT方法、Objectory方法、形式化方法、CRC方法和Booch方法的基础上开发的。面向复用/再工程以及基于复用/再工程的需求开发是Fusion的一大特点。Fusion方法中用于描述系统设计和分析的图形符号虽然不多，但较全面。Fusion方法将开发过程划分为分析、设计和实现3个阶段，每个阶段由若干步骤组成，每一步骤的输出都是下一步骤的输入。

OL是Shlaer/Mellor重新修订其先前开发的面向对象系统分析方法（OOSA）后所得到的一种建模方法。OL方法中的OOA使用了信息建模、状态建模和进程建模技术。OOD中使用类图、类结构图、依赖图和继承图对系统进行描述。

Martin与Odell提出的OOAD方法的理论基础是逻辑和集合论。尽管面向对象的分析通常被划分成结构（静态）和行为（动态）两部分，但Martin与Odell的OOAD却试图将它们集成在一起。他们认为面向对象分析的基础应该是系统的行为，系统的结构是通过对系统行为的分析而得到的。

5.2 统一建模语言

统一建模语言（UML）是一种定义良好的、易于表达的、功能较强的且普遍适用的建模语言。它吸收了软件工程领域的新思想、新方法和新技术。UML的应用领域相当广泛，它不仅可用于建立软件系统的模型，同样也可用于描述非软件领域内的系统模型以及处理复杂数据的信息相同、具有实时要求的工业系统或工业过程等。

作为一种通用的建模语言，UML适用于系统开发过程中从需求规约描述到系统完成后测试的不同阶段。目前，UML已经成为建模语言事实上的工业标准。

在UML问世之前，已经有不少人试图将各种建模方法中不同的概念进行统一。其中Coleman和他的同事们曾努力统一OMT、Booch、CRC方法中的概念，但由于这些方法的原作者没有参与这项工作，其最后的结果是得到了一种新的建模方法。如图5-1所示，UML的开发始于1994年8月，当时Rational软件公司的Booch和Rumbaugh开始着手进行统一Booch方法和OMT方法，以便得到一种统一的建模语言。1995年10月，他们发行了统一方法（UM）的初版。同年秋天，Jacobson加盟联合开发小组，并力图把OOSE方法也统一进来。

作为Booch、OMT（对象建模技术）和OOSE方法的创始人，Booch、Rumbaugh和Jacobson决定开发UML有3个原因：首先，这些方法有许多相似之处，消除它们给使用者造成的混淆是非常有意义的；其次，语义和表示法的统一可稳定面向对象技术的市场，使得工程开发能采用一种成熟的建模语言；再次，统一工作可吸收先前各种建模方法中的优秀成果，以便解决以前没有解决好的问题。

Booch、Rumbaugh和Jacobson在着手进行统一工作时，制订了如下4个目标：

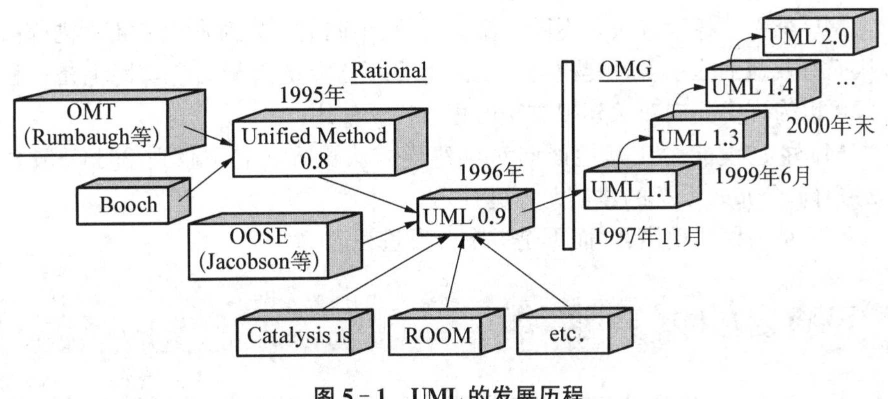

图 5-1　UML 的发展历程

(1) 使用面向对象的概念来构造系统的模型。

(2) 建立设计框架与代码框架之间明确的联系。

(3) 解决复杂的、以任务为中心的系统内在的规模问题。

(4) 开发人与机器通用的建模语言。

开发应用于面向对象的分析和设计的表示法并不像设计一种程序设计语言那么简单。首先，设计者要考虑表示法是不是应该能够表达系统的开发需求，是不是要把表示法设计成形象化的语言。其次，设计者需要在表达能力和简洁程度之间进行权衡，即过于简洁的表示法会限制应用的范围，而过于复杂的表示法又会吓倒刚入门的使用者。如果设计者是在统一已有的一些方法，那么还要照顾到过去的基础，即改变过多会使原来的使用者感到混乱，不作改进又难以吸引更多的使用者。UML 的定义力图在这几个方面权衡利弊。

经过 Booch、Rumbaugh 和 Jacobson 的不懈努力，UML 0.9 和 0.91 版终于在 1996 年的 6 月和 10 月分别出版。1996 年间，UML 开发者们向社会各界虚心求教并收到了来自社会各界的反馈。他们据此作了相应的改进，但显然还有很多工作需要完成。同年，OMG(对象管理组)发布了向外界征集关于面向对象建模标准方法的消息。UML 的 3 位创始人开始与来自其他公司的软件工程方法专家和开发人员一道制订了一套使 OMG 感兴趣的方法，并设计了一种能被软件开发工具提供者、软件开发方法学家和开发人员这些最终用户所接受的建模语言。与此同时，其他一些人员也在做这项富有竞争性的工作。1997 年 9 月 1 日产生了 UML 1.1，并被提交到了 OMG 进行讨论。

OMG 于 1997 年 11 月正式采纳了 UML 1.1，然后成立任务组进行不断的修订，并产生了 UML 1.2、1.3 和 1.4 版本，其中 UML 1.3 是较为重要的修订版。许多软件开发工具供应商声称他们的产品支持或计划支持 UML，软件工程方法学家们也宣布他们将使用 UML 的表示法进行以后的研究工作。UML 的出现深受计算机界欢迎，因为它是由官方出面集中了许多专家的经验而形成的，减少了各种软件开发工具之间无谓的分歧。建模语言的标准化既能促进软件开发人员广泛使用面向对象的建模技术，同时也能带来 UML 支持工具和培训市场的繁荣，因为不论是用户还是供应商都不用再考虑到底应该采用哪一种开发方法。

总之,UML 作为一种建模语言,它具有以下特点:

(1) UML 统一了各种方法对不同类型的系统、不同的开发阶段以及不同内部概念的不同观点,从而有效地消除了各种建模语言之间许多不必要的差异。它实际上是一种通用的建模语言,可以为许多面向对象建模方法的用户广泛使用。

(2) UML 的建模能力比其他面向对象建模方法更强。它不仅适合于一般系统的开发,而且对并行、分布式系统的建模尤为适宜。

(3) UML 是一种建模语言,而不是一个开发过程。

5.3 UML 的体系结构

UML 是一种定义良好、易于表达、功能强大且普遍适用的建模语言。它融入了软件工程领域的新思想、新方法和新技术。它的作用域不限于支持面向对象的分析与设计,还支持从需求分析开始的软件开发的全过程。

UML 的体系结构如图 5-2 所示。UML 由三部分组成:基本构造块、规则和公用机制。

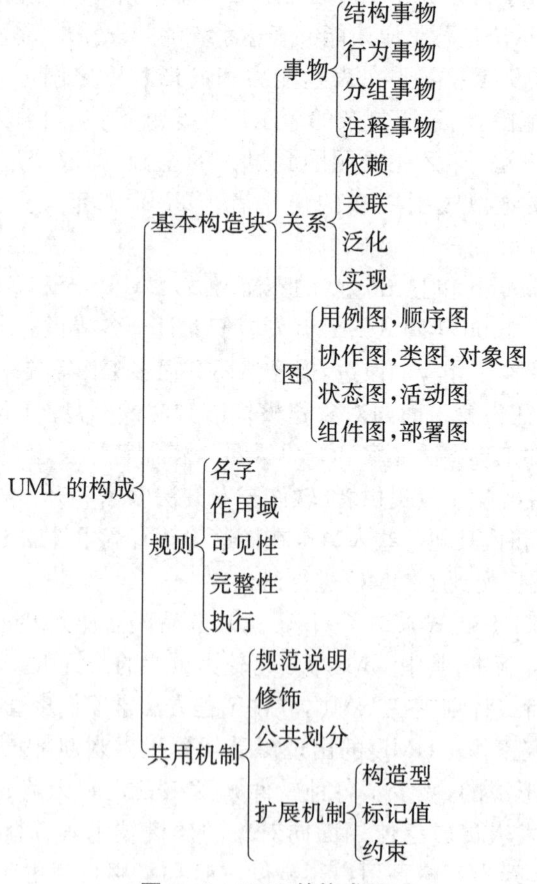

图 5-2 UML 的构成图

5.3.1　基本构造块

其中基本构造块又包括三种类型：事物、关系和图。事物划分为以下4种类型。

(1) 结构事物。包括类、接口、协作、用例、主动类、组件和节点。

(2) 行为事物。包括交互机和状态。

(3) 分组事物。UML中的分组事物是包。整个模型可以看成是一个根包，它间接包含了模型中的所有内容。子系统是另一种特殊的包。

(4) 注释事物。注释给建模者提供信息，它提供了关于任意信息的文本说明，但是没有语义作用。

5.3.2　UML建模规则

UML的模型图不是由UML语言简单地堆砌而成的，它必须按特定的规则有机地组成合法的UML图。一个完备的UML模型图必须在语义上是一致的，并且和一切与它相关的模型和谐地组合在一起。UML建模规则包括了对以下内容的描述。

(1) 名字。任何一个UML成员都必须包含一个名字。

(2) 作用域。UML成员所定义的内容起作用的上下文环境。某个成员在每个实例中是代表一个值，还是代表这个类元的所有实例的一个共享值，由上下文决定。

(3) 可见性。UML成员能被其他成员引用的方式。

(4) 完整性。UML成员之间互相连接的合法性和一致性。

(5) 运行属性。UML成员在运行时的特性。

一个完备的UML模型必须对以上内容给出完整的解释。完备的UML模型是建造系统所必需的，但是当它在不同的视图中出现时，出于不同的交流侧重点，其表达可以是不完备的。在系统的开发过程中，模型可以：

① 被省略，即模型本身是完备的，但在图上某些属性被隐藏起来，以简化表达。

② 不完全，即在设计过程中某些元素可以暂时不存在。

③ 不一致，即在设计过程中暂时不保证设计的完整性。

提出上述三条建模原则的目的是为使开发人员在设计模型时把注意力集中在某一特定时期内对分析设计活动最重要的问题上，而暂时不必迷恋于细节的完美，使模型逐步趋向完备。

5.3.3　UML的公用机制

只是以图的方式建立模型是不够的，对于各种图中的建模元素，还要按一定的要求进行详细的说明和解释，即用图加上说明规范的方式构成完整的模型。

在UML模型图上使用UML成员进行建模时，需要对UML成员进行描绘。UML使用公用机制为图附加一些信息，这些信息通常无法用基本的模型元素表示。UML对不同的UML成员使用共同的描绘方式，这些方式称为UML公用机制。使用这些公用机制，使得建模的过程更适于掌握，模型更容易被理解。共用机制可被分解为以下四个方面。

(1) 规范说明

UML的图形符号是简洁、形象、直观的，而一个有效的软件模型必须提供足够的详细信息以供建造之用，这些构成一个完备模型的详细信息就是模型的规范说明。在模型图上被省略的内容并不代表它不存在，模型的完整信息是被保存在模型的规范说明中的。

(2) 修饰

在图的模型元素上添加修饰，可为模型元素附加一定的语义。例如，类的属性的可见性就是可以选择地被显示出来的。

(3) 公共划分

在面向对象的设计中，有许多事物可以划分为抽象的描绘和具体的实例这两种存在形式。UML 提供了事物的这两种两分法表达，被称为公共划分。例如，对象和类使用同样的图形符号。类用长方形表示，并用名字加以标识，当类的名字带有下划线时，则它代表该类的一个对象。另外，还有一种两分法是接口和实现的两分划分。接口定义了一种协议，实现是此协议的实施。UML 里这样的接口与实现的两分划分包括接口/类或组件、用例和协同以及操作和方法。

(4) 扩展机制

如同人类的语言需要不断地扩充词汇，以描述各种新出现的事物一样，UML 也提供了扩展机制。扩展机制为 UML 提供了扩充其表达内容的范围的能力。UML 的扩展机制包括构造型(版型)、标记值及约束。构造型是对类的进一步的分类。标记值用来扩充 UML 成员的规范说明。虽然在 UML 中已经预定义了许多特性，但是用户也可以定义自己的特性，以维护元素的附加信息。任何一种信息都可以附属到某个元素，包括：特定方法的信息、关于建模过程的管理信息、其他工具使用的信息(如代码生成工具)或者是用户希望将其连接到元素的其他类型的信息。约束用来扩充 UML 成员的语义。

5.4 UML 的模型元素及模型结构

5.4.1 UML 的模型元素

UML 把可以在图中使用的概念统称为模型元素。UML 用丰富的图形符号隐含表示了模型元素的语法，而用这些图形符号组成元模型表达语义，组成模型描述系统结构(或称为静态特征)以及行为(或称为动态特征)。

UML 定义了两类模型元素的图形表示。一类模型元素用于表示模型中的某个概念，如图 5-3 所示，给出了类、对象、状态、节点、包和组件等模型元素的符号图例。另一类模型元素用于表示模型元素之间相互连接的关系。常见的关系有关联、继承、依赖和实现。这些关系的图形符号如图 5-4 所示。

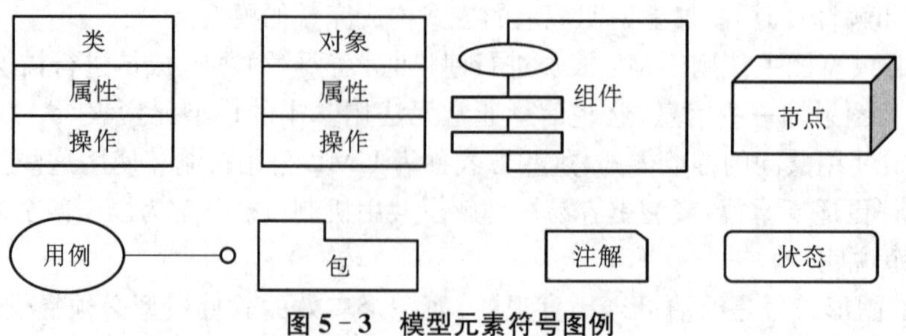

图 5-3 模型元素符号图例

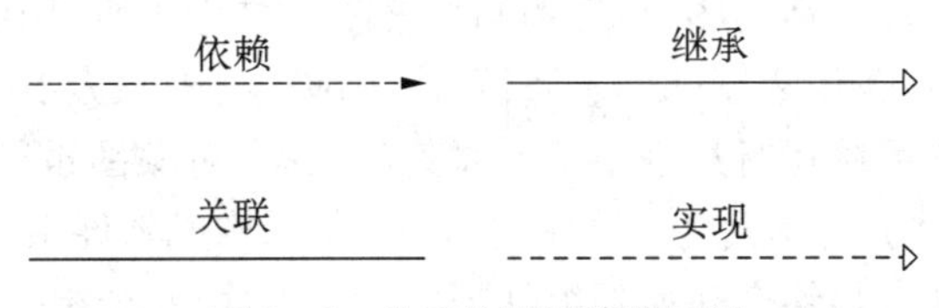

图 5-4 关系的图示符号示例

5.4.2 UML 的模型结构

根据 UML 语义，UML 的模型结构可分为四个抽象层次，即元元模型、元模型、模型层和用户模型。它们的层次结构如图 5-5 所示，下一层是上一层的基础，上一层是下一层的实例。

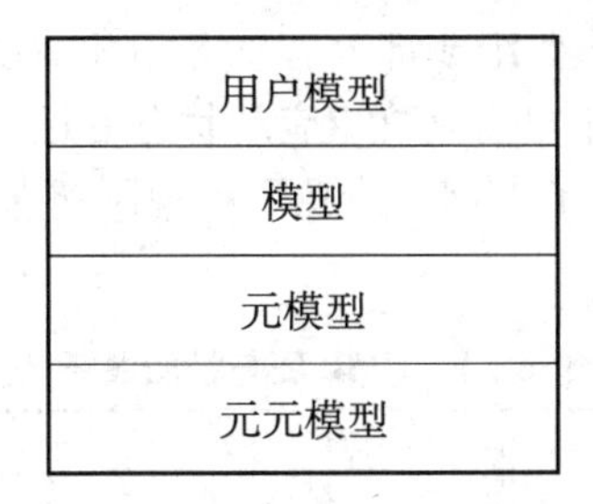

图 5-5 UML 的模型层次结构

元元模型层是组成 UML 最基本的元素"事物"，代表要定义的所有事物。元元模型定义了元类、元属性、元操作等一些概念。其中事物概念可代表任何定义的对象。

元模型层组成了 UML 的基本元素，包括面向对象和面向组件的概念。这一层的每个概念都是元元模型中"事物"概念的实例。例如，图 5-6 是一个元模型示例，其中类、对象、关联等都是元元模型中事物概念的实例。

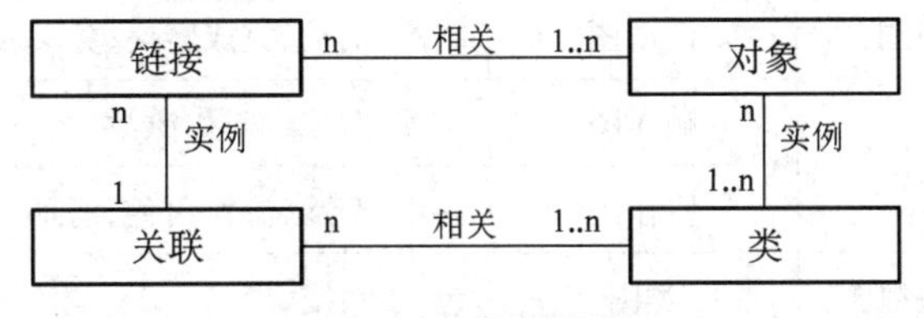

图 5-6 元模型描述图

模型层组成了 UML 的模型，这一层中的每个概念都是元模型层中概念的一个实例，这一层的模型通常叫作类模型或类型模型。

用户模型层中的所有元素都是 UML 模型的例子。这一层中的每个概念都是模型层的一个实例(通过分类)，也是元模型层的一个实例。这一层的模型通常叫作对象模型或实例模型。

5.5 UML 模型图

模型通常作为一组图呈现出来，常用的 UML 模型图有 9 种，它们是类图、对象图、用例图、顺序图、协作图、状态图、活动图、组件图和部署图。在这 9 种图中，类图包含类、接口、协同及其关系，它用来描述逻辑视图的静态属性；对象图包含对象及其关系，它用来表示某一类图的一组类的对象在系统运行过程中某一时刻的状态，对象图也是软件系统的逻辑视图的一个组成部分；组件图用来描述系统的物理实现，包括构成软件系统的各部件的组织和关系，类图里的类在实现时，最终会映射到组件图的某个组件，一个组件可以实现多个类，组件图是软件系统实现视图的组成部分；部署图用来描述系统组件运行时在运行节点上的分布情况，一个节点可包含一个或多个组件，部署图是软件系统部署视图的组成部分。上述四种模型图主要用来描述软件系统的静态结构。

用例图、顺序图、协作图、状态图和活动图是用来描述软件系统的动态特性。用例图用来描述系统的边界及其系统功能，它由用例和系统外部参与者及其之间的关联关系组成，用例图是用例视图的重要组成部分和内部的动态特性。顺序图和协作图中包含对象和消息，它们是用例视图和逻辑视图的重要组成部分。状态图和活动图主要用于描述对象的动态特性。状态图强调对象对外部事件的响应及相应的状态变迁。活动图描述对象之间控制流的转换和同步机制。表 5－1 列出了 UML 的视图和视图所包括的图及与每种图有关的主要概念。

表 5－1　UML 图与视图关系表

<table>
<tr><th>主要的域</th><th>视　图</th><th>图</th><th>主要概念</th></tr>
<tr><td rowspan="4">结构</td><td>静态视图</td><td>类图、对象图</td><td>类、关联、泛化、依赖关系、实现、接口</td></tr>
<tr><td>用例视图</td><td>用例图</td><td>用例、参与者、关联、扩展、包括、用例泛化</td></tr>
<tr><td>实现视图</td><td>组件图</td><td>组件、接口、依赖关系、实现</td></tr>
<tr><td>部署视图</td><td>部署图</td><td>节点、组件、依赖关系、位置</td></tr>
<tr><td rowspan="4">动态</td><td>状态视图</td><td>状态图</td><td>状态、事件、转换、动作</td></tr>
<tr><td>活动视图</td><td>活动图</td><td>状态、活动、完成转换、分叉、结合</td></tr>
<tr><td rowspan="2">交互视图</td><td>顺序图</td><td>交互、对象、消息、激活</td></tr>
<tr><td>协作图</td><td>协作、交互、协作角色、消息</td></tr>
<tr><td>模型管理</td><td>模型管理视图</td><td>类图</td><td>包、子系统、模型</td></tr>
<tr><td>可扩展性</td><td>所有</td><td>所有</td><td>约束、构造型、标记值</td></tr>
</table>

容易混淆的是有时也把图称为模型，因为两者都包含一组模型元素的信息。这两个概念的区别是，模型描述的是信息的逻辑结构，而图是模型的特殊物理表示。

5.6 系统建模案例

可以通过一个简化的个人银行 ATM 系统的例子对 UML 中所使用的模型进行构建，说明如何用各种不同的概念来描述一个系统。构建这个简化的个人银行 ATM 系统主要为了说明各种 UML 图形的概念和基本含义。用户通过输入银行账号(PIN)来确认用户的合法身份，查询有关自己账户的信息，还可以通过 ATM 机进行存款、取款，或者使用 ATM 办理转账等事务。当用户把现金兑换卡插入 ATM 之后，ATM 就与用户交互，以获取有关这次事务的信息，并与银行的计算机交换事务的信息。

5.6.1 用例图

采用用例驱动的分析方法分析需求的主要任务是识别出系统中的参与者和用例，并建立用例模型。用例图是被称为参与者的外部用户所能观察到的系统功能的模型图。用例是系统中的一个功能单元，可以被描述为参与者与系统之间的一次交互作用。用例模型的用途是列出系统中的用例和参与者，并显示哪个参与者参与了哪个用例的执行。参与者是系统的主体，表示提供或接收系统信息的人或系统。图 5-7 显示了 ATM 系统使用用例与参与者之间的交互。

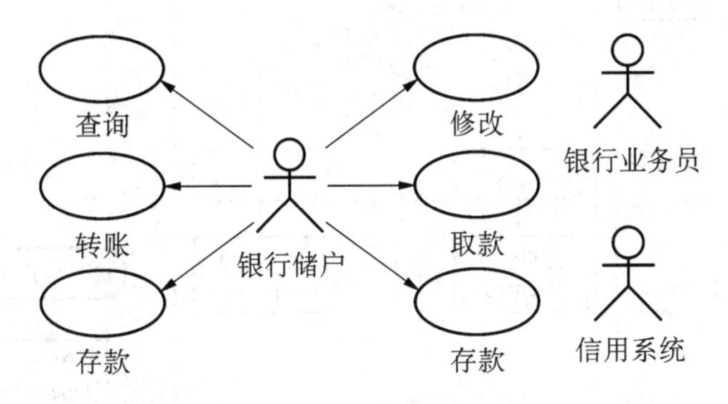

图 5-7 ATM 系统的用例图

在本例中包括几个用例：取款、存款、付款、转账、查询、修改 PIN 等。本例中涉及的参与者有：用户、银行业务员、信用系统。

5.6.2 活动图

活动图显示了系统的流程，可以是工作流，也可以是事件流。在活动图中定义了流程从哪里开始，到哪里结束，以及包括哪些活动。活动是工作流期间完成的任务。在本例中用活动图描述满足用例要求依次进行的活动及活动间的约束关系。

图 5-8 显示了开户的活动。框图中的活动用圆角矩形表示，这是工作流期间发生的步骤。工作流影响的对象用矩形表示。开始状态表示工作流开始，结束状态表示工作流结束。决策点用菱形表示。

对象流程显示活动使用或创建的对象和工作流过程中对象如何改变状态。活动图可以分为不同的垂直泳道，每个泳道代表工作流中的不同参与者。通过泳道中的活动可以了解这个参与者的责任。通过查看不同泳道中活动之间的过渡，可以了解谁要与谁进行通信。活动图的用途是对现实世界中的工作流程建模，也可对软件系统中的活动建模。活动图有助于理解系统高层活动的执行行为，而不涉及建立协作图所必需的消息细节。

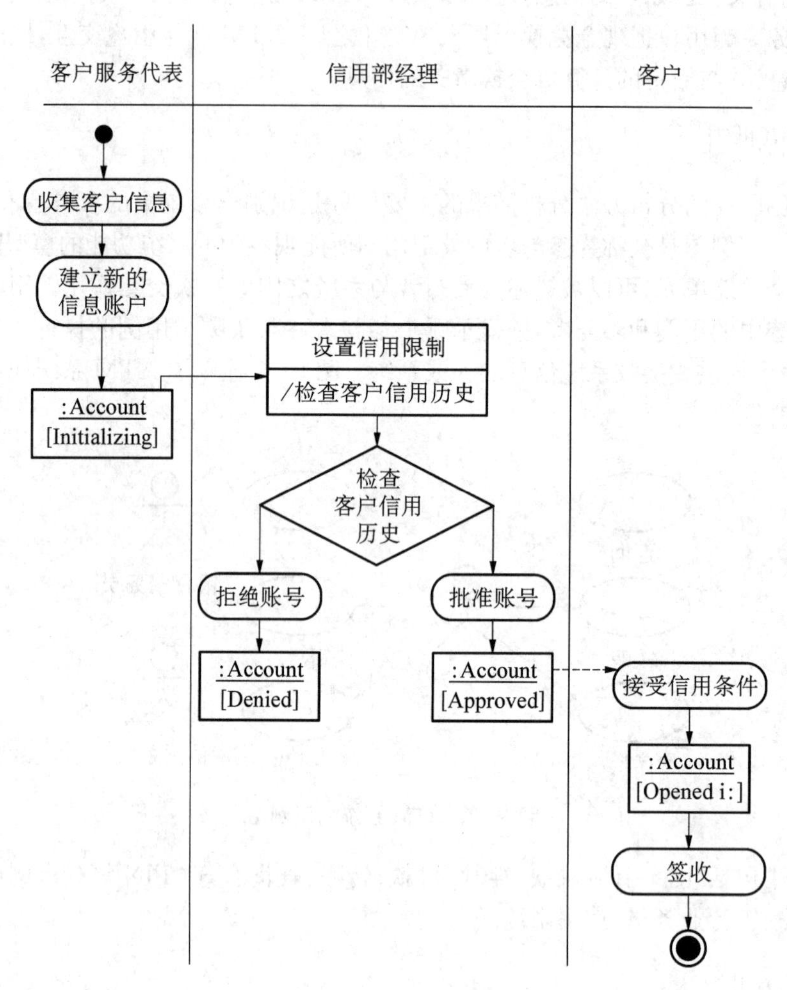

图 5-8 开户的活动图

5.6.3 顺序图

顺序图表示了对象之间传送消息的时间顺序。每一个对象用一条生命线来表示——即用垂直线代表整个交互过程中对象的生命周期。生命线之间的箭头连线代表消息。顺序图可以用来对一个场景进行说明——即事务的历史过程。图 5-9 显示了用户张三取款用例的详细过程。

取款用例从用户将 ATM 卡插入读卡机开始，读卡机对象表示为框图顶部的矩形。在确认是合法的 ATM 卡后，系统询问 PIN，并通过显示器对象显示出来。用户输入 PIN，系统验证 PIN 与账户对象，发出合格信息。然后系统向张三提供选项，张三输入取款金额(200 元)。系统首先验证账户中的余额不少于 200 元，然后从账户中扣除 200 元，再让点钞机提供 200 元现金，从现金出口吐出现金，并打印账单。最后系统退出 ATM 卡。

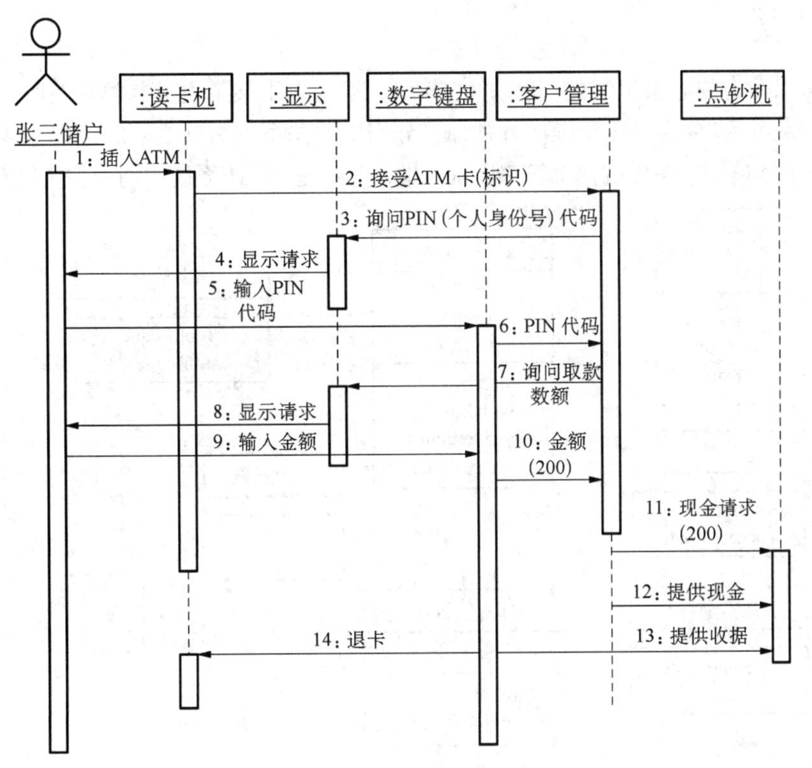

图5-9　张三取款的顺序图

5.6.4　协作图

协作图对在一次交互中有意义的对象和对象间的链建模。对象和关系只有进行交互才有意义。如图5-10所示，表示了取款所涉及的各个对象间的交互关系。在协作图中，直接相互通信的对象之间有一条直线，没有画线的对象之间不直接通信。附在直线上的箭头代表消息。消息的发生顺序用消息箭头处的编号来说明。协作图的另一个用途是表示一个类操作的实现。协作图可以说明类操作中用到的参数和局部变量及操作中的永久链。当实现一个行为时，消息编号对应了程序中嵌套调用结构和信号传递过程。

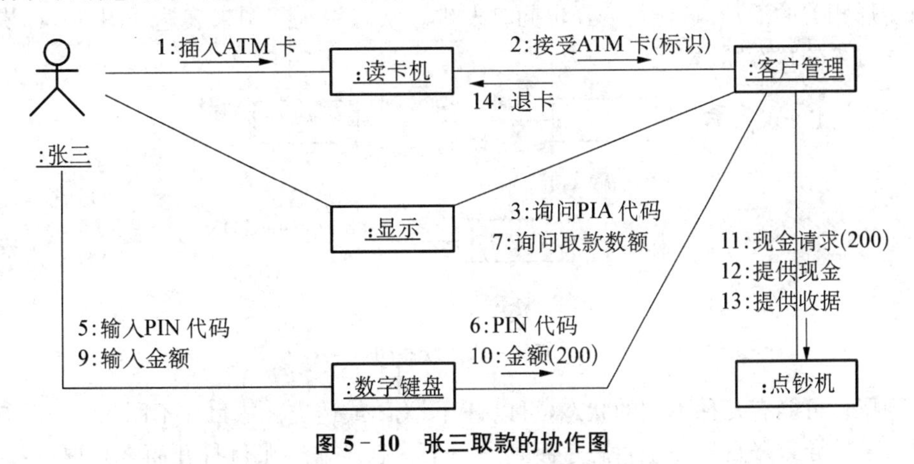

图5-10　张三取款的协作图

5.6.5 类图

类图是以类为中心来组织的，类图中的其他元素或属于某个类或与类相关联。在类图中，类用矩形框来表示，它的属性和操作分别列在分格中。关系用类框之间的连线来表示，不同的关系用连线上和连线端头处的修饰符来区别。图 5-11 是 ATM 系统中与取款用例有关的类图。

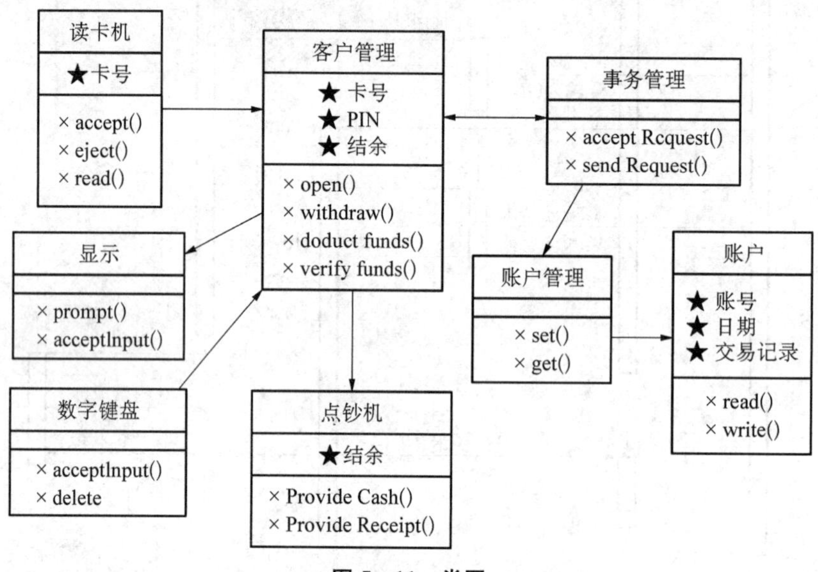

图 5-11 类图

在这个类图中包含读卡机、显示、数字键盘、客户管理、点钞机、事务管理、账户管理和账户 8 个类。类之间的关系通过连线来表示。例如，客户管理类与点钞机两者需要通信，因此两个类相连；而读卡机与点钞机不进行通信，因而不需要相连。

5.6.6 状态图

状态视图是一个类对象所经历的所有历程的模型图。状态由对象的各个状态和连接这些状态的变迁组成。每个状态对一个对象在其生命周期中满足某种条件的一个时间段建模。当一个事件发生时，它会触发状态间的变迁，导致对象从一种状态转化到另一种新的状态。与变迁相关的活动执行时，变迁也同时发生。状态用状态图来表达。图 5-12 是银行账目这一对象的状态图。

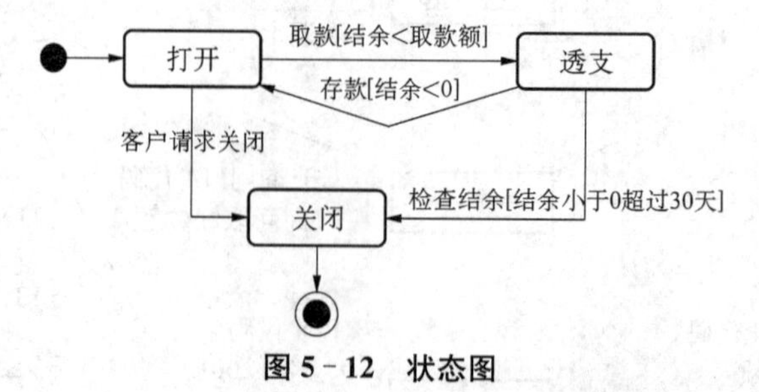

图 5-12 状态图

银行账目可能有几种不同的状态，可以打开、关闭或透支。账目在不同状态下的功能是不同的。事件导致账目从一个状态过渡到另一个状态。如果账目打开而客户要取款，则账目可能转入透支状态。这发生在账目结余小于取款额时，在图中显示为[结余<取款额]。状态图可用于描述用户接口或在生命周期中跨越多个不同性质阶段的被动对象的行为，在每一阶段该对象都有自己特殊的行为。

5.6.7 组件图

组件图表示了系统中的各种组件。代码的物理结构用代码组件表示。组件可以是源代码、二进制文件或可执行文件组件。组件包含了逻辑类或逻辑类的实现信息，因此逻辑视图与组件视图之间存在着映射关系。组件之间也存在着依赖关系，利用这种依赖关系可以方便地分析一个组件的变化会给其他的组件带来怎样的影响。组件可以与公开的任何接口一起显示，也可以把它们组合起来形成一个包，在组件图中显示这种组合包。图 5-13 是 ATM 客户机的组件图。

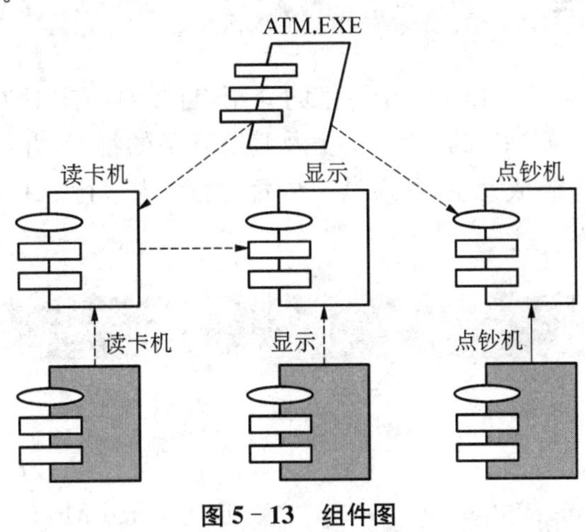

图 5-13 组件图

在C++组件图中，每个类有自己的体文件和头文件，因此框图中每个类映射自己的组件。例如，显示类映射 ATM 显示组件，阴影组件称为包体，表示C++中显示类的体文件(.cpp)。无阴影组件称为包规范，表示C++类的头文件(.H)。组件 ATM.EXE 是个任务规范，表示处理线程。这里的处理线程是个可执行程序。组件用虚线连接，表示组件间的相关性。例如，读卡机类与显示类相关，即必须有显示类才能编译读卡机类。编译所有类之后，即可创建可执行文件 ATMClient.exe。

5.6.8 部署图

部署图用来描述位于节点实例上的运行组件实例的安排，描述系统的实际物理结构。节点是一组运行资源，如计算机、设备或存储器。这个视图允许评估分配结果和资源分配，图中表示了系统中的各组件和每个节点包含的组件，节点用立方体图形表示。图 5-14 是 ATM 系统的部署。

这个图显示了 ATM 系统的主要布局。ATM 系统采用三层结构，分别针对数据库、地区 ATM 服务器和客户机。ATM 客户机的可执行文件在不同地点的多个 ATM 上运行。ATM 客户机通过专用网与地区 ATM 服务器通信。ATM 服务器的可执行文件在地区 ATM 服务器上执行。地区 ATM 服务器又通过局域网与运行 Oracle 的银行数据库服务器通信。打印机与地区 ATM 服务器连接。

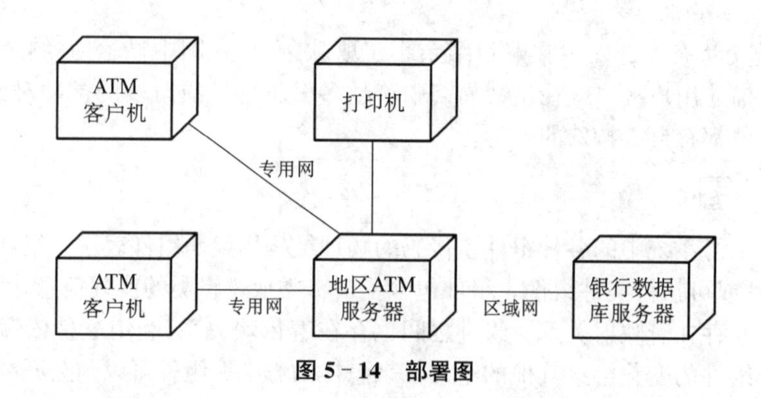

图 5-14 部署图

5.7 本章小结

本章主要对软件系统建模作了一个详细的介绍，首先对面向对象建模方法做了相应的介绍，然后概要地介绍了 UML 的功能、历史及其所具备的特点，并在此基础上详细介绍了 UML 的体系结构和相关组成元素，并通过一个简化的个人银行 ATM 系统的建模案例讲解了各种图的用法。

习 题

一、选择题

1. UML 的全称是（ ）。

A. Unify Modeling Language　B. Unified Modeling Language
C. Unified Modem Language　D. UnifiedMaking Language

2. 什么概念被认为是第二代面向对象技术的标志？（ ）

A. 用例　B. UML 语言　C. 活动图　D. 组件图

3. 在类图中，下面哪个符号表示继承关系（ ）。

A. ——→　B. - - - - - - - ->　C. ——▷　D. ——◇

4. OMT 方法是由下面哪位科学家提出的？（ ）

A. Booch　B. Rumbaugh　C. Coad　D. Jacobson

5. UML 语言包含几大类图形？（ ）

A. 3　B. 5　C. 7　D. 9

二、简答题

1. 简述统一建模语言(UML)。

2. 简述面向对象分析方法(OOA)的 5 个基本步骤。

3. 简述用例模型的组成元素以及建模步骤。

4. 用例图中的参与者和用例分别表示什么？

5. 类图由哪几部分组成，分别表示什么意思？

6. 序列图和协作图之间有什么关系？

【微信扫码】
本章参考答案 & 相关资源

第6章

软件体系结构设计

软件体系结构可以为大型软件设计和开发团队的设计者提供指导，软件体系结构的设计过程是一个具有多个步骤的过程，其主要任务是从信息需求中综合出数据结构、程序结构、接口特征和过程细节。

6.1 软件体系结构的概念

软件体系结构(architecture，也称“架构”)从高层抽象的角度刻画组成目标软件系统的设计元素(包括子系统、构件及类)以及它们之间的逻辑关联和协作关系。它是一个软件系统的基本组织，它体现在构件、构件间的相互关系以及构件与环境的关系中，还包括指导系统设计和进化的原则。软件体系结构并非是可执行的软件，它是一种设计表示，通过该表示使得软件体系结构师能够分析其所完成的设计是否满足软件需求，以减少软件构造过程中存在的风险。

软件体系结构包含三大要素，分别是组件(component)、连接件(connector)和约束(constraints)。组件一般是指类和对象；连接件表示组件之间的连接和交互关系；约束表示组件中的元素应满足的条件，以及组件经由连接件组装成更大模块时应满足的条件。图6-1是个人银行系统警报模块的体系结构简图。

图6-1中涉及组件、连接件和约束，图中将个人银行系统警报模块划分为用户界面、业务逻辑和物理设备接口三个层次。业务逻辑层是核心层，它负责存储所有业务数据并提供业务逻辑处理功能；用户界面层负责向用户呈现系统的操作界面，接收用户界面的输入并将其转换为内部事件传递给核心业务逻辑层；物理设备接口层应核心层的要求向传感器、报警器、报警电话等物理设备发送必要的控制指令，也负责接收来自传感器的监测数据。图中位于较高层次的软件元素可以向低层元素发出服务请求，低层元素完成计算后向高层元素发送服务应答，反之不行；每个软件元素根据其职责位于最恰当的一个层次当中，不可错置(如核心层不能包含界面呈现和界面输入接收职责，也不能直接与物理设备交互)；每个层次都可替换，即一个层次可以被能实现同样对外服务接口的层次所替代。

体系结构是以软件需求的实现为目标的软件设计蓝图，软件需求是体系结构设计的基础和驱动因素。软件需求，尤其是非功能需求，对软件体系结构具有关键性的塑形作用。

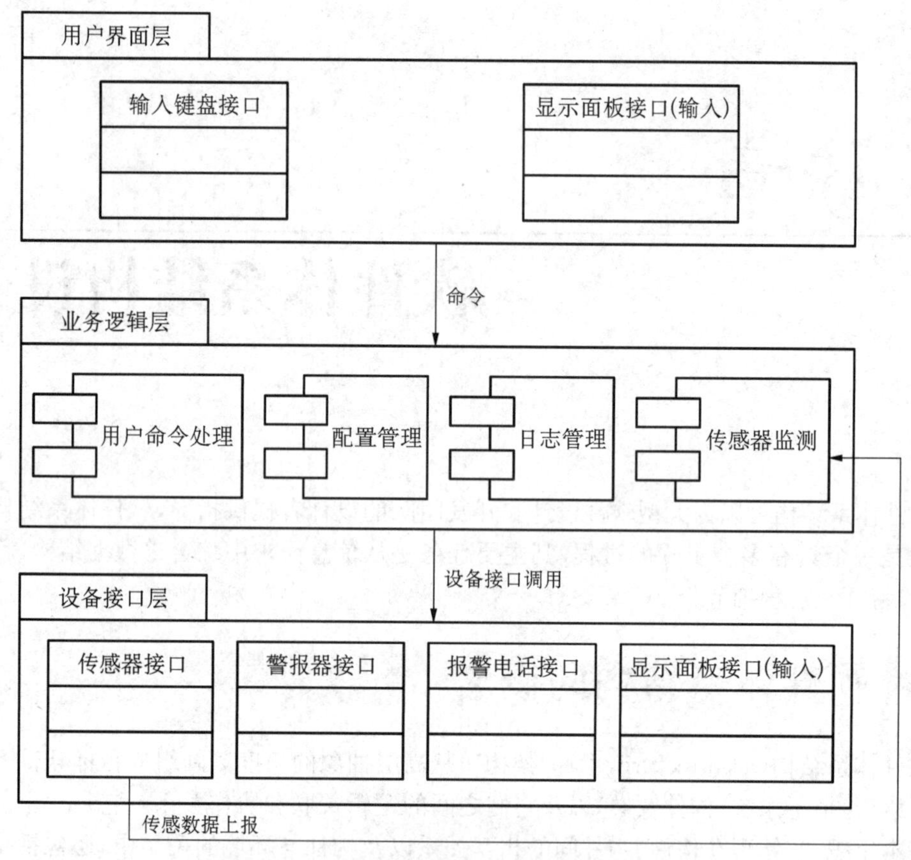

图 6-1　个人银行系统警报模块体系结构简图

体系结构除了和软件需求有上述关系外，与详细设计也有密不可分的关系，软件体系结构必须为详细设计提供可操作的指导和充分的约束。而详细设计是针对软件体系结构中某个未展开模块的局部设计，必须遵循体系结构中规定的原则、接口及约束。另外详细设计只能实现，但不能更改体系结构中规定模块的对外接口和外部行为。

6.2 体系结构视图

视图是从所关心的一组问题的角度出发，表示出的对整个系统的一种描述。Ratioanl 公司的 Philippe Kruchten 提出了用于描述软件体系结构的“4+1”模型。该模型的特点是用多种视图模型描述软件体系结构。所用的视图包括：逻辑视图(logical view)、过程视图(process view)、物理视图(physical view)、开发视图(development view)、场景视图(scenarios view)。5 种视图的关系如图 6-2 所示。

逻辑视图用于面向对象的分解，其涉众对象是最终用户。逻辑视图是从问题域出发，采用面向对象的方法得到了系统关键属性的抽象表示。其具体形式是对象和类，所以逻辑视图也称为“对象视图”或“业务视图”，主要描述系统的功能需求，是从系统构成的角度来描述所要开发的系统的功能。逻辑视图的符号表示如图 6-3 所示。

过程视图用于过程的分解，也称作“进程视图”，主要侧重系统的运行特性，并关注一些

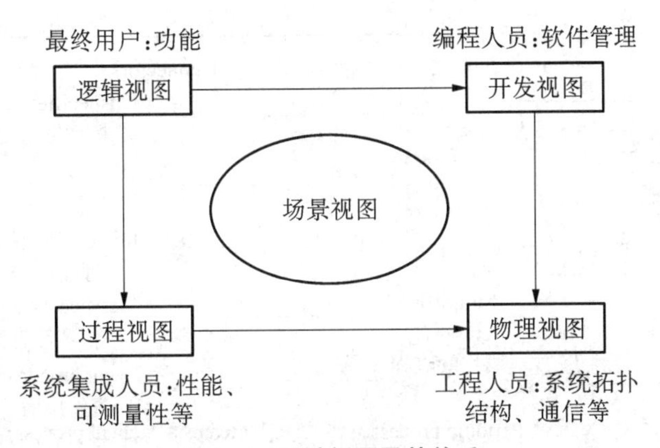

图 6-2 5 种视图及其关系

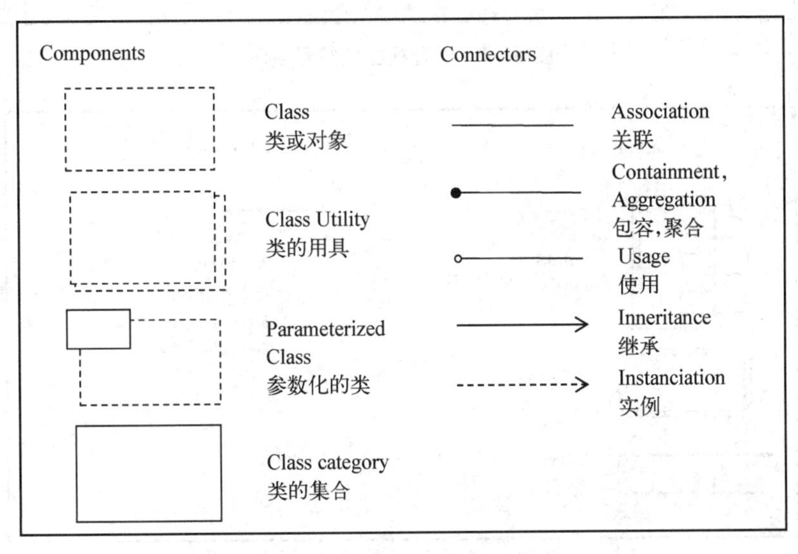

图 6-3 逻辑视图的符号表示

非功能性特性,譬如系统的性能、可用性和容错性。过程视图定义任务或过程是如何交互的,具体的交互方式可能包括通信、同步或互斥。过程视图的涉众对象是系统集成人员。过程视图的符号表示如图 6-4 所示。

开发视图用于子系统分解,也称作"模块视图"或"实现视图",主要侧重于软件模块的组织和管理。开发视图通过系统的输入输出关系的模块图和子系统图来表示。子系统被组织成层次化的结构,每一层为上一层提供严密的、明确定义的接口。开发视图要充分考虑软件内部的需求,如软件开发的容易性、软件的充用性和通用性,以及采用具体开发工具带来的局限性。开发视图的涉众对象是系统编程人员。开发视图的符号表示如图 6-5 所示。

物理视图用于从软件到硬件的映射,也称作"部署视图",主要描述如何把软件系统部署到实际的硬件环境中,并解决系统拓扑结构、安装、通信等问题。当软件运行在不同的环境中时,各视图的构件都要直接或间接地对应于不同的节点,例如有些用于开发和测试,有些用于培训等等。因此,从软件到节点的映射要有较高的灵活性,并最小限度地影响其他视图和系统实现。物理视图的涉众对象是工程人员。物理视图的符号表示如图 6-6 所示。

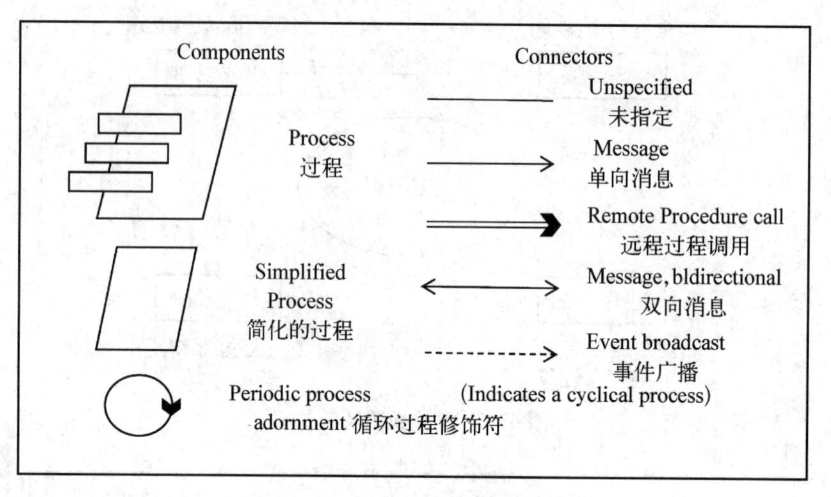

图 6-4　过程视图的符号表示

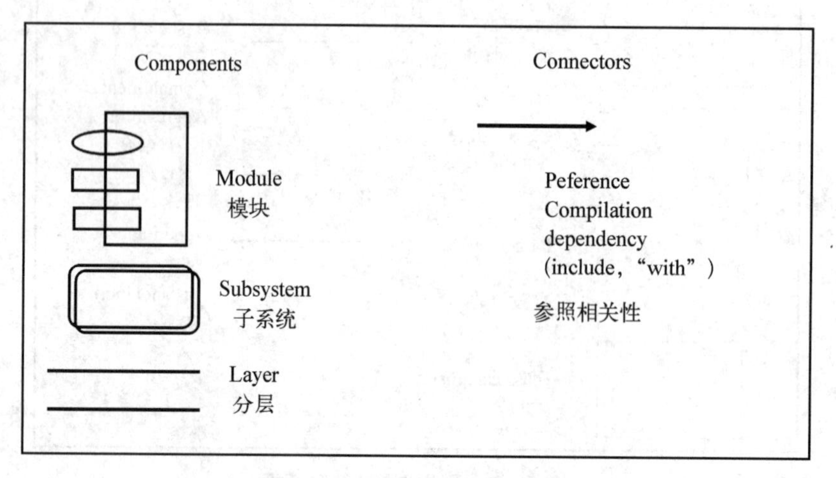

图 6-5　开发视图的符号表示

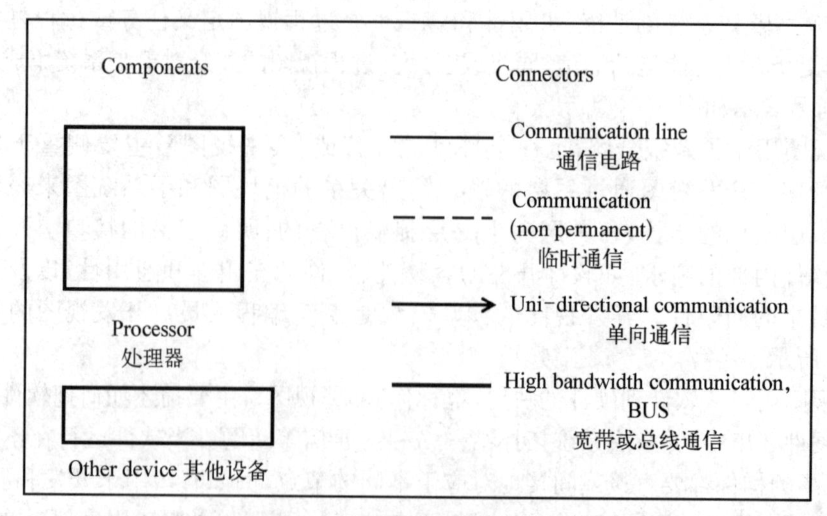

图 6-6　物理视图的符号表示

场景视图主要用于汇总，前面介绍的四种视图从不同侧面反映了软件体系结构。为了将它们联系起来，增加了场景视图。场景是系统的一些重要活动的抽象，也是“用例”(Use Case)的实例，因此有时将该视图称作“用例视图”。通过场景视图，可以使开发人员了解组件以及组件之间的作用关系，也可以用于辅助特定视图的分析。该视图可以用文字描述，也可以利用逻辑视图中的组件符号和过程视图中的连接件符号表示。

“4+1”模型的组成与作用如表6-1所示。

表6-1 “4+1”模型的组成与作用

	逻辑视图	过程视图	开发视图	物理视图	场景视图
构件	类	过程	模块、子系统	节点	用例、活动
连接件	关联、继承、使用	消息、广播、过程调用	参照相关性	通信线路	
涉众	最终用户	系统集成人员	开发人员	工程人员	用户、开发人员
关注点	功能	性能、可用性	组织、可用性、整体性	可伸缩性、性能、可用性	可理解性

6.3 体系结构描述

6.3.1 软件体系结构描述语言

软件体系结构描述语言(Architectural Description Language)简称ADL，是用来描述软件密集型系统的总体结构语言，是软件体系结构领域的一个重要研究成果。ADL从较高抽象层次上描述构件接口的语法和语义、系统中的构件和连接子以及它们之间的交互关系、构件的非功能属性以及构件间协议，从而建立系统的体系结构模型。但是大多数ADL只描述系统的静态结构，不支持对体系结构动态性的描述。UML作为体系结构建模工具，它不是一种体系结构的描述语言，而是一种设计语言。因此开发动态软件ADL是很有必要的。近年来代表性的体系结构描述语言有Dynamic Wright、Darwin、Z语言等。

1. Dynamic Wright

Dynamic Wright是体系结构描述语言Wright的一个扩展，Dynamic Wright的主要目的是试图模拟或标记已解决软件系统的动态性。采用Dynamic Wright具有较多的良好特性，其中之一就是能够很容易地描述软件的动态环境。

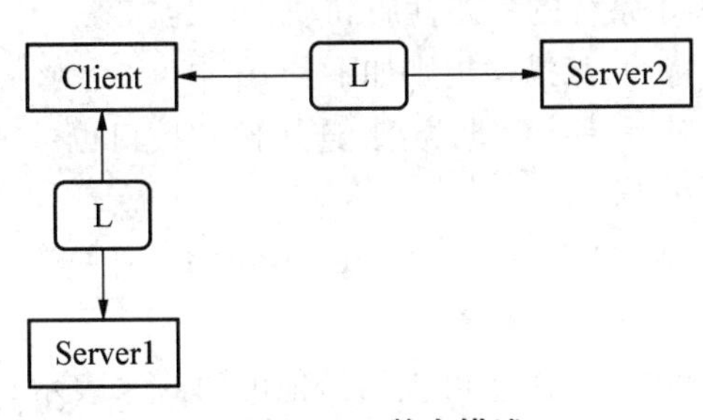

图6-7 静态描述

在客户—服务器的体系结构中，如果设计师想要对客户(Client)的每一步工作所依赖的服务器(Server)进行说明，比如Client最初是依赖于Server1的，当且仅当Server1出现问题时，Client将与Server2进行交互。因此，设计师必须用一个符号来表示每一个接触点L。

图6-7是上述问题的静态描述，它并不能清楚地反映出设计师对体系结构的动态依赖关系，

这样有可能导致设计师把一些关键的方面遗漏，它还需要一些额外的文本对体系结构的行为进行说明。如果采用 Dynamic Wright 来描述客户—服务器的体系结构，就用一个动态变化的新符号，即配置“Configuror(C)”。通过增加一个 Configuror 到 Wright 的标记中，设计师就能很好地阐述控制行为，使得设计师能更好地描述系统体系结构，“Configuror”主要涉及这些问题：

(1) 什么时候软件体系结构应该重新配置？

(2) 什么原因使得软件体系结构需要进行重新配置？

(3) 重新配置应该怎样进行？

图 6-8 是上述问题的动态描述，通过引入虚线和配置 C 来动态描述该系统的动态特征。这样设计师就能很容易地把系统的动态环境表述清楚。因此，Dynamic Wright 非常适合动态软件体系结构的环境描述。

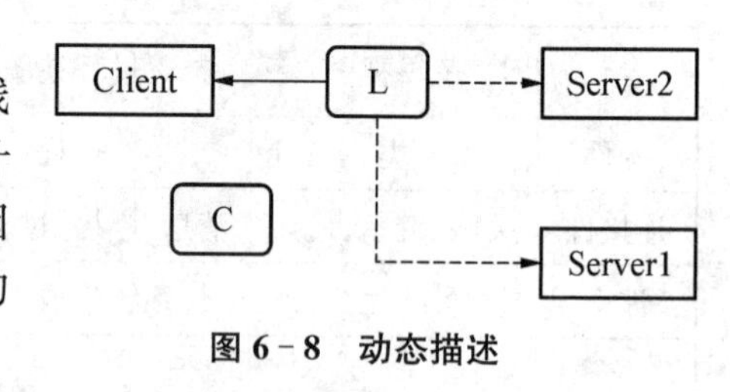

图 6-8 动态描述

2. Darwin

Darwin 是一个用于描述系统配置规划的 ADL，它把一个程序看成是由不同级别的构件进行相应的配置。相对于其他的 ADL，老程序员在使用 Darwin 上显得更容易些。Darwin 具有很多其他 ADL 的图形表示和文本表示的特点，Darwin 与其他的 ADL 的主要不同之处在于：Darwin 具有一个用于对构件所需要的和提供的服务进行指定的规则。图 6-9是一个采用 Darwin 对 filter 构件的图形化和文本化的描述。

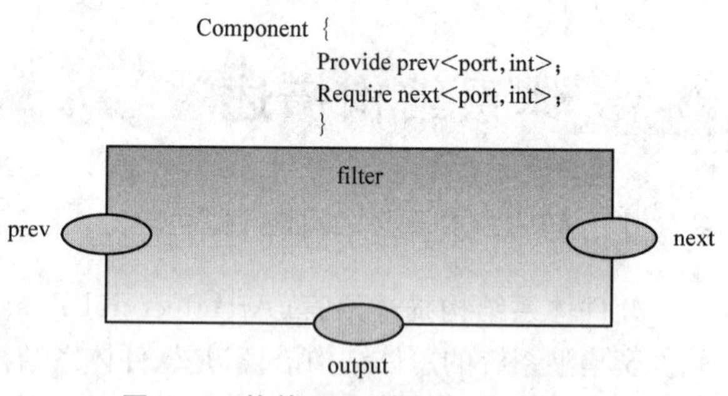

图 6-9 构件 filter 的 Darwin 描述

在 Darwin 中，服务的命名是局部命名(如 next 和 output)，每一个服务需要被局部地指定，也就是说每一个构件能够从系统中分离出来并且进行独立测试。Darwin 对于表示体系结构构件的开发和设计是一个相当成熟的工具，但是 Darwin 在其他方面的描述上并不是完美的。

3. Z 语言

Z 语言是一种基于集合理论和一阶谓词逻辑的形式语言或方法，支持软件形式化规格的推理及求精，是迄今为止应用最为广泛的形式语言之一。模式是语言的基本描述单位，一个软件系统主要是由若干个模式构成，这些模式刻画了系统的静态性质和动态行为。

采用扩展的 Z 语言来描述软件体系结构的动态特性，其描述规则如下：

(1) 构件可以表示一个数据类型，接口同样可以表示一个数据类型，连接件和接口也可以表示数据类型。

(2) 接口是用来表示接收还是发出请求的，其接口应该是属于{receive, send} 两种类型，定义了接口的具体行为。

(3) 模式名字可以定义一个具体的接口构件或系统，其模式可包括其他的模式来表示其结构和行为。

(4) 构件之间的连接是通过连接件来实现的,其连接行为也可以定义是一个类型。

扩展的Z语言从语义与语法上描述了体系结构中构件连接件和配置,如图6-10所示。

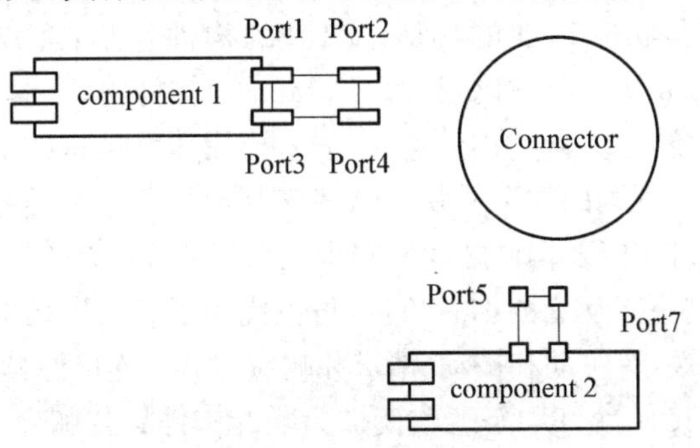

图6-10 扩展Z语言描述软件体结构

6.3.2 软件体系结构形式化描述

软件体系结构核心模型(Software Architecture Core Model)=构件(Components)+连接件(Connectors)+约束(Constraints)。构件作为一个封装的实体,仅通过其接口与外部环境进行交互,而构件的接口是由一组端口组成的,每个端口表示构件与外部环境之间的交互点;连接件作为软件体系结构建模的主要实体,同样也有接口,连接件的接口是由一组角色构成的,每个角色定义了该连接所表示交互的参与者。软件体系结构可以表示为以下形式:

软件体系结构::=软件体系结构核心模型|软件体系结构风格

软件体系结构核心模型::=(构件,连接件,约束)

构件::={端口1,端口2,…,端口N}

连接件::={角色1,角色2,…,角色M}

约束::={(端口i,角色j),…}

软件体系结构风格::={管道—过滤器,客户/服务器,仓库,…}

其中,符号“::= ”是“相当于”的意思,具体如图6-11所示。

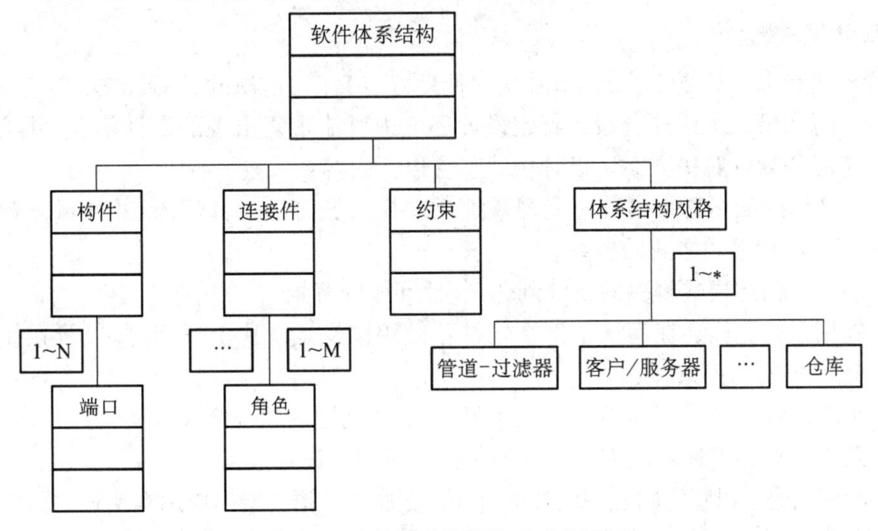

图6-11 软件系统结构形式化描述

构件是具有一定功能和可明确辨识的软件单位，且构件应具备语义完整性、语法正确性和可重用性的特点；在结构上，构件是语义描述、通信接口和实现代码的复合体，是计算和数据的存储单元，是计算与状态存在的场所。典型的构件包括：客户(Client)构件、服务器(Server)构件、过滤器(Filter)构件和数据库(Database)构件等。

连接件也是一组对象，把不同的构件连接起来，形成体系结构的一部分，是用来建立构件之间交互和支配这些交互规则的构造模块。这些交互包括消息和信号量的传递，功能和方法的调用，数据的传送和转换，以及构件之间的同步关系和依赖关系等。连接件的接口是其所关联构件的一组交互点，这些交互点被称为角色，角色代表了参与连接的构件的作用和地位，体现了连接所具有的方向性，有主动和被动、请求和响应之分。连接件具有以下主要特性是：

(1) 可扩展性。连接件允许动态地改变被关联的构件集合和交互关系。

(2) 互操作性。被连接的构件通过连接件对其他构件进行直接或间接操作。

(3) 动态连接性。对连接的动态约束，连接件对所关联的构件可以实施不同的动态处理。

(4) 请求响应性。请求响应性是指响应的并发性和时序性。

常见的连接件有：管道—过滤器体系结构风格中的管道(pipe)、客户/服务器体系结构风格中的通信协议和通信机制及数据库和应用程序之间 SQL 连接等。

约束(Constraint)是构件与其关系之间所必须满足的条件和限制，描述了系统的配置关系和拓扑结构，确定了体系结构调整的构件和连接件的关联关系；体系结构约束提供了相关限制，以确定构件是否正确、连接接口是否匹配以及连接件的通信是否正确，同时，说明了实现要求行为的语义组合。约束将软件体系结构与系统需求紧密地联系起来，在体系结构约束中，要求构件端口和连接件角色之间是显式连接的。

6.4 软件体系结构设计模式

6.4.1 设计模式概念及分类

1. 设计模式概念

设计模式是以设计复用为目的，采用一种良好定义的、正规的、一致的方式记录的软件设计经验。每条模式关注在一般或特定设计环境中可能重复出现的设计问题，并给出经过充分实践考验的软件解决方案。设计模式包含以下内容：

(1) 设计模式的名称。名称应能概观地反映模式蕴含的设计经验，并尽量体现它与业界广泛采用的已有模式之间的关系。

(2) 问题。描述模式解决的设计问题，包括问题的背景。

(3) 施用条件。描述在何种条件下才推荐使用该模式解决上述问题，以及在使用本模式之前必须考虑的约束条件。

(4) 解决方案。这是设计模式的主体部分，描述问题的软件解决方案。

(5) 效果。描述上述解决方案导致的正面及负面的设计效果。

(6) 示例代码。以特定的程序设计语言或类程序设计语言给出应用本模式的示例代码。

(7) 关联模式。说明本模式继承或扩展了哪些模式，与哪些模式关联。

2. 设计模式分类

设计模式可以按照以下标准分类：

(1) 根据模式提供的解决方案抽象程度，模式自高至低可依次划分为：

① 体系结构设计模式。面向整个软件系统或规模较大的软件子系统，给出抽象程度较高的结构化组织方式。

② 软件子系统或构件设计模式。面向中等规模的软件子系统或构件，以独立于程序设计语言的方式，给出内部的软件元素(粒度更小、抽象级别更低的子系统或构件)的结构化组织方式。

③ 面向软件实现的设计模式。针对软件子系统或构件中的某个特定问题，描述如何利用特定的程序设计语言的具体特征来解决此问题。

(2) 从模式解决的设计问题的类别看，模式可划分为：

① 创建型模式(工厂方法模式、生成器模式)。专门解决复杂对象的创建问题。

② 结构型模式(Adapter 适配器模式、Bridge 桥接模式)。将软件系统、子系统或构件分解为粒度更小的软件元素，规定其职责和协作方式。

③ 行为型模式(Interpreter 解释器、Iterator 迭代)。不仅描述软件系统、子系统或构件的内部结构，更强调位于结构中的软件元素在协同解决问题时的通信及控制流模式。

④ 分布型模式(客户机/服务器构架)。为构件分布于网络中不同计算机的软件系统提供系统结构和远程互操作方法。

⑤ 适应性模式(微核模式)。专门针对软件系统、子系统或构件的扩展、改进、演进、变更等设计问题提供软件解决方案。

⑥ 访问控制模式(MVC)。专门针对构件、软件服务或共享资源的访问控制问题提供软件解决方案。

(3) 根据模式基于的计算平台类别，模式可划分为：

① 独立于计算平台的设计模式。

② 面向特定计算平台(如 J2EE、.NET 等)的设计模式。

6.4.2　通用体系结构设计模式

软件体系结构设计模式是以标准并且规范的方式记录软件设计经验，支持软件设计复用。通用体系结构设计模式是专门针对体系结构设计问题的设计模式，是软件体系结构设计的经验结晶。主要包括分层模式、管道与过滤器模式、黑板模式。

1. 分层模式

将软件系统按照抽象级别逐次递增或递减的顺序划分为若干层次，每层由一些抽象级别相同的构件组成。在严格的分层体系结构中，每层的构件仅为紧邻其上的抽象级别更高的层次提供服务，并且它们仅使用紧邻下层提供的服务；在稍松散的分层体系结构中，服务提供者和接受者可以跨越中间层，但前者一定位于比后者更高的抽象层次。分层体系结构模式示意图如图 6 - 12 所示。

层次之间的连接有两种形态：

(1) 高层构件向低层构件发出服务请求，低层构件在计算完成后向请求者发送服务应答。在此过程中，低层构件可能向更低层构件发送抽象级别更低、粒度更细的服务请求。

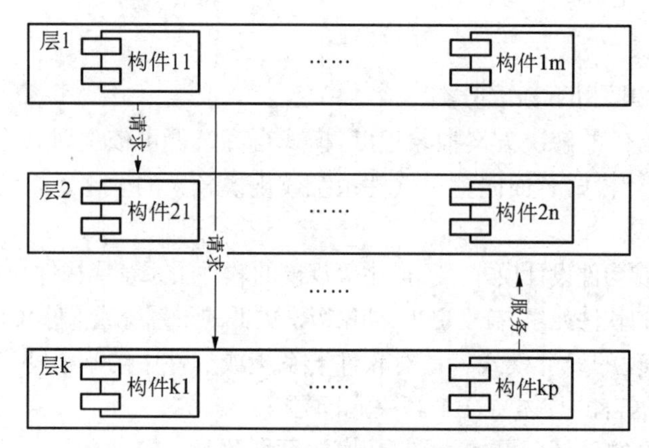

图 6-12 分层体系结构模式示意图

(2) 低层构件在主动探测或被动获知计算环境的变化事件后通知高层构件,这种通知链可能一直延伸到最高层以便软件系统向用户报告,也可能中止于某个中间层次。

每个层次对上层服务接口的两种组织方式如下:

① 层次中的每个提供服务的构件公开其接口。

② 将这些接口封装于层次的内部,每个层次提供统一的、整合的服务接口。

需要说明的是,合理地确立一系列抽象级别是采用分层模式进行体系结构设计的关键。分层体系结构模式具有以下优点:

(1) 松耦合。通过软件层次的划分和层间接口的规整有效降低整个软件系统的耦合度,强化软件系统各构件之间依赖关系的局部化程度。

(2) 可替换性。一个层次可以被实现了同样的对外服务接口的层次所替换;接口变化给层次替换带来的影响仅限于直接使用该层服务的上层构件。

(3) 可复用性。具有良好定义的抽象级别和对外服务接口的层次可以在不同的上下文环境中实现复用。

(4) 标准化。定义清晰、广为接受的抽象级别可促进标准化构件和标准化接口的开发。

同时,分层体系结构模式也存在着一些缺点:

(1) 高层功能可能需要逐层调用下层服务,返回值、报错信息又需逐级上传,这种过程一般会比直接实现高层功能更耗时。

(2) 如果低层服务还完成了最初的服务请求者所不需要的冗余功能,那么性能损耗就会更严重。

2. 管道与过滤器模式

一个软件系统可以有多个数据源(data source)和多个数据汇(data sink)。整个软件系统的输入由数据源提供,它通过管道与过滤器相连。软件系统的最终输出由源自某个过滤器的管道流向数据汇。典型的数据源和数据汇包括数据库、文件、其他软件系统、物理设备等。

在管道和过滤器模式中,构件被称为“过滤器”(filter),而连接件被称为“管道”(pipe)。管道与过滤器模式是将软件系统的功能实现为一系列处理步骤,每个步骤封装在一个过滤器构件中。相邻过滤器之间以管道连接,一个过滤器的输出数据借助管道流向后续过滤器,作为其输入数据。

管道与过滤器模式示意图如图 6-13 所示。

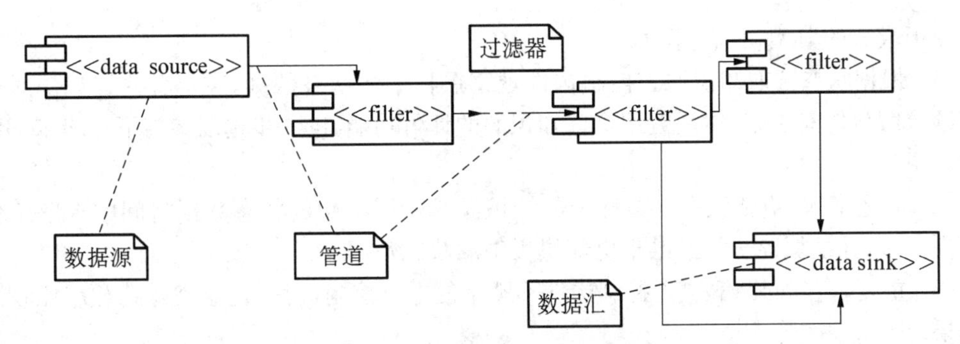

图 6-13　管道与过滤器模式示意图

过滤器、数据源、数据汇与管道之间协同工作，管道负责提取位于其源端的过滤器的输出数据。一般情况下，过滤器以循环方式工作，不断从管道中提取输入数据，并将输出数据压入管道，此种过滤器称为主动过滤器；被动过滤器是管道将输入数据压入位于其目标端的过滤器，过滤器被动地等待输入数据。

需要注意的是，如果管道连接的两端均为主动过滤器，那么管道必须负责它们之间的同步，典型的同步方法是先进先出缓冲器。如果管道的一端为主动过滤器，另一端为被动过滤器，那么管道的数据流转功能可通过前者直接调用后者来实现。

管道与过滤器模式的优点是可以通过升级、更换部分过滤器构件及处理步骤的重组，实现软件系统的扩展和进化；不足是仅适合采用批处理方式的软件系统，不适合交互式、事件驱动式系统。

3. 黑板模式

黑板模式适合于没有确定的求解方法的复杂问题。黑板模式将软件系统划分为黑板、知识源和控制器三类构件：

(1) 黑板。负责保存问题求解过程中的状态数据，并提供这些数据的读写服务。

(2) 知识源。负责根据黑板中存储的问题求解状态评价其自身的可应用性，进行部分问题求解工作，并将此工作的结果数据写入黑板。

(3) 控制器。负责监视黑板中不断更新的状态数据，安排(多个)知识源的活动。

黑板模式示意图如图 6-14 所示。

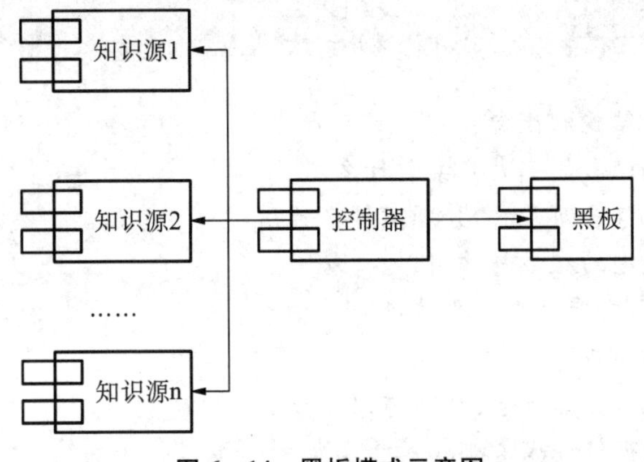

图 6-14　黑板模式示意图

黑板模式的典型动作过程如下：

(1) 根据状态选取知识源。控制构件观察黑板中的状态数据，决定哪些知识源对后续的问题求解可能有贡献，然后调用这些知识源的评价功能，进一步选取参与下一步求解活动的知识源。

(2) 问题求解，更新状态。被选中的知识源基于黑板中的状态数据将问题求解工作向前推进一步，并根据此步骤的结果更新黑板中的状态数据。

(3) 重复，直到问题解决。控制构件不断重复上述控制过程，直至获得满意或比较满意的结果。

黑板模式具有以下优点：

(1) 黑板模式的知识源和控制构件可灵活更换、升级，支持采用不同的知识源、不同控制算法来试验各种问题求解方法。

(2) 知识源之间没有互操作，知识源与控制构件和黑板之间均通过良好定义的接口进行交互，知识源的复用性较好。

(3) 知识源的问题求解动作是探索性的，允许失败和试错，采用此模式的软件系统具有较好的容错性和健壮性。

同时，黑板模式也存在着以下缺点：

(1) 问题求解性能较低、有时无法预测求解时间。

(2) 不能确保获得最优解。

(3) 知识源和控制器两种构件的开发困难。

(4) 问题求解路径不确定，软件测试困难。

6.5 本章小结

本章主要介绍了软件体系结构的概念，对软件体系结构包含的三大要素进行了详细的阐述，在此基础上详细介绍了体系结构视图及用于描述软件体系结构的"4+1"模型的相关知识。本章还通过对几种软件体系结构描述语言及软件体系结构形式化描述方法的介绍使读者了解软件体系结构的描述方法。最后对软件体系结构的设计模式及分类做了详细的阐述。

习　题

1. 简述软件体系结构的概念。

2. 软件体系结构包含的三大要素是什么？

3. 体系结构视图包含哪几种，分别有什么作用？

4. 简述"4+1"模型的组成与作用。

5. 什么是连接件，它有什么主要特性？

6. 简述设计模式的概念。

7. 设计模式有几种分类方法，分别可以细分成几种类别。

8. 通用体系结构设计模式有哪些？

9. 简述分层模式的优缺点。

【微信扫码】
本章参考答案 & 相关资源

第 7 章

软件设计与实现

软件设计和实现是软件工程过程中的一个阶段，在此阶段可以开发出可执行的软件系统。软件设计和实现活动总是交叉进行的。软件设计是创造性活动，我们可以基于客户的需求识别系统组件及其关系，实现是设计转变为程序的过程。设计和实现是紧密相连的，因此通常在设计的过程中需要考虑到实现的因素。

7.1 基于 UML 的面向对象设计

软件系统的设计，是由概念设计转变为详细的面向对象的设计过程，因此，需要完成如下几点：

(1) 了解并定义上下文和与系统的外部交互。

(2) 设计系统体系结构。

(3) 识别出系统中的主要对象。

(4) 开发设计模型。

(5) 定义对象接口。

7.1.1 系统上下文与交互

软件设计的首要阶段是需要了解待开发软件和外部环境之间存在的关系，以确定如何提供系统所需要的功能以及如何构成系统以便它能有效地与环境进行通信。理解上下文还对系统边界的建立有所帮助。系统上下文模型描述开发中的系统与外部环境中的其他系统之间的相互关系。以个人网上银行系统为例，该系统的参与者主要包括：

(1) 客户。

(2) 银行系统。

(3) 银联中心。

(4) 中国人民银行数据中心。

系统的上下文模型可以用关联关系来表示，图 7－1 显示了个人网上银行系统的上下文模型。可以看出，一个银行系统中包括个人客户；每个客户都可以在中国人民银行数据中心中查询到自己的征信报告；每个银行系统可以通过中国人民银行数据中心查询该银行客户的征信信息；当客户要进行跨行转账时，可通过银行系统连接银联中心来完成此项功能。

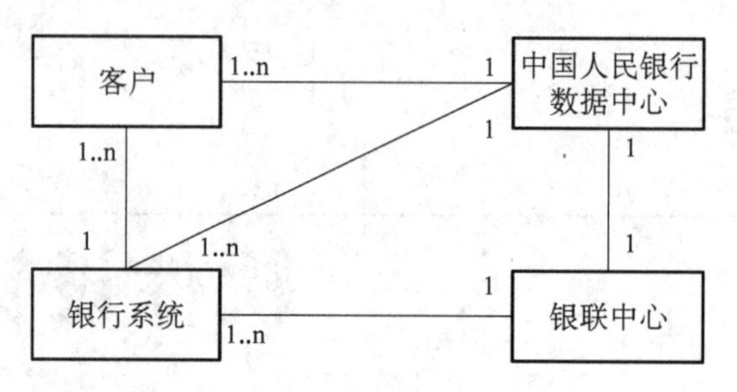

图 7－1 个人网上银行系统上下文

对系统进行上下文建模时，不需要考虑太多的细节问题，只需要厘清业务系统中各参与者之间以及各参与者与外部环境之间的关系即可。

7.1.2 体系结构的设计

一旦完成系统的上下文模型的设计，就明确了系统所处环境的定义。因此可将上下文模型作为系统体系结构设计的基础。结合第 6 章中的体系结构设计模式，首先需要识别出组成系统的主要组件以及组件之间的交互，然后利用分层结构、C/S 结构、B/S 结构等模式来组织这些组件信息。随着个人移动终端的快速发展，移动端 APP 可更加方便和安全地进行网上转账、网上支付等银行事务。因此，本系统的体系结构采用 C/S 结构，其体系结构模型如图 7－2 所示。

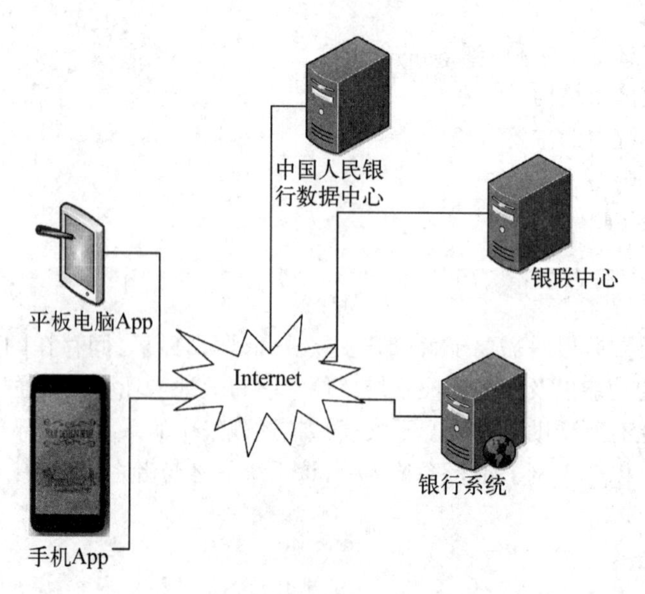

图 7－2 个人网上银行系统的 C/S 体系结构

根据第四章中对个人网上银行系统的需求分析，该系统可由登录与安全验证子系统、账户管理子系统、转账汇款子系统、投资理财子系统、信用卡子系统和支付缴费子系统 6 个独立的子系统组成，他们通过共有链路实现通信。该系统的顶层结构如图 7－3 所示。

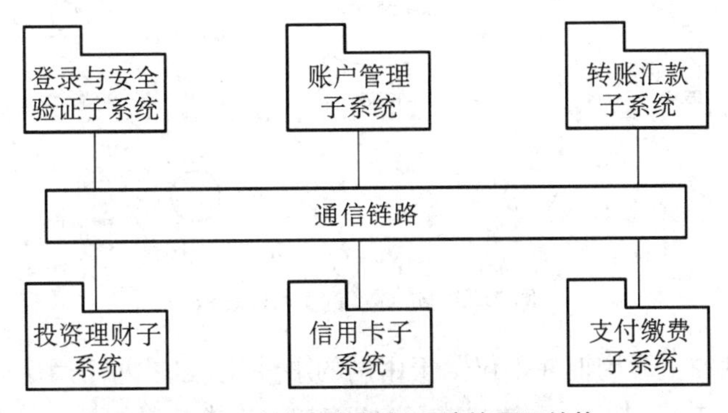

图 7－3　个人网上银行系统的顶层结构

7.1.3　对象类识别及设计模型

根据第 4 章个人网上银行系统的需求模型，我们可以很容易的抽象出系统的主要对象。用例模型中的用例描述有助于识别系统中的对象及其操作。如何识别业务系统中的对象可从以下几个方面来进行：

(1) 对业务系统中的自然语言描述进行文法分析。查找名词(名词短语)和动词(动词短语)信息。其中，名词(名词短语)可代表对象和属性，动词(动词短语)代表操作或服务。

(2) 使用现实生活中的事物进行对象的提取。这些真实的事物包括实实在在的事物、充当角色、组织部门、设备、图法事件、事件或交互行为以及地点位置等。具体的事物可见图 7－4 所示。

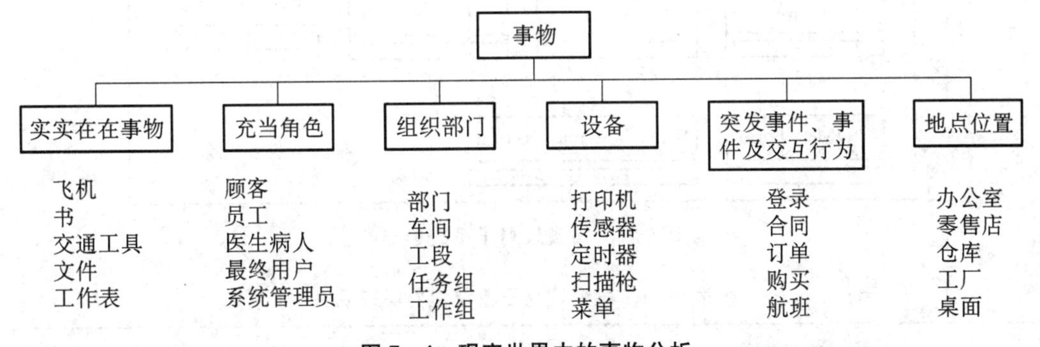

图 7－4　现实世界中的事物分析

(3) 对用例脚本进行分析，识别出该脚本中涉及的对象、属性和操作信息。

在个人网上银行系统中，按照面向对象的设计原则和依据需求模型，对象的识别可从三个方面进行。

① 识别边界类，通常一个参与者与一个用例之间的交互或通信关联对应一个边界类(图 7－5)。

识别边界类应当注意的问题：

● 边界类应关注于参与者与用例之间交互的信息或者响应的事件，不要描述窗口组件等界面的组成元素；

● 在分析阶段，力求使用用户的术语描述界面；

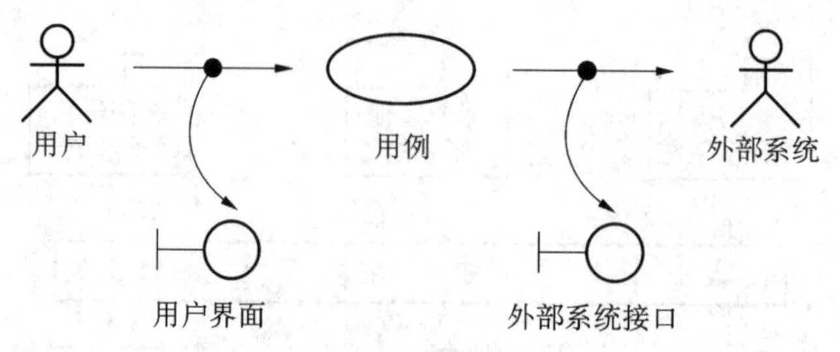

图 7-5 边界类的 UML 表示

● 边界类实例的生命周期并不仅限于用例的事件流，如果两个用例同时与一个参与者交互，那么它们有可能会共用一个边界类，以便增加边界类的复用性。

结合 4.7 节中的需求模型，以个人网上银行系统的投资理财子系统为例进行对象类的识别，该子系统的用例包括贷款、购买基金、购买金融产品、购买保险、购买国债、购买外汇、购买债券、购买贵金属等。根据边界类的识原则，该子系统的边界类对象如图 7-6 所示。对这些边界类的说明见表 7-1 所列。

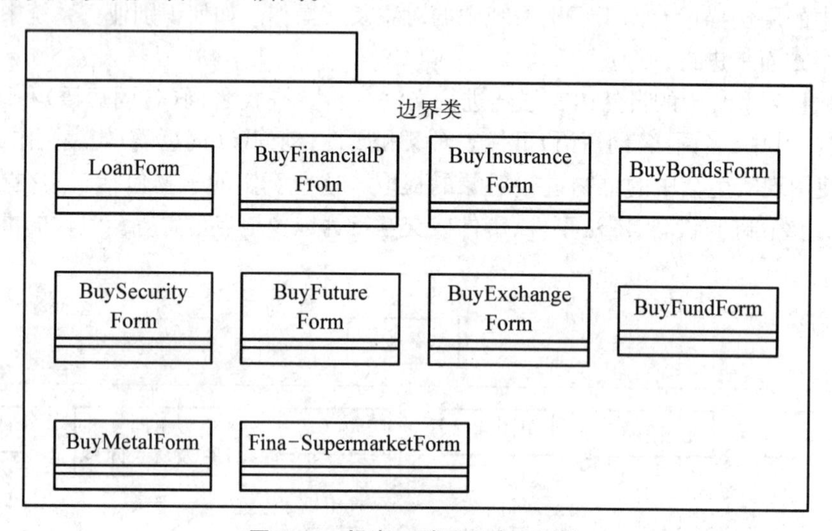

图 7-6 投资理财子系统边界类

表 7-1 投资理财子系统边界类说明

边界类	说　明
LoanForm	注册客户进行贷款界面
BuyFinancialPForm	注册客户购买理财产品操作界面
BuyInsuranceForm	注册客户购买保险产品操作界面
BuyBondsForm	注册客户购买国债操作界面
BuySecurityForm	注册客户购买证券操作界面
BuyFutureForm	注册客户购买期货操作界面
BuyExchangeForm	注册客户购买外汇操作界面
BuyFundForm	注册客户购买基金操作界面

续 表

边界类	说 明
BuyMetalForm	注册客户购买贵金属操作界面
Fina-SupermarketForm	注册客户进行网上金融超市管理界面

② 识别控制类，控制类负责协调边界类和实体类，通常在现实世界中没有对应的事物。一般来说，一个用例对应一个控制类(图 7－7)。

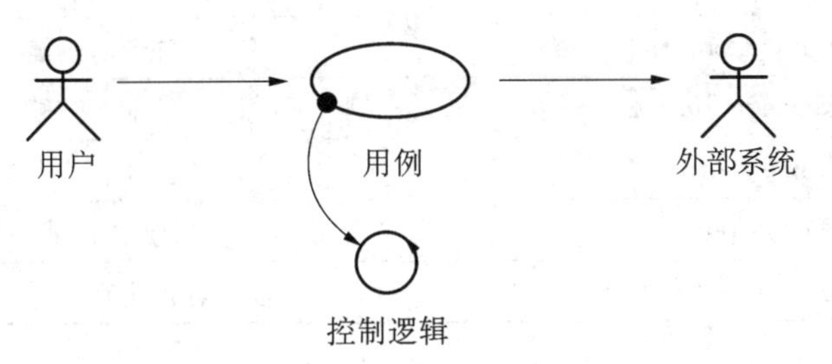

图 7－7 控制类的 UML 表示

识别控制类应当注意的问题：

● 当用例比较复杂时，特别是产生分支事件流的情况下，一个用例可以有多个控制类。

● 在有些情况下，用例事件流的逻辑结构十分简单，这时没有必要使用控制类，边界类可以实现用例的行为。

● 如果不同用例包含的任务之间存在着比较密切的联系，则这些用例可以使用一个控制类，其目的是复用相似部分以便降低复杂性。通常情况下，应该按照一个用例对应一个控制类的方法识别出多个控制类，再分析这些控制类找出它们之间的共同之处。

根据以上控制类识别规则，投资理财子系统的控制类如 7－8 所示。对这些控制类的说明见表 7－2 所列。

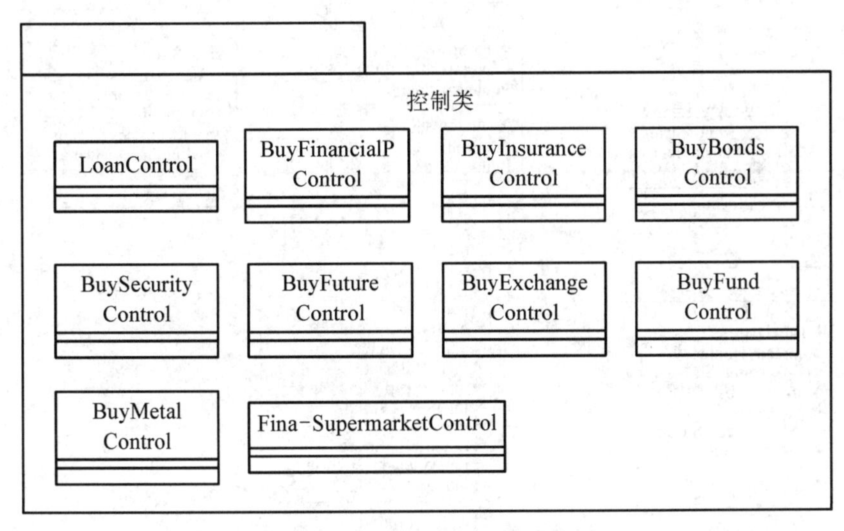

图 7－8 投资理财子系统控制类

表 7-2 投资理财子系统控制类说明

控制类	说 明
LoanControl	注册客户进行贷款操作
BuyFinancialPControl	注册客户购买理财产品
BuyInsuranceControl	注册客户购买保险产品
BuyBondsControl	注册客户购买国债
BuySecurityControl	注册客户购买证券
BuyFutureControl	注册客户购买期货
BuyExchangeControl	注册客户购买外汇
BuyFundControl	注册客户购买基金
BuyMetalControl	注册客户购买贵金属
Fina-SupermarketControl	注册客户进行网上金融超市管理

③ 识别实体类,实体类通常是用例中的参与对象,对应着现实世界中的“事物”(图 7-4)。识别实体类应当注意的问题:

● 实体类的识别质量在很大程度上取决于分析人员书写文档的风格和质量。

● 自然语言是不精确的,因此在分析自然语言描述时应该规范化描述文档中的一些措辞,尽量弥补这种不足。

● 在自然语言描述中,名词可以对应类、属性或同义词等多种类型,开发人员需要花费大量的时间进行筛选。

根据实体类识别规则,个人网上银行系统的实体对象包括理财记录、开户记录、贷款记录、消费记录、销户记录、挂失记录、存款记录、转账记录、查询记录、取款记录、透支记录等。受篇幅所限,图 7-9 中列出了 5 个实体对象的详细信息。运用应用域知识可以识别出其他

图 7-9 个人网上银行系统的部分实体对象

对象、属性和服务。在设计过程的这个阶段，需要专注于对象本身，而不要过多地去想它们的实现方法。一旦识别出对象，就需要对这些对象进行精炼，在对象之间寻找共同点，并为系统设计继承层次。

7.1.4 设计开发模型

开发模型中不但包含了对象或对象类，同时也描述了实体间的关联与关系。这些模型是系统需求与系统实现之间的桥梁，同时也为程序员提供充分的细节以便实现程序的功能。因此，用 UML 面向对象进行设计时，通常需要设计如下两类模型：

(1) 结构模型，通过系统对象类及其之间的关系来描述系统的静态结构。在这一阶段需要记录的重要关系包括关联关系、泛化关系、实现关系、使用关系、聚合关系和组成关系等。该模型可由 UML 的实体类模型来表示。因此，通过对个人网上银行系统的实体对象进行分析和抽象，该系统的部分实体类模型如图 7-10 所示。

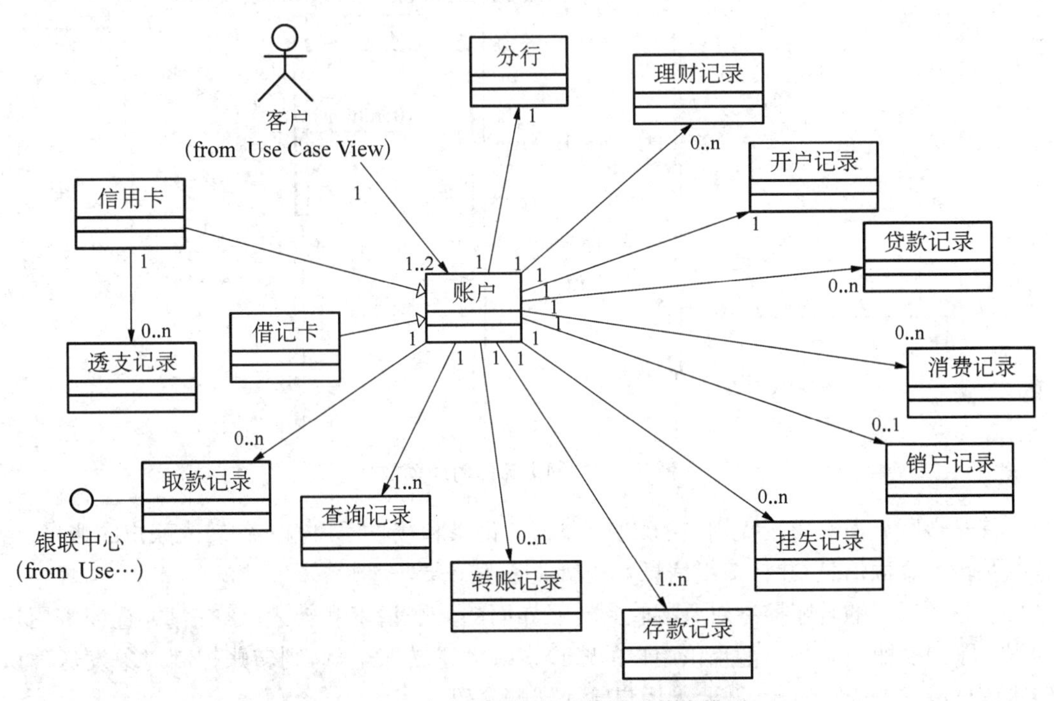

图 7-10 个人网上银行系统的实体类模型

(2) 动态模型，描述系统的动态结构和系统对象之间的交互。需要记录的交互包括由对象发出的服务请求序列以及由这些对象交互发出的状态变化。该动态模型中，描述对象之间为了完成某个业务而进行的一系列活动的执行顺序，以及描述对象之间传递消息的时间顺序，可用 UML 时序模型来表示；而描述一个对象在其生存周期间的动态行为，表现一个对象所经历的状态序列，引起状态转移的事件(event)，以及因状态转移而伴随的动作(action)，可用 UML 状态模型来表示。

UML 时序模型作为一个动态模型，重点描述每种交互模式下发生的对象交互序列。在设计时，应该为每一个重要的交互设计一个时序模型。而这样的交互，往往表现为需求模型中的一个用例实现。因此，可依据用例描述来设计时序模型的内容。以个人网上银行系统中的转账用例为例，该用例的时序模型如图 7－11 所示。

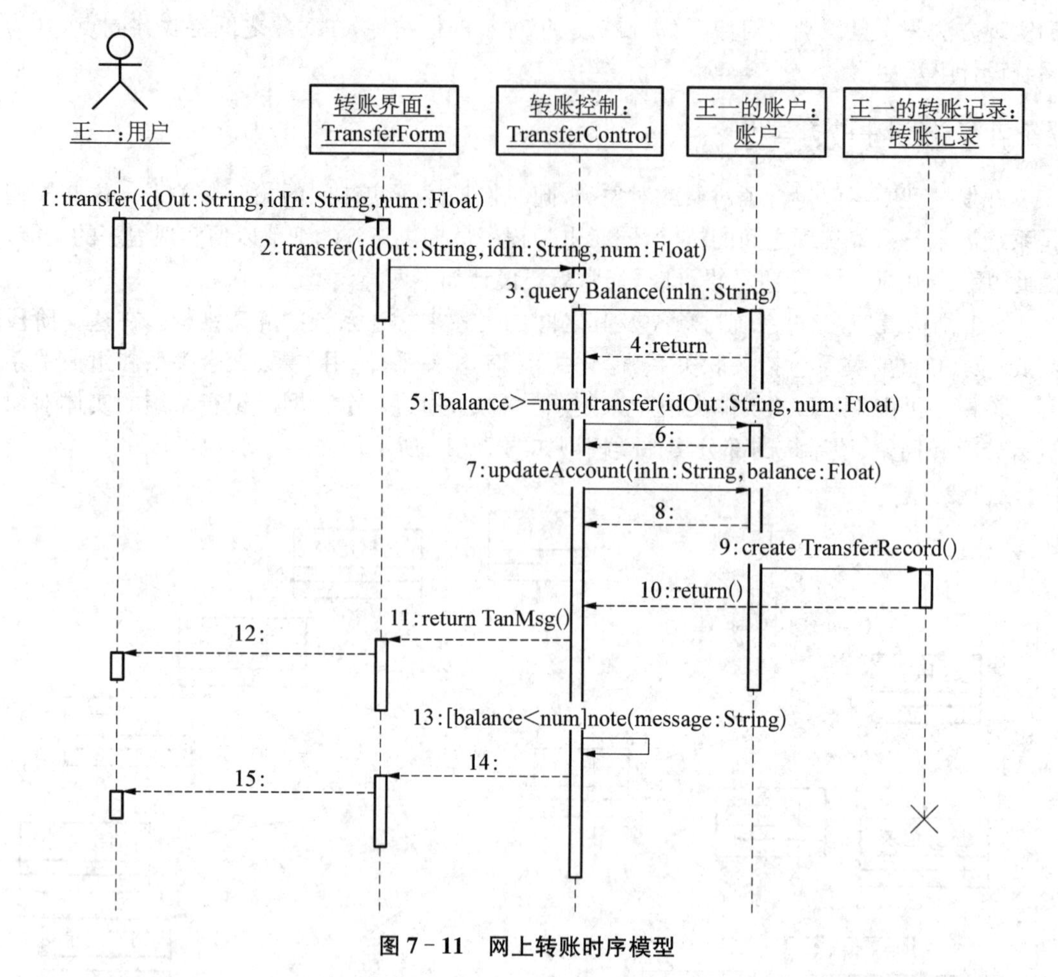

图 7－11　网上转账时序模型

首先转账界面对象接收用户的转账请求，并记录和接收用户输入的转入账户的账号、名称以及转入金额信息，并将该组信息发送给业务逻辑层处理。

业务逻辑层的转账控制对象接收到转账界面的转账请求和转入账户信息，查询该用户的银行账户及账户余额。如果该用户的账户余额大于转账金额，则转账控制对象发送确认转账信息给转账界面对象，并要求用户输入转账密码。

用户通过转账界面输入交易密码，转账界面对象发送该密码信息给转账控制对象，转账控制对象验证该密码，当密码正确时，实施转账，更新该用户的账户余额信息，并添加一条转账记录，并将该转账记录返回给转账界面对象。如果该用户的账户余额小于转账金额，则转账控制对象直接返回转账界面对象，并提示用户余额不足的信息。

因此，程序员可以通过以上的时序模型，设计转账用例的代码实现细节。其中，时序模型中的对象消息可以直接转换为该对象类中方法；时序模型中的消息顺序可直接转换为代码中的程序执行顺序。

从以上时序模型中可以看出，时序模型中不显示对象所有可能的动态行为，只显示特定交互场景（一个具体的用例）中对象的行为。因此，可利用 UML 状态图显示对象所有的动态行为。根据第5章中的状态建模步骤,以信用卡对象为例,该对象的所有状态变化如图7-12所示。

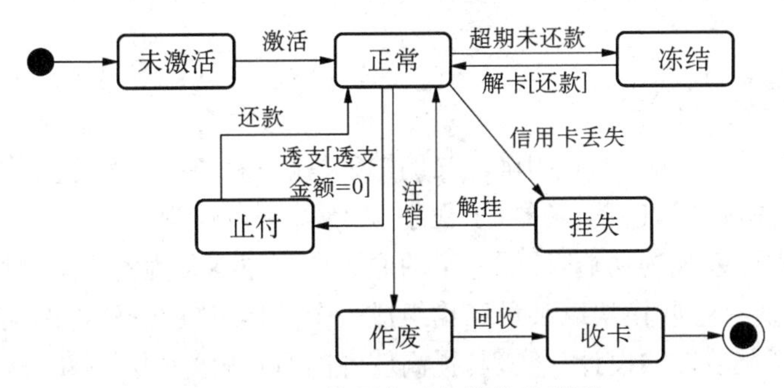

图7-12 信用卡对象的状态模型

从该状态模型中可以看出,信用卡对象具有未激活、正常、冻结、止付、挂失、作废、收卡几个状态。首先用户的信用卡需要激活才能正常使用,正常使用状态下用户可以进行消费、存取款操作;当信用卡遗失,用户可以在网上申请挂失,一旦用户找到该卡或者重新申请了新卡,实施解挂操作,该卡的状态变为正常状态;当用户可透支余额为0时,该卡状态变为止付状态,在该状态下用户不能进行消费等操作,一旦用户还款,则该卡转变为正常状态;当信用卡超期未还款,则该卡进入冻结状态,只有当用户还款并申请解卡,该卡才能转变为正常状态;当用户不需要使用该卡时,可申请注销,则该卡变为作废状态。

7.1.5 接口设计

接口泛指实体把自己提供给外界的一种抽象化物(可以为另一实体),由内部操作分离出外部沟通方法,使其能被内部修改而不影响外界其他实体与其交互的方式。通常在设计阶段的软件接口设计包括三个方面:

(1) 用户接口,用来说明将向用户提供的命令和它们的语法结构,以及软件的回答信息。

(2) 外部接口,用来说明本系统同外界的所有接口的安排,包括软件与硬件之间的接口、本系统与各支持软件之间的接口关系。

(3) 内部接口,用来说明本系统之内的各个系统元素之间的接口安排。

接口的设计需要定义一个或一组对象的详细接口信息。在UML建模中,接口表示为一个类,但在类名中标注(Interface)信息。接口设计中不能含有数据表示的细节,因为接口描述中往往缺少属性的定义,但接口中包含了能够访问和更新这些数据的操作。由于数据是隐藏的,因此可以通过这些操作方便的对属性值进行修改而不影响到其对象本身。例如,如果某个设备需要向电脑中读取或者写入某些东西,这些设备一般都是采用USB方式与电脑连接的,我们发现,只要带有USB功能的设备就可以插入电脑中使用了,那么我们可以认为USB就是一种功能,这种功能能够做出很多的事情(实现很多的方法),因此USB就可以看作是一种标准,一种接口,只要实现了USB标准的设备就表明已经拥有了USB这种功能。

注意,对象和接口不是简单的一对一的关系,相同的对象会有若干个接口。在Java中可以直接支持多个接口的实现。

7.2 模块结构及依赖设计

7.2.1 软件模块化设计

模块是一个独立命名的，拥有明确定义的输入、输出和特性的程序实体。它可以通过名字访问，可单独编译，例如，过程、函数、子程序、宏等都可以作为软件模块。

将一个大型软件系统的功能，按照一定的原则合理地划分为若干个模块，每个模块完成一个特定子功能，所有这些模块以某种结构组成一个整体，这就是软件的模块化设计。软件模块化设计可以简化软件的设计和实现，提高软件的可理解性和可测试性，并使软件更容易得到维护。

软件模块化、抽象、逐步求精、信息隐蔽和模块独立性，是软件模块化设计的指导思想。

1. 软件模块化

随着软件模块的不断扩大，软件设计的复杂性也在不断增大，采用有效的分析，即"分而治之"，是问题得以很好解决的必不可少的措施。模块化是指将软件划分成独立命名且可独立访问的模块，不同的模块通常具有不同的功能或职责。每个模块都可以独立地开发、测试，最后组装成完整的软件。每个模块的研发和改进都独立于其他模块的研发和改进，每个模块所特有的信息处理过程都被包含在模块的内部，如同一个"黑箱"，但是有一个或数个通用的标准界面与系统或其他模块相互连接。这也是模块设计的一个重要原则，来衡量模块之间的好坏是用模块间的耦合和模块内的内聚。但在进行模块分解时，如果模块划分的粒度太细，模块之间的联系也就越多，系统的复杂性和工作量也随之增加。

如何控制软件设计使得能科学而合理地进行模块分解，这与抽象和信息隐蔽等概念有关。

2. 抽象

抽象是指为了某种目的，对一个概念或一种现象包含的信息进行过滤，移除不相关的信息，只保留与某种最终目的相关的信息。从另外一个角度看，抽象就是简化事物，抓住事物本质的过程。软件抽象的本质是抓住主要问题，隐藏细节，然后对模块进行有效分解。抽象具有不同的级别，在最高层级的抽象上，往往考虑业务系统所处的环境，采用概括性术语描述解决方案。在较低层次的抽象上，往往提供更为详细的解决方案。

在软件开发里面，最重要的抽象就是模块的不断分解和分层。模块分解和分层随处可见，例如在网上银行系统中，用例"转账"这一功能实际包含了许多的数据细节和交互细节。用户转账分为行内转账和行外转账，其中行内转账的数据包括转入账户姓名和账号、转出账户、转账金额等信息；交互细节包括当用户输入转入账户姓名和账号的时候，银行系统需要验证该账户信息是否正确，而当用户输入转账金额时，银行系统需要验证转出账户余额是否大于或等于转账金额。因此，我们可以将"转账"看成高层次抽象，而数据细节和交互细节看成低层次的抽象。

3. 信息隐蔽

信息隐蔽原则是指在概要设计时列出将来可能发生变化的因素，并在模块划分时将这些因素放到个别模块的内部。这样,在将来由于这些因素变化而需修改软件时,只需修改这些个别的模块,其他模块不受影响。这就要求每个模块对其他所有模块都隐藏自己的设计细节,以求在模块中包含的信息不被不需要这些信息的其他模块访问。

信息隐蔽意味着通过一系列独立的模块可以得到有效的模块化,这些独立的构件或模块之间仅仅交换那些必须交换的信息,因此,模块与模块之间可利用接口进行信息隐蔽和交互。

4. 模块独立性

模块独立性是模块化、抽象、信息隐藏和局部化概念的直接结果,是指软件系统中每个模块只完成软件要求的具体的子功能,而和软件系统中其他模块的接口尽量简单。通过开发具有独立功能而且和其他模块之间没有过多相互作用的模块,就可以做到模块独立。模块独立的重要性包括两个方面:第一,有效的模块化的软件比较容易开发;第二,独立的模块比较容易测试和维护。

模块独立性主要由两个定性标准度量,即模块自身的内聚(Cohesion)和模块之间的耦合(Coupling)。内聚表示模块内部彼此结合的紧密程度的度量,耦合表示不同模块之间的互联程度的度量。显然,模块独立性越高,则内聚就越强,而耦合就越弱。

(1) 内聚

内聚标志一个模块内各个元素彼此结合的紧密程度,它是信息隐蔽和局部化概念的自然扩展。内聚是从功能角度来度量模块内的联系,一个好的内聚模块应当恰好做一件事,它描述的是模块内的功能联系。如图 7-13 所示,模块内聚按照从弱到强的顺序划分为 7 类。高内聚是模块独立性追求的目标。

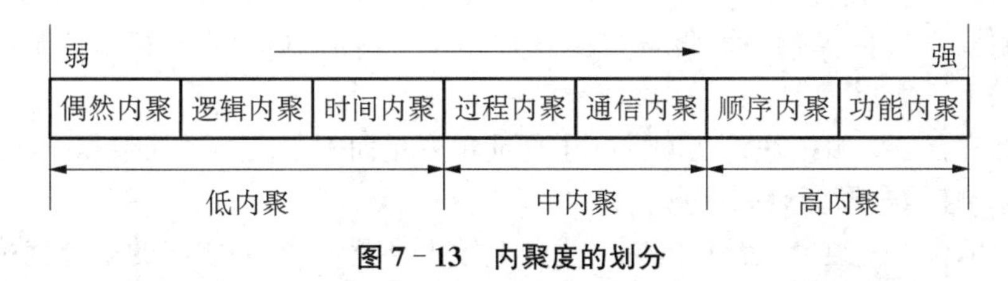

图 7-13 内聚度的划分

① 偶然内聚。一个模块执行多个完全不相关的操作,模块内的各个任务在功能上没有实质性的联系。举例:一个函数内调用读取文件与打印当前时间。

② 逻辑内聚。模块通常由若干个逻辑功能相似的任务组成,即把几种相关的功能组合在一起,每次被调用时,由传送给模块参数来确定该模块应完成哪一种功能。举例:void fun (int a) 当 a==1 输出"OK",当 a==其他值时输出"ERROR"(其他情况多参数可能屏蔽其他实参)。

③ 时间内聚。把需要同时执行的动作组合在一起形成的模块。举例:初始化模块和终止模块。

④ 过程内聚。模块内的各个任务必须按照某一特定次序执行。举例:如按照循环部分、判定部分、计算部分分成三个模块按照次序执行。

⑤ 通信内聚。执行一系列与产品要遵循的步骤顺序有关的操作,并且,所有输入和输出操作都对相同的数据进行。举例:计算速度并且将其发送到打印机并输出结果。

⑥ 顺序内聚。模块内的各个任务顺序执行。通常，上一个任务的输出是下一个任务的输入。

⑦ 功能内聚。模块内所有元素的各个组成部分全部都为完成同一个功能而存在，共同完成一个单一的功能，模块已不可再分。即模块仅包括为完成某个功能所必须的所有成分，这些成分紧密联系、缺一不可。

“一个模块，一个功能”已成为模块化设计的一条重要准则。当然，应尽量使用高、中内聚的模块，而低内聚模块由于可维护性差，应尽可能避免使用。

(2) 耦合

耦合是指模块之间的交互程度。耦合的强弱取决于模块间接口的复杂程度，以及通过接口的数据类型和数目。如图 7－14 所示，模块间的耦合度按照从弱到强逐步增强的顺序，也可以分为 7 类。弱耦合是模块独立性追求的目标。

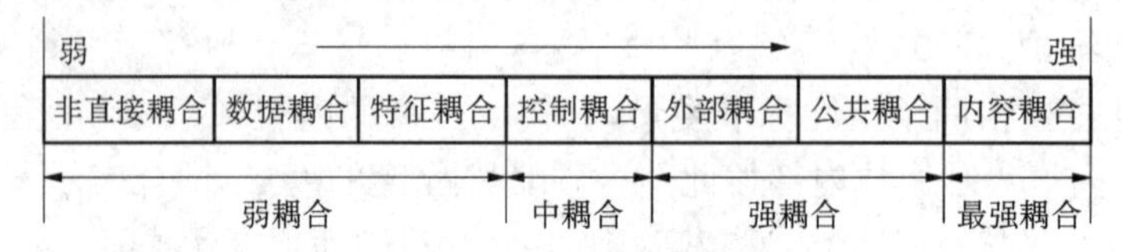

图 7－14 耦合度的划分

① 非直接耦合。两模块间没有直接关系，之间的联系完全是通过主模块的控制和调用来实现。

② 数据耦合。两个模块之间有调用关系，传递的是简单的数据值。

③ 特征耦合。模块间通过参数传递复杂的内部数据结构。此数据结构的变化将使相关的模块发生变化。

④ 控制耦合。一个模块通过传送开关、标志、名字等控制信息，明显地控制选择另一模块的功能。

⑤ 外部耦合。一组模块都访问同一全局简单变量而不是同一全局数据结构，而且不是通过参数表传递该全局变量的信息。

⑥ 公共耦合。一组模块都访问同一个公共数据环境，则它们之间的耦合就称为公共耦合。公共的数据环境可以是全局数据结构、共享的通信区、内存的公共覆盖区等。

⑦ 内容耦合。当一个模块直接修改或操作另一个模块的数据，或者直接转入另一个模块时，就发生了内容耦合。此时，被修改的模块完全依赖于修改它的模块。如果发生下列情形，两个模块之间就发生了内容耦合：

- 一个模块直接访问另一个模块的内部数据；
- 一个模块不通过正常入口转到另一模块内部；
- 两个模块有一部分程序代码重叠(只可能出现在汇编语言中)；
- 一个模块有多个入口。

耦合是影响软件复杂度的一个重要因素。考虑模块间的联系时，应该尽量使用数据耦合，少用控制耦合，限制公共耦合的范围，不用内容耦合。

5. 逐步求精

逐步求精也称为逐步细化，是一种自顶向下的设计策略。逐步求精将系统功能按层次进行分解，每一层不断将功能细化，到最后一层都是功能单一、简单易实现的模块。求解过程可以划分为若干个阶段，在不同阶段采用不同的工具来描述问题。在每个阶段有不同的规则和标准，产生出不同阶段的文档资料。

抽象与逐步求精是互补的，抽象使得设计人员能够明确说明过程和数据而同时忽略底层细节，精化有助于设计人员在设计过程中揭示底层的细节。二者一起帮助设计人员在设计演化中构造出完整的设计模型。

7.2.2　软件结构图

软件结构是软件系统的模块层次结构，反映整个系统的功能实现。软件结构是一种控制的层次体系，并不表示软件的具体过程。软件结构表示了软件元素（模块）之间的关系，例如调用关系、包含关系、从属关系和嵌套关系。

软件结构一般用树状或网状结构的图形来表示。在软件工程中，一般采用结构图（SC，Structure Chart）来表示软件结构。结构图是精确表达模块结构的图形表示工具，作为软件文档的一部分，清楚地反映出软件模块之间的层次调用关系和联系。它不仅严格的定义了各个模块的名字、功能和接口，而且还集中反映了设计思想。结构图的主要成分包括：

（1）模块。模块用带有名字的矩形框表示，模块的名字应当能够表明该模块的功能。

（2）模块的调用关系和接口。两个模块之间用单向箭头连接。箭头从调用模块指向被调用模块，表示调用模块调用了被调用模块。图 7－15 表示了模块之间的调用关系。有时模块之间的调用箭头也可用不带方向的直线方式，此种情况默认为上层模块调用下层模块。

（3）模块间的消息传递。当一个模块调用另一个模块时，调用模块把数据或控制信息传送给被调用模块，以使被调用模块能够运行。而被调用模块在执行过程中又把它产生的数据或控制信息回送给调用模块。因此，可用带注释的短箭头表示模块调用过程中传递的信息。如图 7－16 所示，在网上银行系统中，查询账户余额模块调用查找用户账户模块，这时查询账户余额模块需要把需要查找的账户名传给查找用户账户模块，当查找用户账户模块执行结束后，要回送查找结果给查询账户余额模块。

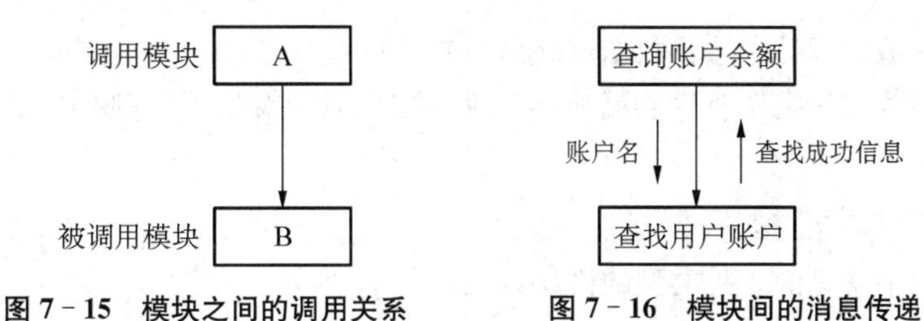

图 7－15　模块之间的调用关系　　**图 7－16　模块间的消息传递**

（4）循环调用和选择调用。如图 7－17 所示，当模块 A 有条件地调用另一个模块 B 时，在模块 A 的箭头尾部标以一个菱形符号表示为选择调用；当一个模块 A 反复地调用模块 C 和 D 时，在调用箭头尾部标以弧形符号，表示循环调用。

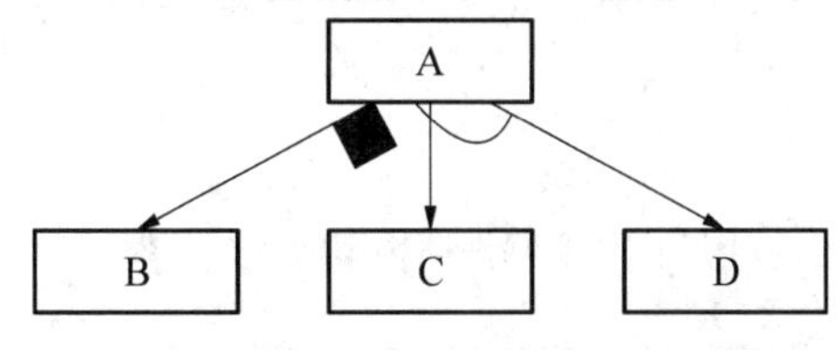

图 7－17　循环调用和选择调用的符号表示

(5) 结构图的形态特征。

深度：指模块结构图控制的层次，也是模块的层数。图 7 - 18 中结构图的深度为 5，能粗略的表示一个系统的大小和复杂程度，深度和程序长度之间存在某种对应关系。

宽度：指一层中最大的模块个数，图 7 - 18 中结构图的宽度为 8。一般来说，结构图的宽度越大，表明系统越复杂。

扇出：指一个模块直接下属模块的个数。图 7 - 18 结构图中的模块 N 的扇出为 4，扇出过大，表示模块过分复杂，需要控制和协调的下级模块太多。扇出的上限一般为 5～9，平均一般为 3 或 4。

扇入：指一个模块的直接上属模块个数。图 7 - 18 结构图中的模块 S 的扇入为 4，扇入过大，意味着共享该模块的上级模块数目多，这虽然有一定的益处，但绝不能违背模块的独立性原则而片面追求高扇入。

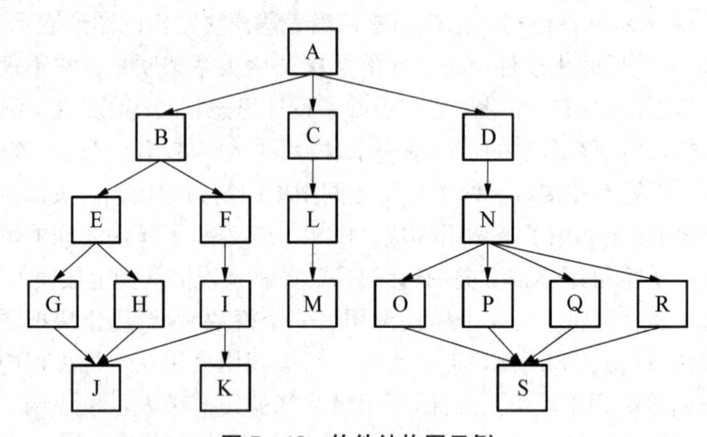

图 7 - 18 软件结构图示例

7.2.3 典型的数据流类型

面向数据流的设计方法将数据流映射成软件的模块结构，数据流的类型决定了映射的方法。典型的数据流类型有变换流和事务流。数据流的类型不同，映射成的系统模块结构也不同。

1. 结构图的模块结构类型

在结构图中常见的 4 种类型的模块，如图 7 - 19 所示。

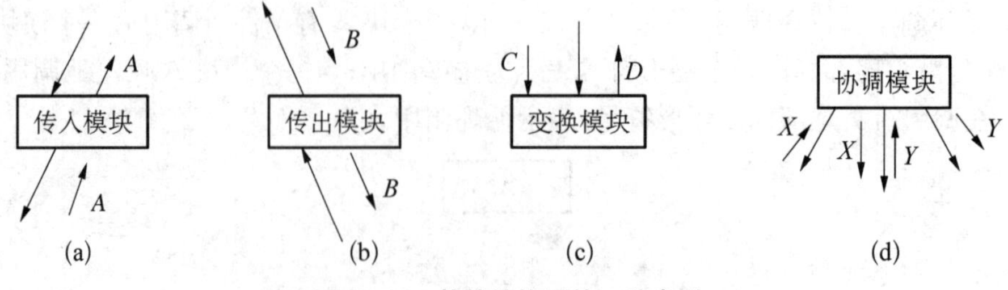

图 7 - 19 软件结构图的 4 种类型

传入模块：调用下属模块获得输入数据进行处理，然后将其作为上级模块的输入传给它的上级模块，如图 7－19(a)所示。它所传送的数据称为输入数据流。

传出模块：从调用它的上级模块获得数据进行处理，然后调用某个下属模块并将数据传递给下属模块，如图 7－19(b)所示。它所传送的数据称为输出数据流。

变换模块：它从调用它的上级模块获得数据进行处理，转换成其他形式，在调用返回时再传送回上级模块，如图 7－19(c)所示。它所传送的数据称为变换数据流。

协调模块：对所有的下属模块进行协调和管理的模块，如图 7－19(d)所示。在系统的输入/输出部分或数据加工部分可以找到这样的模块，在一个好的系统结构图中，协调模块应在较高层次中出现。

2. 变换流型结构图

图 7－20 表示信息的时间"历史"状况。信息可以通过各种路径进入系统，信息在"流"入系统的过程中由外部形式变换成内部数据形式，这被标识为输入流。在软件的核心，输入数据经过一系列加工处理，被标识为变换流。通过变换处理的输出数据，沿各种路径转换为外部形式"流"出软件，被标识为输出流。整个数据体现了以输入、变换、输出的顺序方式，沿一定路径前行的特征，这就是变换型数据流，简称变换流。

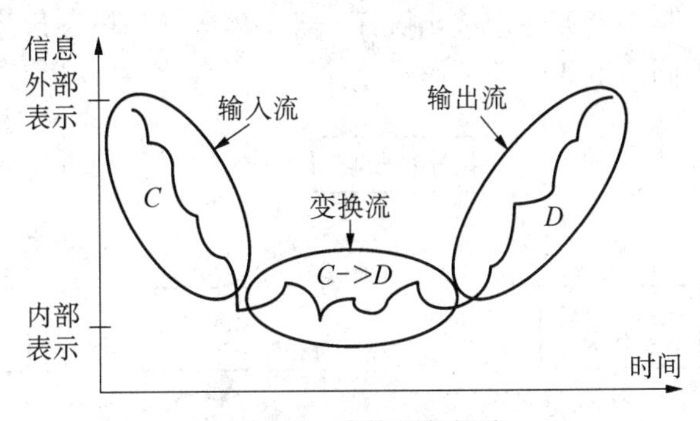

图 7－20　变换型数据流

变换流型的软件结构图如图 7－21 所示，相应于输入流、变换流、输出流，系统的结构图由输入、变换中心和输出等三个部分组成。

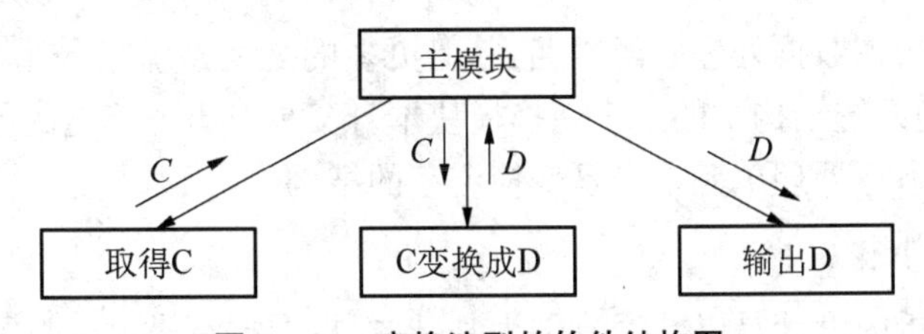

图 7－21　变换流型的软件结构图

在图 7－21 中，顶层模块首先得到控制，沿着结构图的左分支依次调用其下属模块，直至最底层读入数据 C，然后转换成逻辑输入 C 回送给主模块。主模块得到数据 C 之后，控制变换中心模块将 C 加工成 D。在调用传出模块输出 D 时，输出结果 D。由图可知，变换模块和真正的物理输入/输出模块都在树状结构的叶结点位置。

3. 事务流型结构图

当数据流经过一个具有"事务中心"特征的数据处理时，它可以根据事务类型从多条路径的数据流中选择一条活动通路。这种具有根据条件处理不同事务的数据流，称为事务型数据流，简称事务流。图 7-22 所示的数据流图示例是具有事务流特征的。

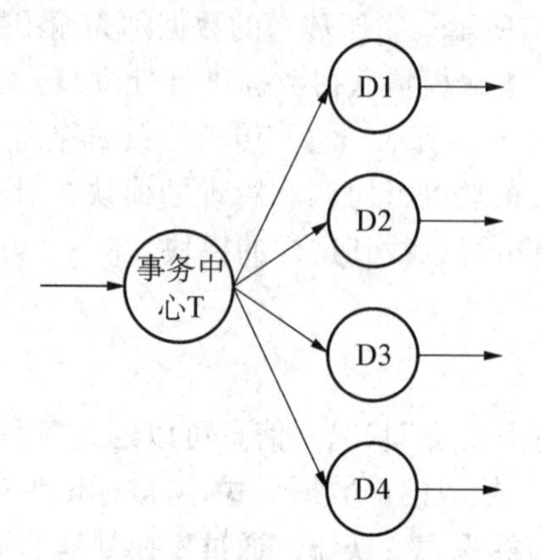

图 7-22 事务型数据流模型

事务流型的软件结构图如 7-23 所示。在事务流型结构图中，事务中心模块按所接受的事务请求类型，选择某一事务处理单元执行。各个事务处理模块是并列的，依赖于一定的选择条件，分别完成不同的事务处理工作。

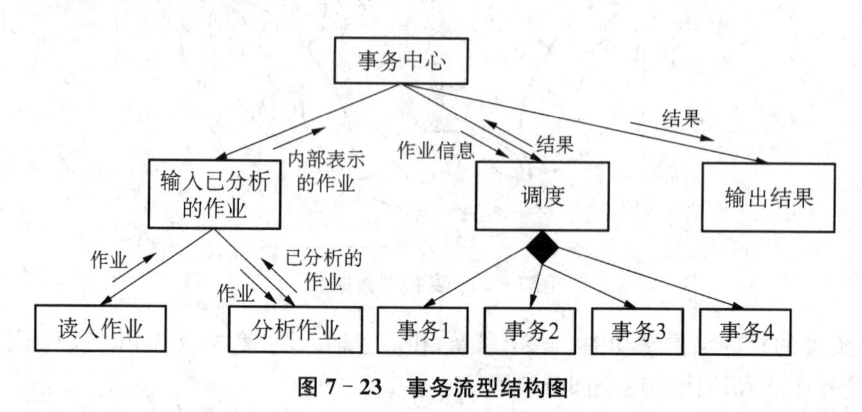

图 7-23 事务流型结构图

事务流型结构图在数据处理中经常遇到，但更多的是变换流型与事务流型结构图的结合。例如，变换流型系统结构中的某个变换模块本身又具有事务流型的特点，或者事务流型系统结构中的某个事务处理单元本身是变换流型的结构。

4. 数据流映射步骤

面向数据流分析的设计是以数据流图为基础，根据数据流类型的特征，其设计也相应分成变换流和事务流设计。应用结构化方法对这两种流进行软件系统设计的步骤如下：

(1) 复查基本系统模型，并精化系统数据流图。不仅要确保数据流图给出目标系统正确的逻辑模型，而且应使数据流图中的每个处理都表示一个规模适中、相对独立的子功能。

(2) 分析数据流类型，确定数据流是具有变换流特征还是事务流特征。通常，一个系统中的所有数据流都可认为是变换流。但出现明显事务流特性时，应采用事务流。

变换流：确定输入流和输出流的边界，输入流边界和输出流边界之间就是变换流，也称为“变换中心”。变换流加工处理的一半是某些形式的内部数据。

事务流：确定一个接收分支和一个发送分支，其中发送分支包含一个“事务中心”和各个事务动作流。

(3) 导出初始软件结构图。应用图 7－21 或图 7－23 的方法得到初始软件结构图。

(4) 采用自顶向下，逐步求精的方式进行模块分解，并对每一个模块进行简要说明（模块接口信息、模块内部信息、过程陈述、约束等）。一般需要进行一级分解和二级分解。

(5) 软件结构优化，使用设计度量标准和启发式规则对得到的软件结构进一步优化和改进，得到具有尽可能高的内聚及尽可能松散的耦合模块结构。

7.2.4　变换流设计

变换流设计技术是从数据流图(DFD)分析模型映射为软件模块组成结构设计的描述，因此称为结构化设计方法。根据 7.2.3 节中的数据流映射步骤，变换流设计的重点是确定输入流和输出流边界，根据输入、变换和输出单个数据流分支将软件映射成一个标准的“树型”结构。

图 7－24 所示的为个人网上银行系统中的“查询交易明细”程序的数据流图，这是一个具有明显变换特征的程序。首先读取用户的手机号和密码，并验证其手机号和密码的有效性，然后查询该手机号关联的银行账户，对该银行账户的所有交易记录进行整理，最后将账户交易条目进行显示。

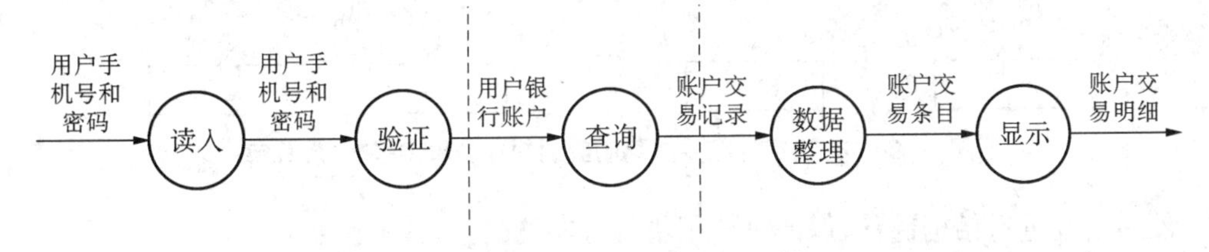

图 7－24　查询银行账户交易明细的数据流图

根据数据流映射步骤，首先需要确定输入流和输出流的边界，输入流和输出流的边界确定方法有多种，包括：① 查找几股数据流汇集的地方和数据流分叉的地方，一般来说，几股数据流汇集的地方就是输入流的边界，数据流分叉的地方就是输出流的边界；② 试探方法确定逻辑输入和逻辑输出。从输入端开始，一步步向系统的中间移动，一直到所遇到的数据流的性质发生了变化，则该数据流的前一个数据流处理就是系统的输入流边界；同样，从输出端开始，一步步向系统的中间回溯，当发现数据流的性质发生了变化时，可确定该数据流的后一个数据流处理为输出流边界。注意，现实中也存在只有输入部分和输出部分，没有变换中心部分的系统。

例如，图 7－24 中不存在数据流汇集和数据流交叉的情况，因此可用试探的方法查找输入流和输出流的边界。开始的数据流是“用户手机号和密码”，经“读入”和“验证”两个处理后，数据流仍然是用户账户信息，但通过“查询”处理后，数据流变为“账户交易记录”，数据流的信息发生了明显的变化，因此输入流的边界为“用户银行账户”处（左边垂直虚线）。同样，从输出端的“账户交易明细”输出流向前回溯，一直到“用户银行账户”数据流，发现与“账户交易信息”有关的数据流性质发生了改变，因此输出流边界应在“账户交易记录”处（右边垂直虚线）。根据输入流边界和输出流边界确定了输入、变换和输出，软件可映射成图 7－25 所示的三个模块的结构。

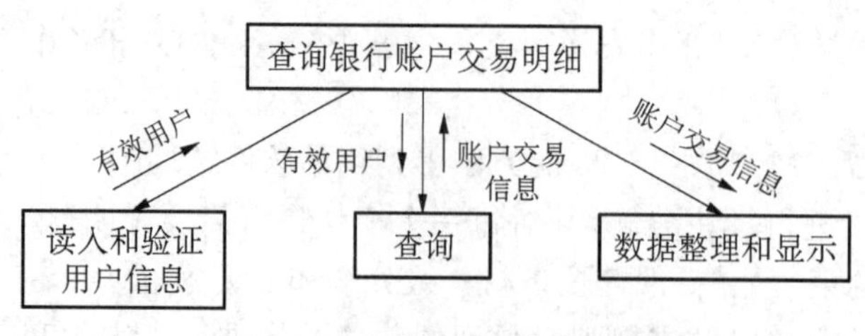

图 7-25 查询银行账户交易明细的软件结构图:第一次分解

“读入和验证用户信息”“查询”和“数据整理和显示”模块分别对应数据流图的输入部分、变换中心和输出部分三大部分。“读入和验证用户信息”模块将验证标志传给“查询”模块。若用户的手机号和密码无效,打印错误信息,退出系统;若有效,查询该用户的银行账户及账户交易明细信息,然后传给“数据整理和显示”模块。而“读入和验证用户信息”和“数据整理和显示”模块可采用自顶向下,逐层细化的策略将各自的功能进一步分解为下属模块功能。图 7-26 给出了第二次分解后的软件结构图。

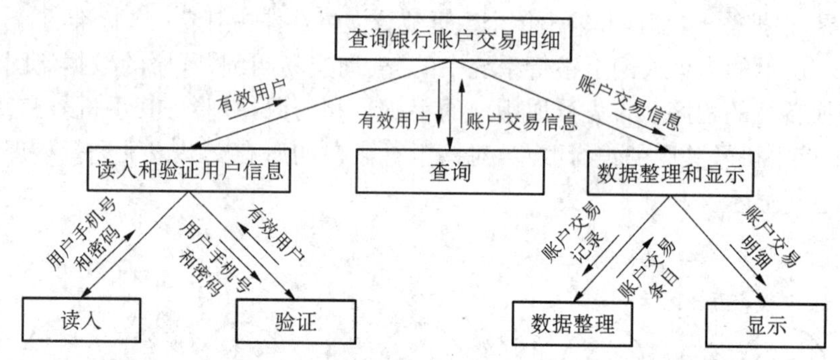

图 7-26 查询银行账户交易明细的软件结构图:第二次分解

然后对其进行结构优化,保证每个模块具有功能内聚,各模块之间仅存在数据耦合。

对变换流映射为软件结构图时应当注意以下几点:

(1) 在选择模块设计的次序时,必须对一个模块全部直接从属模块都设计完成后,才能转向另一个模块的从属模块的设计。

(2) 在设计从属模块时,应尽量考虑模块的耦合和内聚,提高初始结构图的质量。

(3) 注意“黑盒”技术的使用,在设计当前模块时,不应过多考虑该模块的内部结构及实现细节,待进一步分解该模块时,才设计其内部结构和实现细节。

(4) 模块细化时,其直接从属模块一般在 3～5 个为最佳,且模块层次不宜超过 5 层。

7.2.5 事务流设计

在许多应用软件中,存在某种作业数据流,事务中心根据数据项计值结果从若干动作路径中选定一条执行,有这样形状的成为事务流。而从事务流型数据流图出发建立软件结构图的方法就是事务流映射。

事务流设计的要点是把事务流映射成包含一个接收分支和一个发送分支的软件结构。与变换流映射相同,采用自顶向下,逐步分解,建立系统的结构图。即从事务中心的边界开始,把沿着接收流通路的处理映射成一个个模块。发送分支结构包含了一个分类控制模块和它下层的各个动作模块。数据流图的每一个事务动作流路径应映射成与其自身信息流特征相一致的结构。

个人网上银行系统的数据流图如图7-27所示，以该图为例，说明事务流的映射过程。

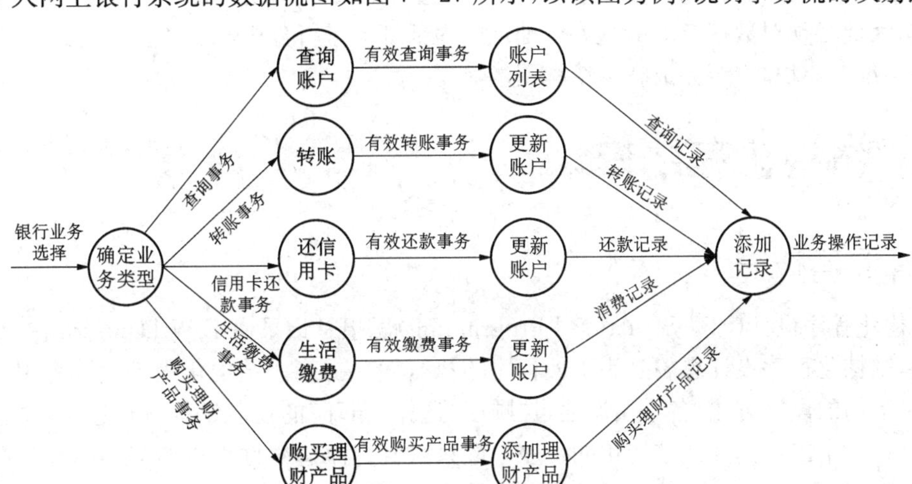

图7-27 个人网上银行系统的数据流图

从事务流的特征上进行分析，图7-27所示的数据流图为事务型数据流图。银行业务选择是一个带有“请求”性质的信息，即为事务源；“确定业务类型”处理为事务中心；“查询账户”“转账”“还信用卡”“生活缴费”和“购买理财产品”这5个处理是并列的，在“确定业务类型”处理的选择控制下完成不同功能的处理。最后，经过“添加记录”处理将某一处理的结果整理输出。

根据事务流的映射步骤，首先建立一个主模块代表整个加工。然后考虑第一层模块。第一层模块一般有3个，包括取得事务、事务中心和事务结果。在图7-28中，依次并列的有三个模块，分别是“取得银行业务选择”(事务请求)、“确定业务类型/添加记录”(事务中心)、“给出业务操作记录”(输出结果)。“确定业务类型/添加记录”是选择与分配模块，以菱形引出对它的下层5个事务模块的选择。

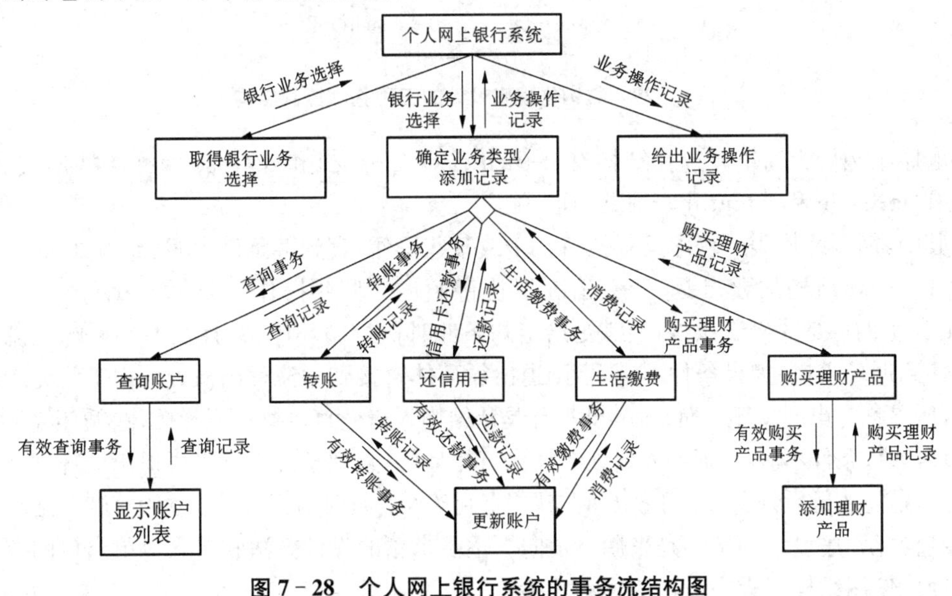

图7-28 个人网上银行系统的事务流结构图

由于“查询账户”“转账”“还信用卡”“生活缴费”和“购买理财产品”5个处理下面还有处理操作，因此必须对数据流图的这5个处理的内部细节进行分析，从而完整导出这5个处理的下一层细节模块，直至完成整个结构图。

7.3 结构化程序设计

7.3.1 基本概念

结构化程序设计(SP, Structured Programing)思想是最早由 E.W.Dijikstra 在 1965 年提出的，结构化程序设计思想是为了使程序的执行效率提高。结构化程序设计采用自顶向下、逐步求精的设计方法，各个模块通过“顺序、选择、循环”的控制结构进行连接，并且只有一个入口、一个出口。因此结构化的程序一般只需要三种基本的逻辑结构就可以实现，这三种逻辑结构就是顺序结构、选择结构和循环结构，如图 7-29 所示。

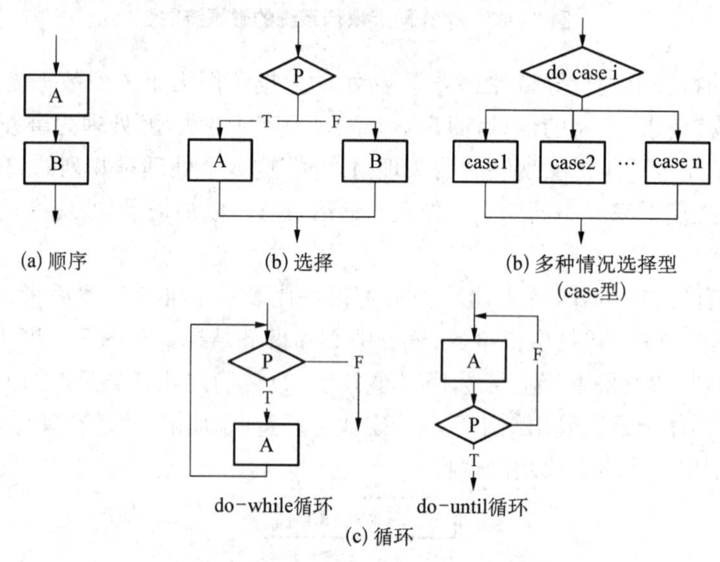

图 7-29 结构化程序设计的三种基本控制结构

顺序结构最为简单。选择结构有 if-then-else(二分支)和 do-case 两种结构形式，循环结构有 do-while 和 do-until 两种结构形式。

其中，循环结构表示程序反复执行某个或某些操作，直到某条件为假(或为真)时才可终止循环。循环结构的要点是：什么情况下执行循环？哪些操作需要循环执行？对于 do-while 类型循环是先判断条件，当满足给定的条件时执行循环体，并且在循环终端处流程自动返回到循环入口；如果条件不满足，则退出循环体直接到达流程出口处。由于是先判断后执行，所以称为当型循环。而 do-until 循环是从结构入口处直接执行循环体，在循环终端处判断条件，如果条件不满足，返回入口处继续执行循环体，直到条件为真时再退出循环到达流程出口处，是先执行后判断。由于执行时需要“直到条件为真时为止”，所以称为直到型循环。

结构化程序设计的精髓是采用自顶向下逐步求精的设计方法和单入口单出口的控制结构。因此使用结构化程序设计的优点包括：

（1）使用三种基本结构设计的结构化程序便于编写、阅读，修改和维护。

（2）结构化的先全局后局部，先整体后细节，先抽象后具体的逐步求精过程使得程序结构规范和清晰。

（3）把一个复杂问题的求解过程进行分阶段进行，每个阶段处理的问题都控制在容易理解和处理的范围内。

结构化程序设计的缺点主要体现以下三个方面：

（1）有些业务系统的需求不清晰不完整，其业务需求难以在系统分析阶段准确定义，致使系统在交付使用时产生许多问题。

（2）特别是当前软件技术的飞速发展，系统的需求一直处于变化之中，用系统开发每个阶段的成果来进行控制，不能适应事物变化的要求。

（3）与原型化方法和敏捷软件开发方法相比，结构化程序设计方法开发的系统，其开发周期较长。

7.3.2　PAD图

PAD是问题分析图(Problem Analysis Diagram)的英文缩写，它是日本日立公司提出的用结构化程序设计表现程序逻辑结构的图形工具。它是由程序流程图演化而来，用二维树形结构的图表示程序的控制流，以PAD图为基础，遵循机械的走树(Tree Walk)规则就能方便地编写出程序，用这种图转换为程序代码比较容易。图7-30显示了PAD图的基本描述符号。

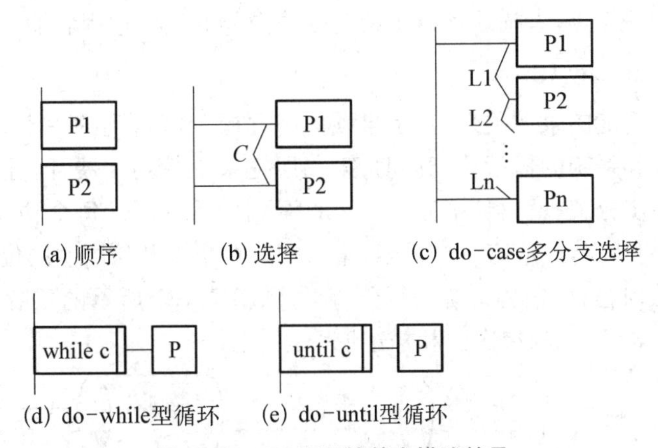

图7-30　PAD图的基本描述符号

PAD图仍然采用自顶向下、逐步细化和结构化设计的原则，力求将模糊的问题解的概念逐步转换为确定的和详尽的过程。

PAD图的执行顺序从最左主干线上端的结点开始，自上而下依次执行。每遇到判断或循环，就自左而右进入下一层，从表示下一层的纵线上端开始执行，直到该纵线下端，再返回上一层纵线的转入处。如此继续，直到执行到主干线的下端为止。

因此，PAD图具有以下主要优点：

（1）使用表示结构优化控制结构的PAD符号所设计出来的程序必然是程序化程序。

（2）PAD图所描述的程序结构十分清晰。图中最左边的竖线是程序的主线，即第一层控制结构。随着程序层次的增加，PAD图逐渐向右延伸，每增加一个层次，图形向右扩展一条竖线。PAD图中竖线的总条数就是程序的层次数。

(3) 用PAD图表现程序逻辑,易读、易懂、易记。PAD图是二维树型结构的图形,程序从图中最左边上端的结点开始执行,自上而下,从左到右顺序执行。

(4) 很容易将PAD图转换成高级程序语言源程序,这种转换可由软件工具自动完成,从而可省去人工编码的工作,有利于提高软件可靠性和软件生产率。

(5) 既可用于表示程序逻辑,也可用于描述数据结构。

(6) PAD图的符号支持自顶向下、逐步求精方法的使用。开始时设计者可以定义一个抽象程序,随着设计工作的深入而使用"def"符号逐步增加细节,直至完成详细设计。

PAD是一种程序结构可见性好、结构唯一、易于编制、易于检查和易于修改的详细设计表现方法。用PAD可以消除软件开发过程中设计与制作的分离,也可消除制作过程中的"属人性"。虽然目前仍需要由人来编制程序,一旦PAD编程自动化系统的开发实现的话,计算机就能利用PAD自动编程,到那时程序逻辑就是软件开发过程中人工制作的最终产品。显然将大大节省开发时间,大大提高开发质量。

7.3.3 HIPO图

HIPO(Hierarchy plus Input-Process-Output)是IBM公司于20世纪70年代中期在层次结构图(Structure Chart)的基础上推出的一种描述系统结构和模块内部处理功能的工具(技术)。HIPO图由层次结构图和IPO图两部分构成,前者描述了整个系统的设计结构以及各类模块之间的关系,后者描述了某个特定模块内部的处理过程和输入/输出关系。

1. *层次图*(Hierarchy Chart)

用它表明各个功能的隶属关系,它是自顶向下逐层分解得到的一个树形结构。其顶层是整个系统的名称和系统的概括功能说明;第二层把系统的功能展开,分成几个功能框;第二层功能可以进一步分解,就得到第三层……直至到最后一层。每个功能框内都应有一个名字,用以标识它的功能,还应有一个编号,记录它所在层次及该层次的位置。

应用HIPO法对盘存/销售系统进行分析,得到图7-31所示的系统流程图,分析此流程图,可得到图7-32所示的层次图和描述说明。

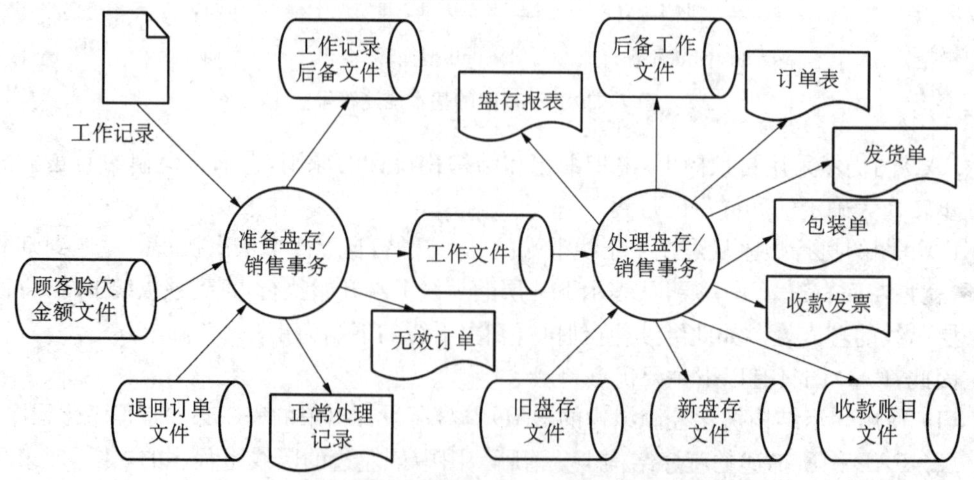

图7-31 盘存/销售系统的系统流程图

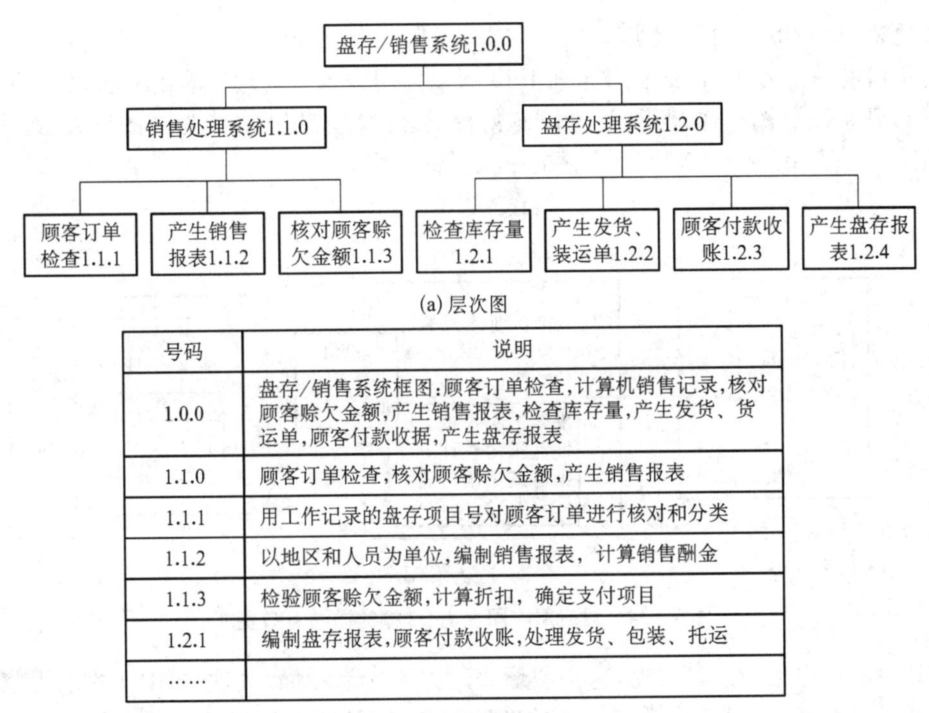

(a) 层次图

号码	说明
1.0.0	盘存/销售系统框图:顾客订单检查,计算机销售记录,核对顾客赊欠金额,产生销售报表,检查库存量,产生发货、货运单,顾客付款收据,产生盘存报表
1.1.0	顾客订单检查,核对顾客赊欠金额,产生销售报表
1.1.1	用工作记录的盘存项目号对顾客订单进行核对和分类
1.1.2	以地区和人员为单位,编制销售报表，计算销售酬金
1.1.3	检验顾客赊欠金额,计算折扣，确定支付项目
1.2.1	编制盘存报表,顾客付款收账,处理发货、包装、托运
……	

(b) 描述说明

图7-32　盘存/销售系统层次图和描述说明

2. IPO图

IPO(Input Process Output)图为层次图中每一功能框详细地指明输入、处理及输出。通常,IPO图有固定的格式,图中处理操作部分总是列在中间,输入和输出部分分别在其左边和右边。由于某些细节很难在一张IPO图中表达清楚,常常把IPO图又分为两部分,简答概括的IPO图称为概要IPO图,细致具体一些的IPO图称为详细IPO图。

概要IPO图用于表达对一个系统,或对其中某一个子系统功能的概略表达,指明在完成某一功能框规定的功能时需要哪些输入、哪些操作和哪些输出。图7-33表示了销售/盘存系统第二层的概要IPO图(对应于层次图上的1.1.0框)的概要IPO图。

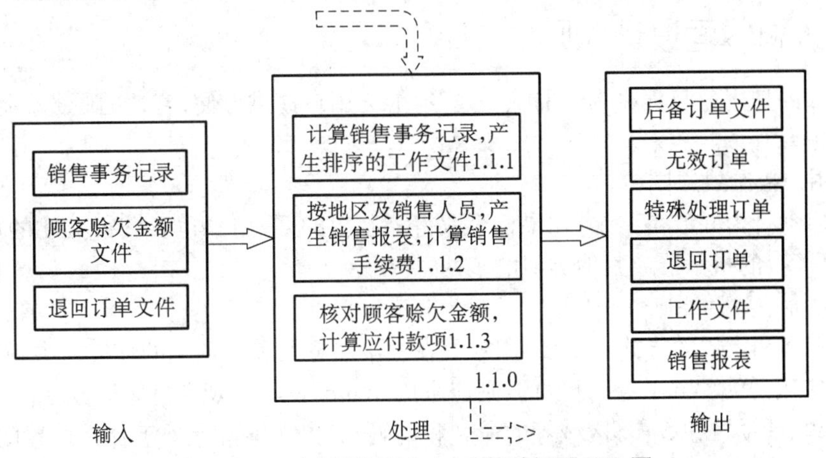

图7-33　对应层次图上1.1.0框的概要IPO图

在概要 IPO 图中，没有指明输入—处理—输出三者之间的关系，用它来进行下一步的设计是不可能的。因此，需要使用详细 IPO 图以指明输入—处理—输出三者之间的关系。其图形与概要 IPO 图一样，但输入、输出最好由具体的介质和设备类型的图形表示。图 7-34 是销售/盘存系统中对应于 1.1.2 框的一张详细 IPO 图。

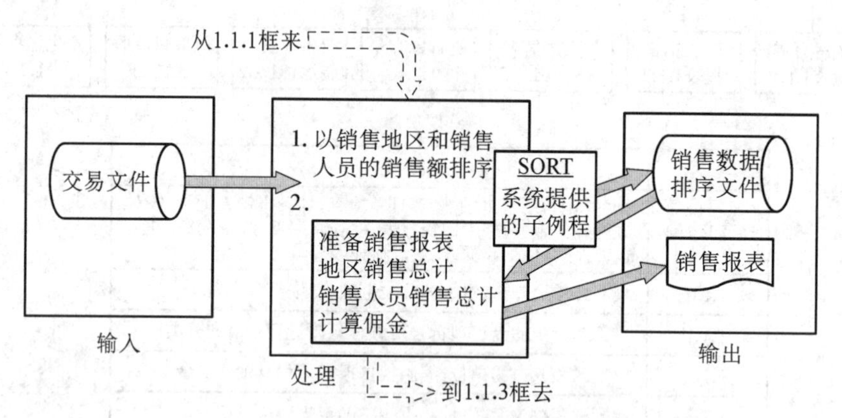

图 7-34 对应层次图上 1.1.2 框的详细 IPO 图

HIPO 有自己的特点。首先，这一图形表达方法容易看懂；其次，HIPO 的适用范围很广。事实上，HIPO 不仅是分析和设计的辅助工具，还是开发文档的编制工具。开发完成后，HIPO 图就是很好的文档，而不必在设计完成以后专门补写开发文档。

7.4 人机交互界面设计

人机交互(HCI，Human-Computer Interaction)是指人与计算机之间使用某种对话语言，以一定的交互方式，为完成确定任务的人与计算机之间的信息交换过程。不同的计算机用户具有不同的使用风格——他们的教育背景不同，理解方式不同，学习方法以及具备技能都不相同。人机交互界面设计是分析计算机系统所支持的用户活动的一个重要方面。人机界面设计的任务，就是根据对用户在使用交互式系统时的所作所为，或者是用户想象中的所作所为，或者是他人想象中用户的所作所为的抽象，创建或导出一致的表示界面。

7.4.1 人机界面设计原则

用户界面是用户与程序沟通的唯一途径，能为用户提供方便、有效的服务。用户界面的设计原则主要有：

(1) 用户控制式原则

用户启动行为并取得结果，如果程序取得控制权的话，用户也要获得必要的反馈(一个沙漏、一个等待的指示器或其他类似的东西)。

(2) 界面一致性原则

遵循标准和常规的方式，应该让用户处在一个熟悉的和可预见的环境之中。

● 若应用是为 Windows 开发的，则应采用 Windows“外观和感觉”。

● 菜单、活动按钮、屏幕区域等的命名和编码、对象在屏幕上处于什么位置的标准等的一致性也不能低估。

(3) 界面容错性原则

一个好的界面应该以一种宽容的态度允许用户进行实验和出错，用户在出现错误时能够方便地从错误中恢复。用户界面应该便于用户恢复到出错之前的状态，常用以下两种恢复方式。

- 对破坏性操作的确认。如果用户指定的操作有潜在的破坏性，那么在信息被破坏之前界面应该提问用户是否确认这样做，这样可使用户对该操作进行进一步的确认。
- 设置撤销功能。撤销命令可使系统恢复到执行前的状态。由于用户并不总能马上意识到自己已经犯了错误，多级撤销命令很有用。

(4) 界面可适应性原则

界面可适应性是指用户界面应该根据用户的个性要求及其对界面的熟知程度而改变，即满足定制化和个性化的要求。

- 所谓定制化是在程序中声明用户的熟知程度，用户界面可以根据熟知程度改变外观和行为。
- 所谓个性化是使用户按照自己的习惯和爱好来设置用户界面元素。

(5) 界面美观性原则

界面美观性是视觉上的吸引力，主要体现在具有平衡和对称性、合适的色彩、各元素具有合理的对齐方式和间隔、相关元素适当分组、使用户可以方便地找到要操作的元素等。

(6) 界面可用性原则

可用性是用户使用过程中的方便性、简单性、有效性、可靠性和快捷性等。

(7) 视觉效果原则

颜色能够改善用户界面，帮助用户理解系统的复杂信息结构，有时颜色可以用于突出显示例外事件。使用颜色的指导原则包括：

- 避免使用太多的颜色(通常一个窗口内不要多于三种颜色)。
- 使用颜色编码支持用户的任务。
- 允许用户控制颜色编码。
- 使用颜色编码时需要前后一致。
- 使用颜色的变化显示系统状态的变化。
- 注意在低分辨率情况下的颜色显示。
- 注意颜色的搭配。

7.4.2 人机界面设计指南

为了帮助设计者设计出友好、高效的人机界面。一般来说人机界面设计指南包括以下三类：

(1) 一般交互指南

涉及信息显示、数据输入、系统整体控制。其一般交互指南包括：

- 保持一致性。菜单、命令输入、数据显示等使用一致格式。
- 提供有意义、用户可理解、可读的反馈。
- 执行破坏性动作前要求用户确认，如删除记录。
- 允许取消、撤销操作。
- 尽量减少记忆量。不用记忆看到操作界面即可进行下一步操作。

● 尽量减少按键次数、减少鼠标移动的距离，避免用户问“这是什么意思”的情况。提高行动和思考的效率。

● 允许操作员犯错误，但是可以恢复。

● 按功能对动作分类，并据此设计屏幕布局。比如菜单、下拉菜单、右键弹出式菜单。

● 提供必要帮助，包括集成实时帮助和附加帮助文件。

● 使用简单动词或动词短语作为命令名。

(2) 数据输入指南

数据输入界面往往占终端用户的大部分使用时间，也是计算机系统中最易出错的部分之一。其总目标：简化用户的工作，并尽可能降低输入出错率，还要容忍用户错误。

这些要求在设计实现时可采用多种方法：

● 尽可能减轻用户记忆，采用列表选择。

● 尽量减少用户输入动作，按键次数。

● 使界面具有预见性和一致性。用户应能控制数据输入顺序并使操作明确，采用与系统环境(如 Windows 操作系统)一致风格的数据输入界面。

● 防止用户出错。

在设计中可采取确认输入(只有用户按下键，才确认)，明确的移动(使用 TAB 键或鼠标在表中移动)，明确的取消，已输入的数据并不删除。对删除必须再一次确认，对致命错误，要警告并退出。对不太可信的数据输入，要给出建议信息，处理不必停止。

● 提供反馈。要使用户能查看已输入的内容，并提示有效的输入提示或数值范围。

● 按用户速度输入和自动格式化。用户应能控制数据输入速度并能进行自动格式化，对输入的空格都能被接受。

● 允许编辑。理想的情况，在输入后能允许编辑且采用风格一致的编辑格式。

● 数据输入界面可通过对话设计方式，若条件具备尽可能采用自动输入。特别是条码、图像、声音输入。

● 消除冗余输入。尽可能提供默认值；不要求输入单位；程序可以自动计算的信息绝对不要用户输入；系统自动填入用户已输入过的内容。

(3) 屏幕显示指南

下面是人机界面显示信息的设计指南：

● 只显示与当前工作内容有关的信息。

● 尽量使用图形或图表直观方式表现数据。

● 使用一致的标记、标准的缩写和可预知的颜色。

● 产生有意义的出错信息，用户可理解的信息。

● 使用大小写、缩进和文本分组以帮助理解。

● 使用窗口分割不同类型的信息。

● 高效率地使用显示屏。

随着计算机技术的发展，操作命令也越来越多，功能也越来越强。随着模式识别，如语音识别、汉字识别等输入设备的发展，操作员和计算机在类似于自然语言或受限制的自然语言这一级上进行交互成为可能。此外，通过图形进行人机交互也吸引着人们去进行研究。这些人机交互可称为智能化的人机交互。这些智能化的人机交互包括：智能手机配备的地理空间跟踪技术，应用于可穿戴式计算机、隐身技术、沉浸式游戏等的动作识别技术，应用于虚拟现实、遥控机器人及远程医疗等的触觉交互技术，应用于呼叫路由、家庭自动化及语音拨号等场合的语音识别技术，对于有语言障碍的人士的无声语音识别，应用于广告、网站、产品目录、杂志效用测试的眼动跟踪技术，针对有语言和行动障碍人开发的"意念轮椅"采用的基于脑电波的人机界面技术等。未来，眼睛虹膜、掌纹、笔迹、步态、语音、唇读、人脸、DNA等人类特征的研发应用也正受到关注，多通道的整合也是人机交互的热点。

7.5 软件实现

软件实现作为软件工程过程的一个阶段，是软件设计的继续。在软件实现过程中编程的风格和编码规范影响着软件开发的质量。

7.5.1 程序设计风格

软件的质量不但与所选定语言的性能有关，而且与程序员的编程技巧、编程风格及编程的指导思想有关。程序设计风格是指编程应遵循的原则，在程序设计中要使程序结构合理、清晰，形成良好的编程习惯，对程序的要求不仅是可以在机器上执行，给出正确的结果，而且要便于调试和维护，这就要求编写的程序不仅程序员自己看得懂，而且也要让其他人能看懂。

程序设计风格一般表现在4个方面：源程序文档化、数据说明的方法、表达式和语句结构、输入和输出方法。

1. 源程序文档化

为了提高源程序的可维护性，需要对源代码进行文档化。源程序文档化包括选择标识符、程序注释以及源程序的布局等。

(1) 标识符

标识符即符号名，包括模块名、变量名、常量名、标号名、函数名、程序名、子程序名以及数据区名、缓冲区名等。这些名字应能反映它所代表的实际对象，应有一定实际意义，使其能够见名知意。在满足程序设计语言的语法限制的前提下，含义清晰的标识符有助于对程序的理解。

例如Java标识符的命名规则包括：

- 标识符由字母、数字、下划线"_"、美元符号"$"或者人民币符号"￥"组成，并且首字母不能是数字。
- 不能把关键字和保留字作为标识符。
- 标识符没有长度限制。
- 标识符对大小写敏感。

下面是Java常见的命名：

- 方法名和变量名。首字母小写，其余的字母大写。如 bothEyesOfDoll、studentId、getStudentId()。
- 包名。字母全部小写。如 com.abc.dollapp。
- 常量名。采用大写形式，单词之间以下划线"_"隔开。如 DEFAULT_COLOR_DOL。

在程序命名的时候，名字不是越长越好，越长的名字会增加工作量，给程序员或操作员造成不稳定的情绪，会使程序的逻辑流程变得模糊，给程序的维护带来困难。必要的时候要为程序中的一些变量名或方法名添加注释。

(2) 程序的注释

程序的注释是程序员与程序读者之间通信的重要手段。正确的注释能够帮助读者理解程序，可为后续阶段进行测试和维护提供明确的指导。大多数程序设计语言允许使用自然语言来写注释，这给程序的阅读带来了很大的方便。注释一般分为序言性注释和功能性注释。

序言性注释是指在每个程序或模块开头的一段说明，起辅助理解程序的作用，一般包括：程序的表示、名称和版本号，程序功能描述，接口与界面描述，输入/输出数据说明，开发历史，与运行环境有关的信息等。

例如Java语言的序言性注释如下：

```
/* *
* Student.java
* @version:
* @author:lee
* @Time:2019.4.9
* /
```

功能性注释插在源程序当中，它着重说明前后的语句或程序段的处理功能以及数据的状态，也就是解释下面要“做什么”，或是执行下面的语句会怎么样，而不要解释下面怎么做。

因此，在书写功能性注释时需要注意的要点包括：

- 功能性注释用于描述一段程序，而不是每一个语句。
- 要注意注释与程序之间的区别。
- 注释一定要正确。
- 与程序有关的设计说明，也可以作为注释嵌入程序体中。

使用“//”对属性名或对象名进行单行注释，以及对方法进行注释，例如：

```
Private String studentName; //学生的姓名
//使用类加载器加载类
Class c = Class.for Name("com.test.Child");
//找到类上面的注解
boolean isExist = c.isAnnotationPresent(Description.class);
public IProduct addStoreHouse(StoreHouse s) //合并超市商品值
{}
```

使用"/*　　* /"对类进行描述，例如：

```
/* Student 类是 User 的子类,需要继承父类 User * /
public class Student extends User{     }
```

2. 数据说明

虽然在详细设计阶段已经确定了软件系统所设计的数据结构和组织及其复杂性，但在编写程序时，则需要注意数据说明的规范化问题。为了使程序中数据说明更易于理解和维护，必须注意以下几点：

(1) 数据说明的次序应当规范化，使数据属性容易查找，有利于测试、排错和维护。

由于数据说明的次序与语法无关,其次序是任意的。但出于阅读、理解和维护的需要,最好使其规范化,使说明的先后次序固定。例如,可按如下顺序排列:

- 常量说明。
- 简单变量类型说明。
- 数组说明。
- 公用数据块说明。
- 所有的文件说明。

在各数据说明中还可进一步要求。例如,可按如下顺序排列变量的类型说明:

- 整型量说明。
- 实型量说明。
- 字符量说明。
- 逻辑量说明。

(2) 当用一个语句说明多个变量名时,应当对这些变量按字母顺序排序。

(3) 如果涉及了一个复杂的数据结构,应当使用注释来说明在程序实现时这个数据结构的固有特点。例如对 Java 的链表结构和用户自定义的数据类型,都应当在注释中做必要的补充说明。

3. 程序代码

设计期间确定了软件处理的逻辑流程,但语句的构造是编写程序的一个主要任务。构造语句时应该遵循的原则是每个语句都应该简单而直接,不能为了提高效率而使程序变得过分复杂。下述规则有助于程序代码简单明了。

(1) 程序首先是清晰可读,然后才是效率。

- 尽量只采用三种基本的控制结构来编写程序。除顺序结构外,使用 if-then-else 控制结构来实现分支,使用 for,while,do-while 来实现循环。
- 在一行内只写一条语句,并且采用适当的移行格式,使程序的逻辑和功能变得更加明确。
- 程序编写首先应当考虑清晰性。不要刻意追求技巧性,使程序编写过于紧凑。
- 程序编写要简单、清楚、直截了当地说明程序员的用意。

例如,下面是由 Java 语句组成的程序段:

可以使用级联:

```
ParamBO paramBO = new ParamBO();
        paramBO.setId(1);
        paramBO.setName("ifeve");
        paramBO.setOld(7);
```

优化后为 1 行代码

```
    new ParamBO().withId(1).withName("ifeve").withOld(7);
```

还比如,减少不需要的判断:

```
String requestId = null;
if (null ! = request.getExtData()) {
     requestId = request.getExtDataValue(REQUEST_ID_KEY);
} return requestId;
```

优化后为 1 行代码：

```
return request.getExtDataValue(REQUEST_ID_KEY);
```

- 首先要保证程序正确，然后才要求提高速度。
- 让编译程序做简单的优化。

(2) 尽可能使用库函数，尽量使用公共过程或子程序去代替重复的功能代码段。要注意，这段代码应具有一个独立的功能，不要只因代码形式一样便将其抽出，组成一个公共过程或子程序。

(3) 避免使用太多的临时变量而使得程序的可读性下降。

(4) 有效的使用括号来清晰的表达算术表达式和逻辑表达式的运算顺序。

(5) 注意 GOTO 语句的使用，使用 GOTO 语句时，要避免不必要的转移和相互交叉，避免使用 GOTO 语句绕来绕去，使得程序的可读性差。

(6) 避免使用空的 else 语句和 if-then-if 语句。

(7) 尽量减少使用“否定”条件的条件语句。

(8) 在 while 循环中，避免使用过于复杂的判定条件。

(9) 避免过多的循环嵌套和条件嵌套。

(10) 使用恰当和合适的集合，使得程序的可读性和执行效率高。

(11) 利用面向对象的特点，确保模块独立和信息隐蔽。

4. 输入和输出

输入和输出信息是与用户的使用直接相关的，系统的质量高低很大程度上与用户对输入输出的直观感受有关。输入和输出的方式和格式应当尽可能方便用户的使用。因此，在软件需求分析阶段和设计阶段，就应确定输入和输出的方式，其方式和风格必须满足软件工程学的需要。

输入和输出风格随着人工干预程度的不同而有所不同。例如，对于批处理的输入和输出，总是希望它能按逻辑顺序组织输入数据，具有有效的输入/输出出错检查和出错恢复功能，并有合理的输出报告格式。而对于交互式的输入/输出来说，更需要的是简单而带提示的输入方式，完备的出错检查和出错恢复功能，以及通过人机对话指定输出格式和确保输入/输出格式的一致性。

结合 Wasserman 的用户软件工程及交互系统设计的指导性原则，无论是批处理的输入/输出方式，还是交互式的输入/输出方式，在设计和程序编码时都应该考虑以下原则：

(1) 对于所有输入数据都进行检验，从而识别错误的输入，以保证每个数据的有效性。

(2) 检查输入项的各种重要组合的合理性，必要时报告输入状态信息。

(3) 使得输入的步骤和操作尽可能简单，并保持简单的输入格式。

(4) 输入数据时，应允许使用自由格式输入。

(5) 应允许默认值。

(6) 输入一批数据时，最好使用输入结束标志，而不要由用户指定输入数据数目。

(7) 在以交互式输入方式进行输入时，要在屏幕上使用提示符明确提示交互输入的请求，指明可使用选择项的种类和取值范围。同时，在数据输入的过程中和输入结束时，也要在屏幕上给出状态信息。

(8) 当程序设计语言对输入/输出格式有严格要求时，应报出输入格式与输入语句要求的一致性。

(9) 给所有输出加注释，并设计输出报表格式。

输入和输出的风格还受到许多其他因素的影响，如输入/输出设备(终端设备的类型、图形设备、数字化转换设备等)、用户的熟练程度及通信环境等。在交互式系统中，这些要求应成为软件需求的一部分，并通过设计和编码，在用户和系统之间建立良好的通信接口。

总之，要从程序编码的实践中，积累编制程序的经验，培养和学习良好的程序设计风格，使编写出来的程序清晰易懂，易于测试和维护，在程序编码阶段改善和提高软件的质量。

7.5.2 程序效率

程序的效率是指程序的执行速度及程序所需占用的存储空间。软件的高效率，即用尽可能短的时间和尽可能少的存储资源实现程序要求的所有功能，是程序设计追求的主要目标之一。而程序编码是最后提高原型速度和节省存储空间的机会，因此，在此阶段需要考虑程序的效率问题。程序的效率以满足用户的需求为依据，有以下几条准则：

- 效率是一个性能要求，应当在需求分析阶段给出。软件效率以需求为准，不应以人力所及为准。
- 好的设计可以提高效率。
- 程序的效率与程序的简单性相关。

下面从算法效率、存储器效率、输入输出效率三个方面进一步讨论效率问题。

(1) 算法效率

源程序的效率与详细设计阶段确定的算法效率直接相关。当详细设计翻译转换为源代码时，一般可以采用以下指导原则：

- 在编程序前，尽可能化简有关的算术表达式和逻辑表达式。
- 仔细检查算法中嵌套的循环，尽可能将某些语句或表达式移到循环外面。
- 尽量避免使用多位数组。
- 尽量避免使用指针和复杂的表。
- 采用“快速”的算术运算。
- 不要混淆数据类型，避免在表达式中出现类型混杂。
- 尽量采用整数算术表达式和布尔表达式。
- 选用等效的高效率算法。

许多编译程序具有优化功能，可以自动生成高效率的目标代码。它可以剔除重复的表达式计算，采用循环求值、快速运算以及其他一些高效的算法，就可以自动地生成高效的目标代码。对于那些对要求特别高的应用系统，这种编译程序是不可缺少的编码工具。

(2) 存储器效率

在当前的云计算环境中，存储器的容量对软件设计和编码的制约已不再是主要问题，对内存采取基于操作系统的分页功能的虚拟存储管理，也给软件提供了巨大的逻辑地址空间。这时的存储器效率与操作系统的分页功能直接相关，而并不是指让所使用的存储空间达到最少。采用结构化程序设计，将程序功能合理分块，使每个模块或一组密切相关模块的程序体积大小与每页的容量相匹配，可减少页面调度和内外存交换，提高存储效率。而提高存储器效率的关键是程序的简单性。

(3) 输入/输出效率

输入/输出可分为两种类型:一种是面向操作人员的输入/输出,另一种是面向设备的输入/输出。特别是面向操作人员的输入/输出,如果用户能够容易的向计算机提供输入信息并理解计算机的输出信息,那么人和计算机之间通信的效率就高。因此,简单和清晰同样是提高输入/输出效率的关键。因此,可以采用一些简单的提高输入/输出效率的原则:

- 所有输入/输出都应有缓冲,以避免过多的通信次数。
- 对于辅存应选用简单有效的访问方法。
- 与辅存有关的输入/输出应该以块的访问方法。
- 与终端和打印机有关的输入/输出,应当考虑设备的特性,以提高输入/输出的质量和速度。
- 有的输入/输出方式尽管很高效,但如果难以被人们理解,也不应当采用。
- 任何不易理解的、对改善输入/输出效果关系不大的措施都是不可取的。
- 好的输入/输出程序设计风格对提高输入/输出效率会有明显的效果。

虽然以上原则在一定程度上可以提高软件的效率,但必须注意:提高软件效率的根本途径在于选择良好的设计方法、良好的数据结构和良好的算法,不能完全通过语句的改进来大幅度提高软件的效率。

7.5.3 程序复杂性及度量

程序复杂性主要指模块内程序的复杂性。它直接关联到软件开发费用的多少,开发周期的长短和软件内部潜伏错误的多少,同时它也是软件可理解的另一种度量。减少程序复杂性,可提高软件的简单性和可理解性,并使软件开发费用减少,开发周期缩短,软件内部潜藏错误减少。

为了度量程序复杂性,要求复杂性度量满足以下假设:

- 它可以用来计算任何一个程序的复杂性。
- 对于不合理的程序,例如对于长度动态增长的程序,或者对于原则上无法排错的程序,不应当使用它进行复杂性计算。
- 如果程序中的指令条数、附加存储量、计算时间增多,不会降低程序的复杂性。

1. 代码行度量法

代码行方法度量是一种最简单的方法,该方法认为,代码行越多,软件越容易产生漏洞。程序复杂性随着程序规模的增加不均衡的增长,以及控制程序规模的方法最好是采用分而治之的办法。

代码行度量的基础是统计一个程序模块的源代码行数目,并以源代码行数作为程序复杂性的度量。若设每行代码的出错率为每100行源程序中可能的错误数目,例如每行代码的出错率为1%,则指每100行源程序中可能有一个错误。

Thayer曾指出,程序出错率的估算范围是从0.04%~7%之间,即每100行源程序中可能存在0.04~7个错误。他还指出,每行代码的出错率与源程序行数之间不存在简单的线性关系。Lipow进一步指出,对于小程序,每行代码的出错率为1.3%~1.8%;对于大程序,每行代码的出错率增加到2.7%~3.2%之间,但这只是考虑了程序的可执行部分,没有包括程序中的说明部分。Lipow及其他研究者得出一个结论:对于少于100个语句的小程序,源代码行数与出错率是线性相关的。随着程序的增大,出错率以非线性方式增长。因此,代码行度量法是一个简单的、估计比较粗糙的方法。

2. McCabe 度量法

McCabe 度量法是一种基于程序控制流的复杂性度量方法。McCabe 定义的程序复杂性度量值又称环路复杂度，它基于一个程序模块的程序图中环路的个数，因此计算它先要画出控制流图。

如果把程序流程图中每个处理符号都退化成一个结点，原来联结不同处理符号的流线变成连接不同结点的有向弧，这样得到的有向图就叫作控制流图。控制流图仅描述程序内部的控制流程，完全不表现对数据的具体操作以及分支和循环的具体条件。

计算有向图 G 的环路复杂性的公式：

$$V(G)=m-n+2$$

其中，V(G)是有向图 G 中的环路个数，m 是图 G 中有向弧个数，n 是图 G 中结点个数。以图 7-35 为例，其中，结点数 $n=10$，弧数 $m=12$，则有：

$$V(G)=m-n+2=12-10+2=4。$$

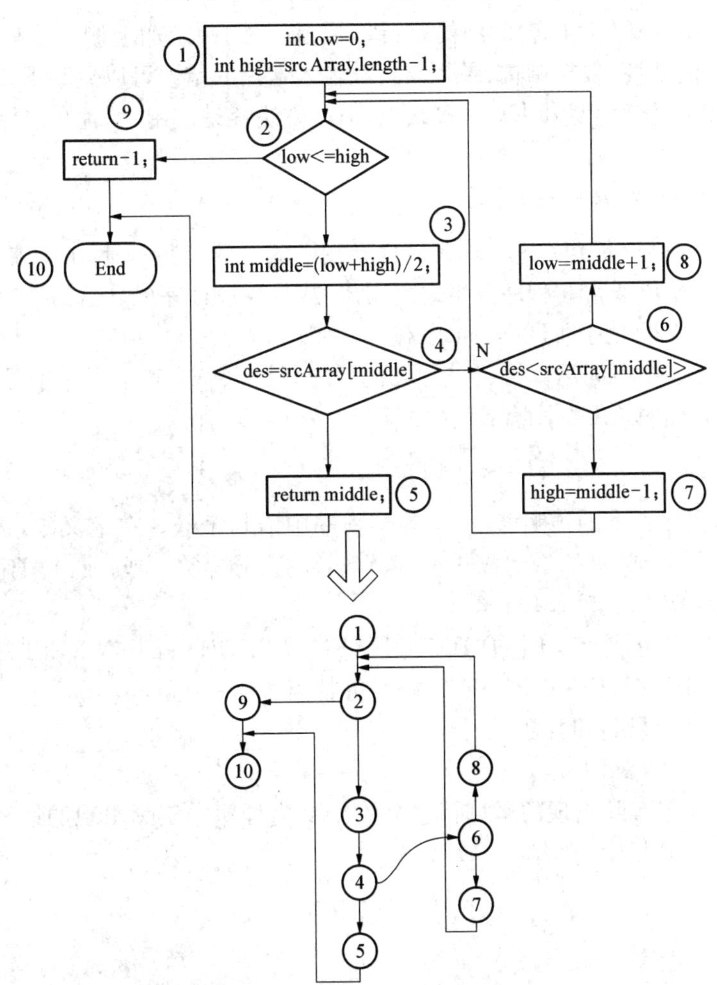

图 7-35　程序流程图及对应的控制流图示例

即 McCabe 环路复杂度度量值为 4。它也可以看作由程序图中的有向弧所封闭的区域个数。

当分支或循环的数目增加时，程序中的环路也随之增加，因此 McCabe 环路复杂度度量值实际上是为软件测试的难易程度提供了一个定量度量的方法，同时也间接地表示了软件的可靠性。实验表明，源程序中存在的错误数以及为了诊断和纠正这些错误所需的时间与 McCabe 环路复杂度度量值有明显的关系。

Myers 建议，对于复合判定，例如 $(A=0)\cap(C=D)\cup(X='A')$ 算做三个判定。

利用 McCabe 环路复杂度度量时，有以下 4 点说明：

● 环路复杂度取决于程序控制结构的复杂度。当程序的分支数目或循环数目增加时其复杂度也增加。环路复杂度 与程序中覆盖的路径条数有关。

● 环路复杂度是可加的。例如，模块 A 的复杂度为 3，模块 B 的复杂度为 4，则模块 A 与模块 B 的复杂度是 7。

● McCabe 建议，对于复杂度超过 10 的程序，应分成几个小程序，以减少程序中的错误。Walsh 用实例证实了这个建议的正确性。他发现，在 McCabe 复杂度为 10 的附近，存在出错率的间断跃变。

● McCabe 环路复杂度隐含的前提是：错误与程序的判定加上例行子程序的调用数目成正比。而加工复杂性、数据结构、录入与打乱输入卡片的错误可以忽略不计。

尽管 McCabe 复杂度度量法有许多缺点，但该方法容易使用，而且在选择方案和估计排查费用等方面都是很有效的。

3. Halstead 的软件科学度量法

Halstead 软件科学研究确定计算机软件开发中的一些定量规律，它采用以下一组基本的度量值，这些度量值通常在程序产生之后得出，或者在设计完成之后估算出。

(1) 程序长度，即预测的 Halstead 长度

令 n_1 表示程序中不同运算符（包括保留字）的个数，令 n_2 表示程序中不同运算对象的个数，令 H 表示“程序长度”，则有：

$$H=n_1\times\log_2 n_1+n_2\times\log_2 n_2$$

这里，H 是程序长度的预测值，它不等于程序中语句个数。在定义中，运算符包括：算术运算符、赋值符（=或：=）、数组操作符、逻辑运算符、分界符（，或；或：）、子程序调用符、关系运算符、括号运算符、循环操作符等。

特别地，成对的运算符，例如“BEGIN … END”“FOR … TO”“REPEAT … UNTIL”“WHILE…DO”“IF…THEN…ELSE”“(…)”等都当作单一运算符。

运算对象包括变量名和常数。

(2) 实际的 Halstead 长度

设 $N1$ 为程序中实际出现的运算符总个数，$N2$ 为程序中实际出现的运算对象总个数，$N2$ 实际的 Halstead 长度，则有：

$$N=N1+N2$$

(3) 程序的词汇表

Halstead 定义程序的词汇表为不同的运算符种类数和不同的运算对象种类数的总和。

若令 n 为程序的词汇表，则有：

$$n = n_1 + n_2$$

下列代码是用Java语言写出的交换排序例子。

```
public static void bubbleSort(int[] data){
        int n = data.length;
        if (n <= 1){
            return;
        }
        for (int i = 0;i<n;i++){
            for (int j = 0;j<n-1;j++){
                if (data[j] > data[j+1]){
                  int temp = data[j];
                  data[j] = data[j+1];
                  data[j+1] = temp;
                }
            }
        }
}
```

运算符	计数	运算对象	计数
数组下标[]	6	data	6
=	6	I	3
If()	2	J	9
For()	2	N	4
;	9	1	1
return	1	temp	2
<	2	0	2
>	1	$n_2=7$	$N2=27$
+	7		
−	1		
{}	3		
<=	1		
$n_1=12$	$N1=41$		

因此利用 n_1，$N1$，n_2，$N2$，有预测的词汇量：

$$
\begin{aligned}
H &= n_1 \times \log_2 n_1 + n_2 \times \log_2 n_2 \\
&= 12 \times \log_2 12 + 7 \times \log_2 7 \\
&= 60
\end{aligned}
$$

实际的词汇量 $N = N1 + N2 = 41 + 27 = 68$

程序的词汇表 $n = n_1 + n_2 = 12 + 7 = 19$

(4) 程序量 V

程序量 V,可用下式算得:

$$V = (N1 + N2) \times \log_2(n_1 + n_2)$$

它表明了程序在"词汇上的复杂性"。其最小值为

$$V^* = (2 + n_2^*) \times \log_2(2 + n_2^*)$$

这里,2 表明程序中至少有两个运算符:赋值符":="和函数调用符"f()",n_2^* 表示输入/输出变量个数。对于上面的交换排序的例子,利用 n_1,$N1$,n_2,$N2$,可以计算得:

$$V = (41 + 27) \times \log_2(12 + 7) = 296$$

(5) 程序量比率(语言的抽象级别)

$$L = V^* / V \text{ 或 } L = (2/n_1) \times (n_2/N2)$$

这里,$N2 = n_2 \times \log_2 n_2$。它表明了一个程序的最紧凑形式的程序量与实际程序量之比,反映了程序的效率。其倒数:

$$D = 1/L$$

表明了实现算法的困难程度。有时,用 L 表达语言的抽象级别,即用 L 衡量在表达程序过程时的抽象程度。对于高级语言,它接近于 1,对于低级语言,它在 0~1 之间。下面列出的是根据经验得出的一些常用语言的语言抽象级别。

(6) 程序员工作量

$$E = V/L$$

(7) 程序的潜在错误

Halstead 度量可以用来预测程序中的错误。认为程序中可能存在的差错应与程序的容量成正比。因而预测公式为:

$$B = (N1 + N2) \times \log_2(n_1 + n_2)/3\,000 = V/3\,000$$

B 表示该程序的错误数。例如,一个程序对 75 个数据库项共访问 1 300 次,对 150 个运算符共使用了 1 200 次,那么预测该程序的错误数:

$$B = (1\,300 + 1\,200) \cdot \log_2(75 + 150)/3\,000 = 6.5$$

即预测该程序中可能包含 6~7 个错误。

Halstead 的重要结论之一是:程序的实际 Halstead 长度 N 可以由词汇表 n 算出。即使程序还未编制完成,也能预先算出程序的实际 Halstead 长度 N,虽然它没有明确指出程

序中到底有多少个语句。

这个结论非常有用。经过多次验证，预测的 Halstead 长度与实际的 Halstead 长度是非常接近的。

Halstead 度量是目前最好的度量方法。但它也有缺点：

● 没有区别自己编的程序与别人编的程序。这是与实际经验相违背的。这时应将外部调用乘上一个大于 1 的常数 Kf(应在 1～5 之间，它与文档资料的清晰度有关)。

● 没有考虑非执行语句。补救办法：在统计 n_1、n_2、$N1$、$N2$ 时，可以把非执行语句中出现的运算对象和运算符统计在内。

● 在允许混合运算的语言中，每种运算符必须与它的运算对象相关。如果一种语言有整型、实型、双精度型三种不同类型的运算对象，则任何一种基本算术运算符(＋、－、×、/)实际上代表了 4 种运算符。在计算时应考虑这种因数据类型而引起差异的情况。

● 没有注意调用的深度。Halstead 公式应当对调用子程序的不同深度区别对待。在计算嵌套调用的运算符和运算对象时，应乘上一个调用深度因子。这样可以增大嵌套调用时的错误预测率。

● 没有把不同类型的运算对象、运算符与不同的错误发生率联系起来，而是把它们同等看待。例如，对简单 IF 语句与 WHILE 语句就没有区别。实际上，WHILE 语句复杂得多，错误发生率也相应地高一些。

● 忽视了嵌套结构(嵌套的循环语句、嵌套 IF 语句、括号结构等)。一般地，运算符的嵌套序列，总比具有相同数量的运算符和运算对象的非嵌套序列要复杂得多。解决的办法是对嵌套结果乘上一个嵌套因子。

7.6 本章小结

软件的设计与实现包括详细设计与实现两个阶段。详细设计目前具有代表性的方法包括面向对象设计和面向过程化的设计。面向对象设计主要是基于 UML 的图形化可视化模型为代表。在该阶段的模型主要包括设计类模型、时序模型和状态模型。其中，设计类模型表示业务系统的结构信息，而时序模型和状态模型表示业务系统的行为信息。除此之外，在该阶段还包括系统的体系结构设计和接口设计。而面向过程化设计主要从数据流的角度来设计系统的结构和行为信息。其中，利用模块化设计和软件结构图表示业务系统的结构信息，同时利用变换流的逐层细化来表示业务系统的交互信息。同时在设计过程中还要注意人机交互的设计，要根据现有的设计原则和设计指南使用户界面更加友好。

在软件的实现过程中，虽然不同的编程语言和开发平台对程序的效率会有较大的区别。但良好的程序设计风格和编程习惯使编写出来的程序清晰易懂，易于测试和维护，在程序编码阶段改善和提高软件的质量。

习　题

1. 面向对象设计与面向对象分析的主要区别是什么？

2. 面向对象设计模型中为什么要划分结构模型和行为模型？
3. 软件模块化设计的基本原则是什么？
4. 数据流设计中，软件结构图分解结束的标准是什么？
5. 数据流设计有哪些步骤？事务流设计与变换流设计的区别是什么？
6. 结构化程序设计的主要工具有哪些？每种工具有什么特点？
7. 人机交互设计的原则是什么？
8. 什么是程序设计的风格？
9. 请为网上银行系统设计一个多标签页的界面。
10. 某公司拟开发一款证券管理系统，对于想从事证券投资的股东，需要去证券公司开立一个交易账户。开户时，证券公司需要把股东的个人信息注册到股东表中，并且对股东购买的股票进行记录以进行后续的证券买卖结算。投资者一旦拥有了账户，就可以进行买进和卖出操作，同时可以查询自己的交易记录和股票相关信息。证券公司可以维护股票信息和股票类型。请根据第4章中的需求模型，完成以下问题：

    (1) 根据面向对象的设计原则，识别该系统的实体类，并设计该系统的设计模型。
    (2) 设计该系统中证券买进和卖出功能的时序模型。
    (3) 根据模块化设计原则，设计该系统的顶层框架。
    (4) 请设计证券买进的软件结构图。
    (5) 采用两次分解技术，对系统的变换流进行设计。

【微信扫码】
本章参考答案 & 相关资源

第8章

软件测试

8.1 软件测试基础

8.1.1 软件测试概述

1. 软件测试的定义和目的

随着信息技术的飞速发展和软件产品在社会各个领域的广泛应用，软件产品的质量自然成为关注的焦点。软件测试是软件产品质量保证的关键步骤，是对软件规格说明、软件设计和编码的最后复审，目的是在软件产品交付前，尽可能地发现软件中潜在的问题。

广义上讲，软件测试是指软件产品生存周期内所有的检查、评审和确认活动，如设计评审、编码确认、系统测试等。狭义上讲，测试是对软件产品质量的检验和评价，它一方面检查软件产品质量中存在的质量问题，同时对产品质量进行客观地评价。

关于软件测试，IEEE给出如下的定义：测试是使用人工和自动手段来运行或检测某个系统的过程，其目的在于检验系统是否满足规定的需求或弄清预期结果与实际结果之间的差别。除此之外，由Glen Myers给出的定义曾被许多人所接受：测试是为了发现错误而执行一个程序或系统的过程。Glen Myers对软件测试提出了以下观点：

(1) 测试是一个程序的执行过程，其目的在于发现错误。

(2) 一个好的测试用例很可能是发现至今尚未察觉的错误。

(3) 一个成功的测试用例是发现至今尚未察觉的错误的测试。

总体来说，软件测试的目标在于以最少的时间和人力，系统地找出软件中潜在的各种错误和缺陷。不同的人员对待软件测试具有不同的态度，对于用户来说，普遍希望通过软件测试暴露软件中隐藏的错误和缺陷，以考虑是否可接受该产品；对于开发人员来说，希望测试成为表明软件产品中不存在错误的过程，验证该软件已正确地实现了用户的要求，确立人们对软件质量的信心。正确的态度在于发现错误时关注于改正错误，而不是埋怨具体的开发人员。

2. 软件测试原则

(1) 应当把“尽早和不断地测试”作为软件开发者的座右铭

软件缺陷存在放大效应，例如需求阶段遗留的一个错误，到了设计阶段可能已经引发了多个设计错误，虽然每个阶段的放大倍数不同，但是放大确是必然的。因此在成熟的软件开发过程模型中，软件测试已经不再是系统开发完成后才进行的活动，它应贯穿于软件生命周期各个阶段中，从而尽早发现并预防错误，把出现的错误克服在早期，杜绝某些发生错误的隐患。

(2) 程序员应避免检查自己的程序

开发和测试从一开始就是不同的活动。开发是创造或者建立一个模块或者整个系统的行为，而测试的目的是证明这个模块或者系统工作不正常。这两个活动之间有着本质的矛盾，一个人不太可能把两个截然对立的角色都扮演的很好。因此，软件开发人员一般只进行最底层的单元测试，而其他测试由独立的测试人员或测试机构承担。

(3) 测试用例需要认真设计

人们对测试的直接想法就是进行完全测试，找出在各种输入情况下所存在的软件缺陷，但这是不可能的，即使最简单的程序也不行。因此，需要设计合理的测试用例，在有限的测试用例集下尽量发现更多的错误。在测试用例的设计中，不仅要有确定的输入数据，而且要有确定预期输出的结果。测试用例的设计不仅要有合理的输入数据，而且要有不合理的输入数据。实践证明，使用预期不合理的输入数据进行软件测试，可能要比用合理的数据收获要大。

(4) 充分注意测试中的群集现象

许多初学软件工程的人会认为，在某一代码段中发现的缺陷越多，则说明这段代码中遗留的缺陷减少，从而推断潜在的缺陷也会随之减少。但是，软件中的错误通常是成群出现的，例如在 IBM 的某个操作系统中，由用户发现的错误有 50%集中在 5%的模块中。这一现象告诉我们，为了提高测试效率，要集中对付那些容易出错的程序段。

(5) 注意回归测试的关联性

一个程序中的任何修改都有可能会影响其他部分的程序，即使是一个很小的修改。回归测试是确保应用程序发生变化后不会反过来影响已有的功能行为，测试人员需要根据程序修改产生的影响，重新选择和设计测试用例，从而保证所交付产品的质量。

(6) 严格执行测试计划，排除测试的随意性

在测试执行前应该制定详细的测试计划，测试计划是对测试的范围、方式、资源及测试所需的时间做出一个预先的方针和策略。测试的过程应该严格按照该计划执行，这样才能够保证测试的有效性。

8.1.2 软件测试流程

软件开发从获取需求、分析设计到编码实现，是一个自顶向下、逐步求精的过程。而软件测试过程却是自底向上，从局部到整体，逐步集成的过程。在开发的不同阶段，会出现不同类型的缺陷和错误，需要不同的测试技术和方法来发现这些缺陷。

在软件测试的 V 模型中(如图 8－1 所示)，非常明确地划分了软件测试过程的不同级别，并阐述了软件测试阶段和开发过程各阶段的对应关系。

在开发过程中，从需求分析开始，而后将这些需求不断地转换到系统的概要设计和详细设计中去，最后编码实现，完成整个软件系统。与之对应，在测试过程中，先从单元测试开始，然后是集成测试、系统测试和验收测试，其中低一级的测试是高一级测试的准

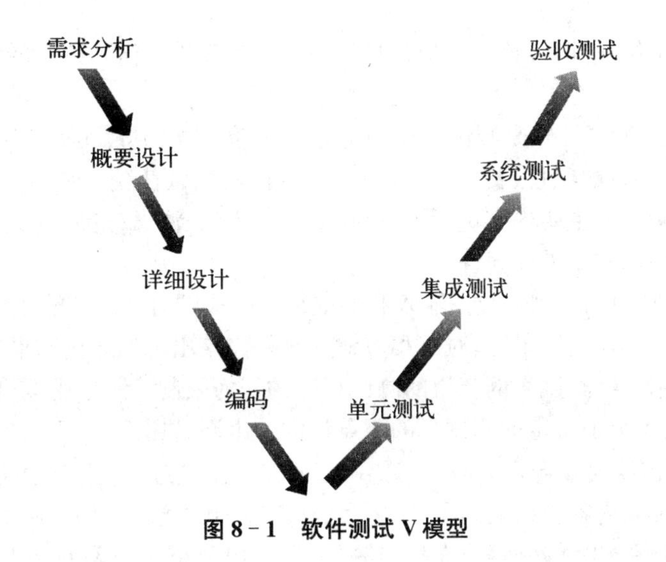

图8-1 软件测试V模型

备和条件。

单元测试主要是基于代码的测试，即对源程序中每一个程序单元进行的测试，检查各个模块是否正确实现了规定的功能，从而发现模块在编码中或算法中的错误。各模块经过单元测试后，将各模块组装起来进行集成测试，集成测试是针对详细设计中所定义的各个单元之间的接口进行的检查。在所有单元测试和集成测试完成后，系统测试开始以客户环境模拟系统的运行，以验证系统是否达到了在概要设计中所定义的功能和性能。当技术部门完成了所有测试工作后，由业务专家或用户进行验收测试，以确保产品能真正符合用户业务上的需要。

软件测试贯穿软件的整个生命周期，它可以通过运行程序发现错误，即一般意义上的测试，也可以通过人工静态检查对程序进行检测，图8-2显示了整个生命周期不同阶段可能的测试活动和测试技术。

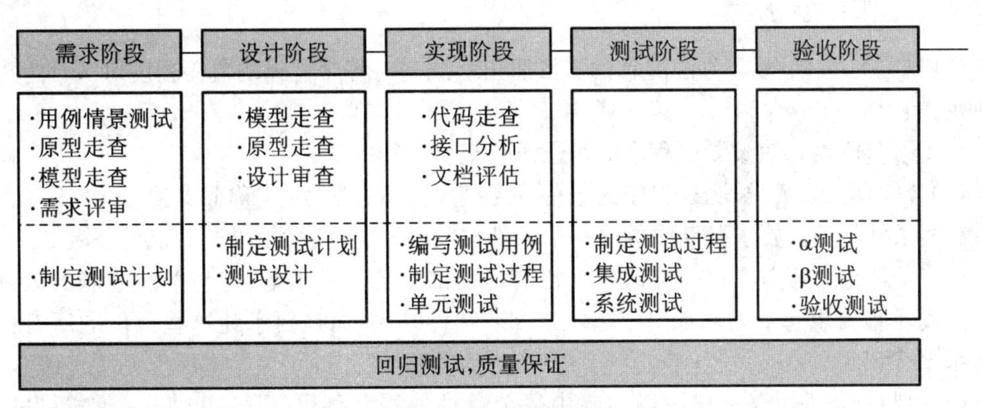

图8-2 软件测试流程

8.1.3 软件测试文档

软件测试是一个很复杂的过程，对于保证软件的质量及其运行有着重要意义，因此，有必要把软件测试的要求、过程及测试结果以正式的文档形式写出来。编写测试文档是测试工作规范化的一个组成部分，该文档应该描述所执行的软件测试及测试的结果，主要包括以下部分：

(1) 测试计划：测试计划是测试工作的指导性文档，它规定测试活动的范围、方法、资源和进度，明确正在测试的项目、要测试的特性、要执行的测试任务、每个任务的负责人，以及与计划相关的风险。其主要内容包括测试目标、测试方法、测试范围、测试资源、测试环境和工具、测试体系结构、测试进度表等。

(2) 测试用例：测试用例是数据输入和期望结果组成的对，其中“输入”是对被测软件接收外界数据的描述，“期望结果”是对于相应输入软件应该出现的输出结果的描述，测试用例还应明确指出使用具体测试案例产生的测试程序的任何限制。测试用例可以被组织成一个测试系列，即为实现某个特定的测试目的而设计的一组测试用例。

(3) 缺陷报告：缺陷报告是编写在需要调查研究的测试过程期间发生的任何事件，即记录软件缺陷。其主要内容包括缺陷编号、题目、状态、提出、解决、所属项目、测试环境、缺陷报告执行步骤、期待结果、附件等。在报告缺陷时，一般要讲明缺陷的严重性和优先级。其中严重性表示软件的恶劣程度，反映其对产品和用户的影响；优先级表示修复缺陷的重要程度和应该何时修复。

(4) 测试总结报告：该文档列出测试中发现的和需要调查的所有失败情况。从测试总结报告中，开发人员对每次失效进行分析并区分优先次序，进而为系统和模型中的变化进行设计。

8.2 白盒测试技术

白盒测试法是以程序的内部逻辑为依据。合理的白盒测试就是要选取足够的测试用例，对源代码进行比较充分的覆盖，以便尽可能多地发现程序中的错误。

8.2.1 逻辑覆盖法

逻辑覆盖是一组覆盖方法的总称。按照由低到高对程序逻辑的覆盖程度可区分为以下几种覆盖：

(1) 语句覆盖。使被测试程序的每条语句至少执行一次。

(2) 判断覆盖。使被测试程序的每一分支至少执行一次，故又称分支覆盖。

(3) 条件覆盖。要求判断中的每一个条件按“真”、“假”两种结果至少执行一次。

(4) 条件组合覆盖。这是覆盖程度比前 3 种都强的一种覆盖，它与条件覆盖的区别是它不是简单地要求每个条件都出现“真”与“假”两种结果，而是要求让这些条件的所有可能组合都至少出现一次。

(5) 判断/条件覆盖。它使得判断中每个条件取得各种可能值，并使每个判断也取得“真”与“假”的结果。

下面通过一个实例说明上述各种覆盖方法的含义及测试用例的设计。

已知一个被测试模块的程序结构如图 8－3 所示。

图 8－3 中设符号“∧”表示“and”运算，“∨”表示“or”运算，上划线“－”表示“非”运算。图示程序共有 4 条不同的路径，$L_1(a \to c \to e)$、$L_2(a \to b \to d)$、$L_3(a \to b \to e)$、$L_4(a \to c \to d)$，

也可以简写成:*ace*、*abd*、*abe* 和 *acd*。

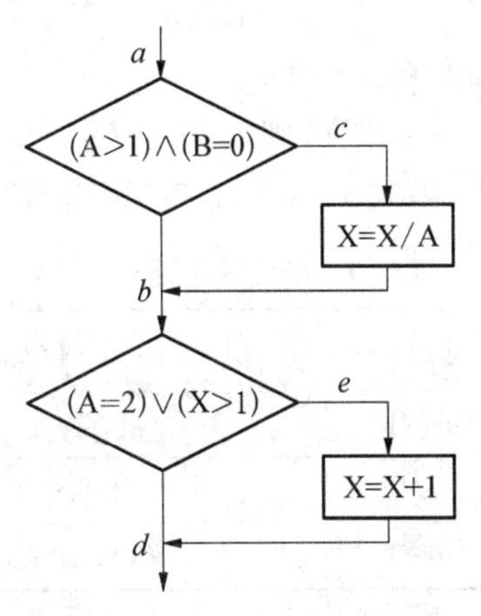

图8-3　测试程序结构图

(1) 语句覆盖

语句覆盖的含义是指在测试的过程中,软件测试者应选择足够多的测试用例,使被测试程序中每个语句至少执行一次。例如,在图8-3所示的流程图中,正好所有的可执行语句都在路径 L_1 上,故选择路径 L_1 设计测试用例,就可以覆盖所有的可执行语句。

满足本例的测试用例是:[(2,0,4),(2,0,3)]覆盖 *ace*[L_1]。本测试用例实际上只测试了条件为真的情况,如果条件为假,则使用本测试用例显然不能发现问题。此外,当第一个判断中的逻辑符"∧"写成"∨",或者第二个判断中的逻辑符号"∨"写成"∧"时,本测试用例也不能查出上述错误。所以,语句覆盖是最弱的逻辑覆盖准则。

(2) 判断覆盖

判断覆盖的含义是指在测试的过程中,软件测试者应设计若干测试用例,并运行所测程序,使被测试程序中每个判断的真分支和假分支至少经历一次。

例如,在图8-3所示的流程图中,如果选择路径 L_1,L_2,则可满足判断覆盖,其测试用例如下:

[(2,0,4),(2,0,3)]覆盖 *ace*[L_1]

[(1,1,1),(1,1,1)]覆盖 *abd*[L_2]。

如果选择路径 L_3 和 L_4,则可得另一组测试用例:

[(2,1,1),(2,1,2)]覆盖 *abe*[L_3]

[(3,0,3),(3,1,1)]覆盖 *acd*[L_4]。

由此看来,测试用例的取法并不是唯一的。此外,若把图8-3所示流程中的第二个判断中的条件 $X>1$ 错写成 $X<1$,那么利用上面两组测试用例,仍能得到同样的结果。这表明:只是判断覆盖不能确保一定能查出在判断条件中存在的错误。

以上只讨论了两个出口的判断,还应将判定覆盖推广到多出口判断,如用case语句可进行多出口判断。

(3) 条件覆盖

用条件覆盖所设计的测试用例可使得程序中的每一个判断的每一个条件的可能取值至少执行一次。

例如，在图 8－3 所示的流程中，事先可对所有条件的取值加以标注，比如：

● 对第一个判断，若条件 A>1 成立，则取真值为 T_1，反之，取假值为 $\sim T_1$；若条件 B=0 成立，则取真值为 T_2，反之，取假值为 $\sim T_2$。

● 对第二个判断，若条件 A=2 成立，则取真值为 T_3，反之，取假值为 $\sim T_3$；若条件 X>1 成立，则取真值为 T_4，反之，取假值为 $\sim T_4$，可选测试用例如表 8－1 所示。

表 8－1 条件覆盖测试用例 1

测试用例	通过路径	条件取值	覆盖分支
[(2,0,4)(2,0,3)]	$ace(L_1)$	$T_1\ T_2\ T_3\ T_4$	c,e
[(1,0,1)(1,0,1)]	$abd(L_2)$	$\sim T_1\ T_2 \sim T_3 \sim T_4$	b,d
[(2,1,1)(2,1,2)]	$abe(L_3)$	$T_1 \sim T_2\ T_3 \sim T_4$	b,e

或如表 8－2 所示。

表 8－2 条件覆盖测试用例 2

测试用例	通过路径	条件取值	覆盖分支
[(1,0,3)(1,0,4)]	$abe(L_3)$	$\sim T_1 T_2 \sim T_3\ T_4$	b,e
[(2,1,1)(2,1,2)]	$abe(L_3)$	$T_1 \sim T_2 T_3 \sim T_4$	b,e

比较这两组测试用例可以发现，第一组测试用例不仅覆盖了所有判断的取真分支和取假分支，而且覆盖了判断中条件的可能取值；第二组测试用例虽然满足了条件覆盖，但由于只覆盖了第一个判断的取假分支和第二个判断的取真分支，不满足判定覆盖的要求。为此，必须引入更强的覆盖，即判定—条件覆盖。

(4) 判断—条件覆盖

用判断—条件覆盖所设计的测试用例能够使得判断中每一个条件的所有可能取值至少执行一次，同时每个判断所有可能的判断结果至少执行一次。

例如，对于图 8－3 所示的流程中的各个判断，若 T_1，T_2，T_3，T_4 及 $\sim T_1$，$\sim T_2$，$\sim T_3$，$\sim T_4$ 的含义如前所述，则只需设计以下两个测试用例便可覆盖图 8－3 的 8 个条件取值、4 个判断分支。

表 8－3 判断—条件覆盖表

测试用例	通过路径	条件取值	覆盖分支
[(2,0,4)(2,0,3)]	$ace(L_1)$	$T_1\ T_2\ T_3 T_4$	c,e
[(1,1,1)(1,1,1)]	$abd(L_2)$	$\sim T_1 \sim T_2 \sim T_3 \sim T_4$	b,d

判断-条件覆盖也有缺陷。从表面上看，它测试了所有条件的取值，但事实并非如此。这是由某些条件覆盖了另一些条件所致。比如，对于条件表达式(A>1)and (B=0)来说，若(A>1)的测试结果为真，则还要测试(B=0)，才能决定表达式的值；而若(A>1)的测试结果为假，可以立刻确定表达式的结果为假。这时，往往就不再测试(B=0)的取值了，因

此，条件(B=0)就没有检查。同样，对于条件表达式(A=2)or (X>1)来说，若(A=2)的测试结果为真，就可以立刻确定表达式的结果为真。这时，条件(X>1)就没有检查。因此，采用判断—条件覆盖，也不一定能查出逻辑表达式中的错误。

为彻底地检查所有条件的取值，可以将图 8-3 给出的多重条件判定分解，形成图 8-4 表示的由多个基本判断组成的流程图，这样就可以有效地检查所有的条件了。

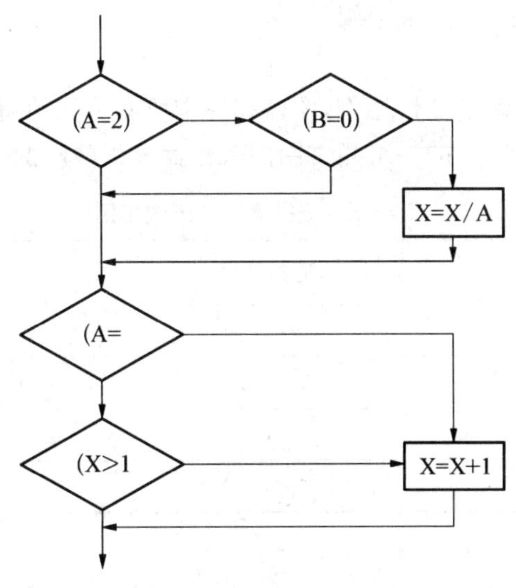

图 8-4 基本判断分解图

(5) 条件组合覆盖

用条件组合覆盖所设计的测试用例能够使得每个判断的所有可能的条件取值组合至少执行一次。

在图 8-3 所给出的例子中先对各个判断的条件取值组合加以标记。例如，记：

① A>1，B=0 为 T_1T_2，是第一个判断取真值的分支；

② A>1，B<>0 为 $T_1\sim T_2$，是第一个判断取假值的分支；

③ A<=1，B=0 为$\sim T_1\ T_2$，是第一个判断取假值的分支；

④ A<=1，B<>0 为$\sim T_1\sim T_2$，是第一个判断取假值的分支；

⑤ A=2，X>1 为 T_3T_4，是第二个判断取真值的分支；

⑥ A=2，X<=1 为 $T_3\sim T_4$，是第二个判断取真值的分支；

⑦ A<>2，X>1 为$\sim T_3\ T_4$，是第二个判断取真值的分支；

⑧ A<>2，X<=1 为$\sim T_3\sim T_4$，是第二个判断取假值的分支。

表 8-4 条件覆盖测试用例

测试用例	通过路径	覆盖条件	覆盖组合号
[(2,0,4)(2,0,3)]	*ace*(L_1)	$T_1T_2\ T_3T_4$	1) 5)
[(2,1,1)(2,1,2)]	*abe*(L_2)	$T_1\sim T_2\ T_3\sim T_4$	2) 6)
[(1,0,3)(1,0,4)]	*abe*(L_3)	$\sim T_1T_2\sim T_3T_4$	3) 7)
[(1,1,1)(1,1,1)]	*abd*(L_2)	$\sim T_1\sim T_2\sim T_3\sim T_4$	4) 8)

对于每个判断,要求所有可能的条件取值的组合都必须取到,在图 8-3 所示流程中的每个判断各有两个条件,各有 4 个条件取值的组合。取如表 8-4 所示的 4 个测试用例,就可以覆盖上述 8 种条件取值的组合。这组测试用例覆盖了所有条件的可能取值的组合,覆盖了所有判断的可取分支,但路径漏掉了 L_4。测试还不完全。

说明:这里并未要求第一个判断的 4 个组和与第二个判断的 4 个组和再进行组合。要是那样的话,就需要 $2^4=16$ 个测试用例。

(6) 路径测试

路径测试就是设计足够的测试用例,覆盖程序中所有可能的路径。若还是以图 8-3 所示,则可以选择如表 8-5 所示的一组测试用例来覆盖该程序段的全部路径。

表 8-5 路径测试的测试用例

测试用例	通过路径	覆盖条件
[(2,0,4)(2,0,3)]	$ace(L_1)$	$T_1 T_2 T_3 T_4$
[(1,1,1)(1,1,1)]	$abd(L_2)$	$\sim T_1 \sim T_2 \sim T_3 \sim T_4$
[(1,1,2)(1,1,3)]	$abe(L_3)$	$\sim T_1 \sim T_2 \sim T_3\ T_4$
[(3,0,3)(3,0,1)]	$acd(L_4)$	$T_1\ T_2 \sim T_3 \sim T_4$

8.2.2 基本路径测试法

基本路径测试也是一种常用的白盒测试技术,基本路径测试方法允许测试用例设计者导出一个过程设计的逻辑复杂性侧度,并使用该侧度作为指南来定义执行路径的基本集。从该基本集导出的测试用例保证对程序中的每一条语句至少执行一次。

(1) 流图符号

在介绍基本路径方法之前,必须先介绍一种简单的控制流表示方法,即流图或程序图。流图使用图 8-5 中的符号描述逻辑控制流,每一种结构化构成元素有一个相应的流图符号。

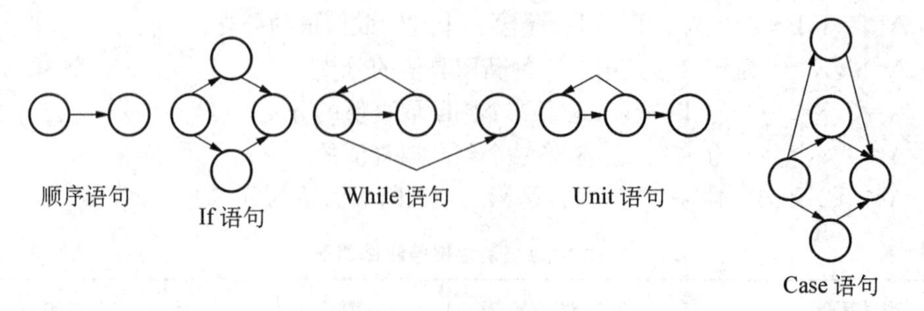

图 8-5 流图符号

为了说明流图的用法,可以采用图 8-6(a)中的过程设计表示法。其中流程图用来描述程序控制结构。图 8-6(b)将流程图映射到一个相应的流图(假设流程图的菱形决策框中不包含复合条件)。在图 8-6(b)中每一个圆称为流图的节点,代表一个或多个语句。一个处理方框序列和一个菱形决策框可被映射为一个节点。流图中的箭头,称为边或连接,代表控制流，类似于流程图中的箭头。一条边必须终止于一个节点，即使该节点并不代表任何语句。由边和节点限定的范围称为区域。计算区域时应包括图外部的范围。

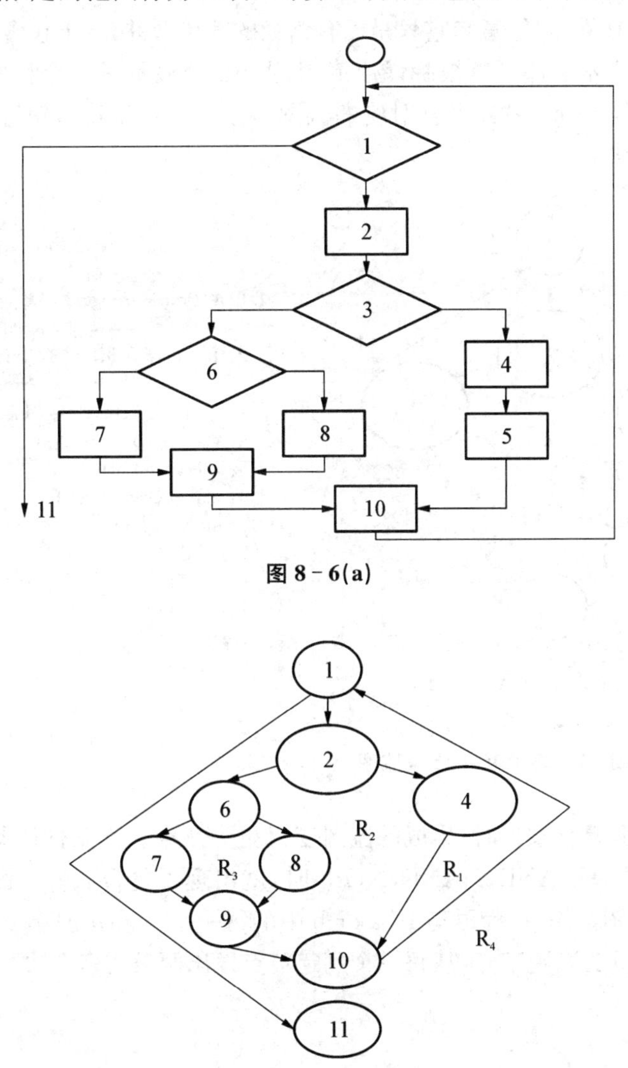

图 8-6(a)

图 8-6(b)

(2) 环形复杂性

环形复杂性是一种为程序逻辑复杂性提供定量测度的软件度量，将该度量用于基本路径方法，计算所得的值定义了程序基本集的独立路径数量，并为我们提供了确保所有路径至少执行一次的测试数量的上界。

独立路径是指程序中至少引进一个新的处理语句集合或一个新条件的任一路径。采用流图的术语，即独立路径必须至少包含一条在定义路径之前不曾用到的边。例如，图 8-6(b)中所示流图的一个独立路径集合为：

路径 1：1-11

路径 2：1-2-4-10-1-11

路径 3：1-2-6-8-9-10-1-11

路径 4:1-2-6-7-9-10-1-11

注意,每一条新的路径都包含了一条新边。路径 1-2-3-4-5-10-1-2-3-6-8-9-10-1-11 不是独立路径,意味它只是已有路径的简单合并,并未包含任何新边。

任何过程设计表示法都可以被翻译成流图,图 8-7 显示了一个程序设计语言(PDL,Program Design Language)片断及其对应的流图。注意,对 PDL 语句进行了编号,并将相应的编号用于流图中。

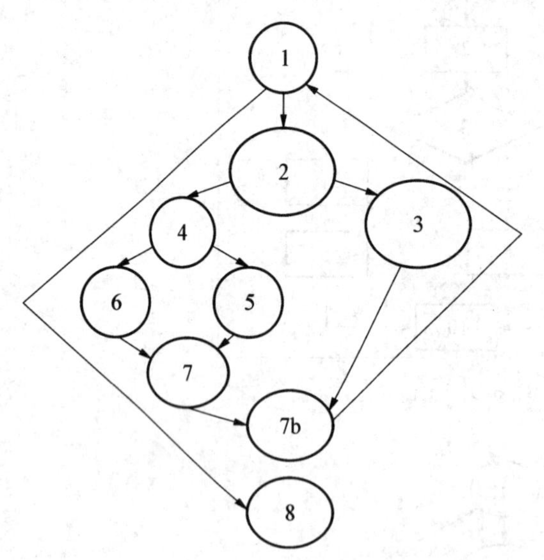


```
PDL Procedure sort1: Do while records remain
                     Read record;
2: If record field1=03: Then process record;
                        Store in buffer;
                        Increment counter
4: elseif record field2=0
5: then reset counter;
6: else process record;
   store in file;
7a: endif
    endif
7b: enddo
8 end
```

图 8-7 将 PDL 翻译成流图

程序设计中遇到复合条件时,生成的流图变得更为复杂。当条件语句中用到一个或多个布尔运算符(逻辑 OR,AND,NAND,NOR)时,就出现了复合条件。图 8-8 中,将一个 PDL 片段翻译为流图。注意,为语句 IF a or b 中的每一个 a 和 b 创建了一个独立的节点,包含条件的节点被称为判定节点,从每一个判定节点发出两条或多条边。

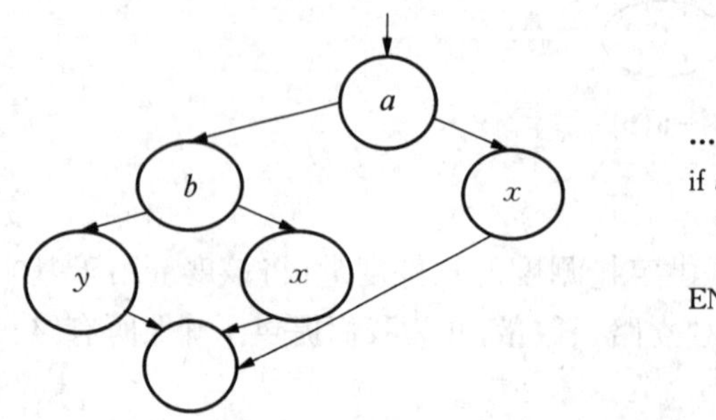


```
...
if a OR b
  then procedure x
  else procedure y
ENDIF
```

图 8-8 复合逻辑

上面定义的路径 1,2,3 和 4 包含了图 8-6(b)所示流图的一个基本集,简而言之,如果能将测试设计为强迫运行这些路径(基本集),那么程序中的每一条语句将至少被执行一次。每一个条件执行时都将分别取 true 和 false。应该注意到基本集并不唯一。实际上,给定的过程设计可派生出任意数量的不同基本集。

如何才能知道需要寻找多少路径呢？对环形复杂性的计算提供了这个问题的答案。环形复杂性以图论为基础，为我们提供了非常有用的软件度量。可用如下三种方法之一来计算复杂性：

- 流图中区域的数量对应于环形的复杂性。
- 给定流图 G 的环形复杂性 V(G)，定义为 V(G)＝E－N＋2，E 是流图中边的数量，N 是流图节点数量。
- 给定流图 G 的环形复杂性 V(G)，也可定义为 V(G)＝P＋1，P 是流图 G 中判定节点的数量。

再回到图 8－6。可采用上述任意一种算法来计算环形复杂性。

- 流图有 4 个区域。
- V(G)＝11 条边－9 个节点＋2＝4。
- V(G)＝3 个判定节点＋1＝4。

因此，图 8－6(b)的环形复杂性是 4。

环形复杂性 V(G)的值提供了组成基本集的独立路径的上界，由此得出覆盖所有程序语句所需的最少测试用例数量的上界。

(3) 导出测试用例

基本路径测试方法可用于过程设计或源代码生产。下面给出基本路径测试法的步骤，图 8－9 中的 PDL 所描述的过程“求平均值”将被用于阐明测试用例设计方法中的各个步骤。注意，“求平均值”虽然是一个简单的算法，但是仍然包含了复合条件和循环。

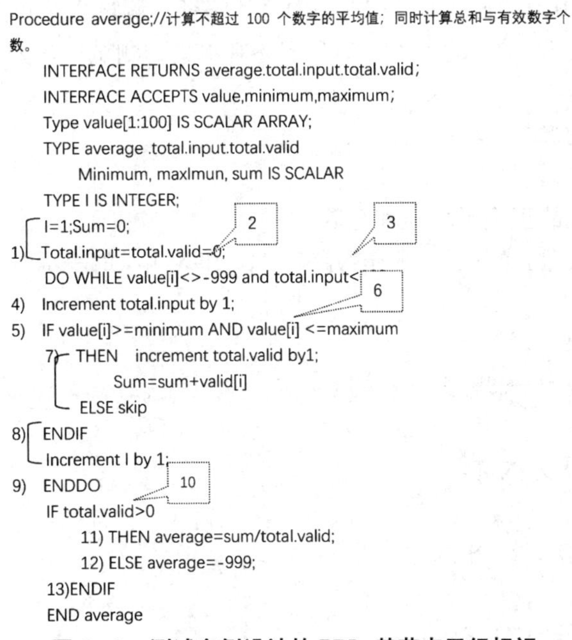

```
Procedure average;//计算不超过 100 个数字的平均值；同时计算总和与有效数字个数。
    INTERFACE RETURNS average.total.input.total.valid;
    INTERFACE ACCEPTS value,minimum,maximum;
    Type value[1:100] IS SCALAR ARRAY;
    TYPE average .total.input.total.valid
        Minimum, maxlmun, sum IS SCALAR
    TYPE I IS INTEGER;
1)  I=1;Sum=0;                                   2       3
    Total.input=total.valid=0;
    DO WHILE value[i]<>-999 and total.input<
4)  Increment total.input by 1;                          6
5)  IF value[i]>=minimum AND value[i] <=maximum
    7) THEN   increment total.valid by1;
              Sum=sum+valid[i]
       ELSE skip
8)  ENDIF
    Increment I by 1;
9)  ENDDO                                  10
    IF total.valid>0
        11) THEN average=sum/total.valid;
        12) ELSE average=-999;
    13)ENDIF
    END average
```

图 8－9　测试有例设计的 PDL，其节点已经标识

步骤 1：以设计或代码为基础，画出相应的流图。创建一个流图，参考图 8－9 中“求平均值”的 PDL。创建流图时，要对将被映射为流图节点的 PDL 语句进行标号，图 8－10 显示了对应的流图。

步骤 2:确定结果流图的环形复杂性。可采用上一节的任意一种算法来计算环形复杂性 V(G)。应该注意到,计算 V(G)并不一定要画出流图,计算 PDL 中的所有条件语句数量(过程求平均值中复合条件语句计数为 2),然后加 1 即可得到环形复杂性。在图 8-10 中:

- V(G)=6 个区域。
- V(G)=18 条边-14 个节点+2=6。
- V(G)=5 个判定节点+1=6。

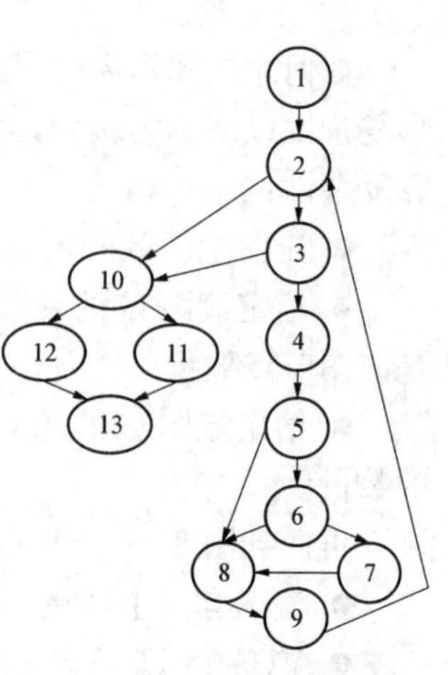

图 8-10 过程求平均值的流图

步骤 3:确定线性独立的路径的一个基本集。V(G)的值提供了程序控制结构中线性独立的路径的数量,在过程求平均值中,可以指定 6 条路经:

路径 1:1-2-10-11-13

路径 2:1-2-10-12-13

路径 3:1-2-3-10-11-13

路径 4:1-2-3-4-5-8-9-2-…

路径 5:1-2-3-4-5-6-8-9-2-…

路径 6:1-2-3-4-5-6-7-8-9-2-…

路径 4、5 和 6 后面的省略号(……)表示可以加上控制结构其余部分的任意路径。通常在导出测试用例,识别判定节点是十分必要的。本例中,节点 2、3、5、6 和 10 是判定节点。

步骤 4:准备测试用例,强制执行基本集中每条路径。测试人员可选择数据以便在测试每条路径时适当设置判定结点的条件。满足上述基本集的测试用例如下:

路径 1 测试用例:

value(k) = 有效输入,其中 k < i

value(i) = -999,其中 2 ≤ i ≤ 100

期望结果:基于 k 的正确平均值和总数。

注意:路径 1 无法独立测试,必须作为路径 4、5 和 6 测试的一部分。

路径 2 测试用例:

value(1) = -999

期望结果:平均值 = -999;其他按初值汇总。

路径 3 测试用例:

试图处理 101 或更大的值,

前 100 个数值应该有效。

期望结果:与测试用例 1 相同。

路径 4 测试用例:

value(k) < 最小值,其中 k < i

value(i) = 有效输入,其中 i ≤ 100

期望结果:基于 k 的正确平均值和总数。

路径 5 测试用例:

value(k) >最大值,其中 k ≥ i

value(i) = 有效输入,其中 i < 100

期望结果:基于 k 的正确平均值和总数。

路径 6 测试用例:

value(i) = 有效输入,其中 i < 100

期望结果:基于 k 的正确平均值和总数。

执行每个测试用例,并和期望值比较,一旦完成所有测试用例,测试者可以确定在程序中的所有语句至少被执行一次。

重要的是要注意某些独立路径(如,例子中的路径 1)不能以独立的方式被测试,即穿越路径所需的数据组合不能形成程序的正常流。在这种情况下,这些路径必须作为另一个路径测试的一部分来进行测试。

(4) 图矩阵

导出流图和决定基本测试路径的过程均需要机械化,为了开发辅助基本路径测试的软件工具,称为图矩阵(Graph Matrix)的数据结构很有用。

图矩阵是一个正方形矩阵,其大小(即行数和列数)等于流图的节点数。每列和每行都对应于标识的节点,矩阵项对应于节点间的连接(边),图 8-11 显示了一个简单的流图及其对应的图矩阵。

该图中,流图的节点以数字标识,边以字母标示,矩阵中的字母项对应于节点间的连接,例如,边 b 连接节点 3 和 4。

这里,图矩阵只是流图的表格表示。然而,对每一个矩阵项加入连接权值,图矩阵就可以用于在测试中评估程序的控制结构,连接权值为控制流提供了另外的信息。最简单情况下,连接权值是 1(存在连接)或 0(不存在连接)。但是,连接权值可以赋予更有趣的属性:

图 8-11 图矩阵

- 穿越连接的处理时间。
- 穿越连接时所需的内存。
- 执行连接的概率。
- 穿越连接时所需的资源。

举例来说,我们用最简单的权值(0 或 1)来标示连接,图 8-11 所示的图矩阵重画为图 8-12。字母替换为 1,表示存在边(为清晰起见,没有画出 0),这种形式的图矩阵称为连接矩阵。图 8-12 中,含两个或两个以上的行表示判定节点。所以,右边所示的算术计算就提供了另一种环形复杂性计算的方法。

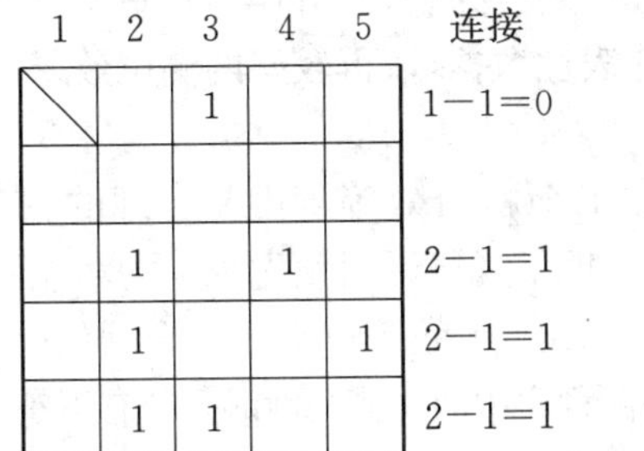

	1	2	3	4	5	连接
1			1			1−1=0
2						
3		1		1		2−1=1
4		1			1	2−1=1
5		1	1			2−1=1

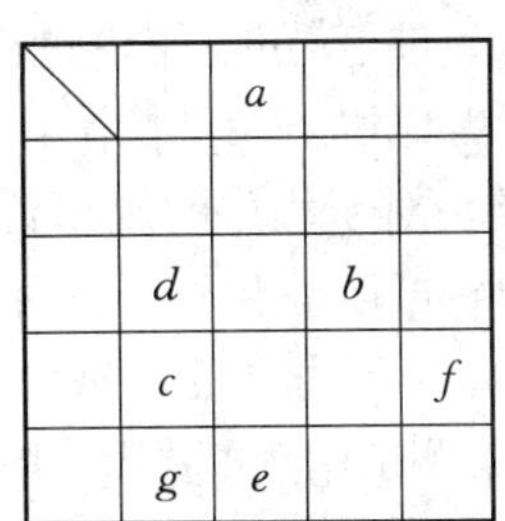

	1	2	3	4	5
1			a		
2					
3		d		b	
4		c			f
5		g	e		

图 8-12 连接矩阵

8.3 黑盒测试技术

黑盒测试技术以程序的功能作为测试依据。黑盒测试用于发现以下类型的错误：

- 功能不符合要求或遗漏；
- 界面错误；
- 数据结构或外部数据库访问错误；
- 性能偏差；
- 初始化或终止错误。

测试用例回答下列问题：

- 如何测试功能的有效性？
- 何种类型的输入会产生好的测试用例？
- 系统是否对特定的输入值敏感？
- 如何分隔数据类的边界？
- 系统能够承受何种数据率和数据量？
- 特定类型的数据组合会对系统产生何种影响？

运用黑盒测试，要导出满足以下标准的测试用例集：

- 所设计的测试用例能够减少达到合理测试所需的附加测试用例数。
- 所设计的测试用例能够告知某些类型错误的存在与不存在，而不仅仅是告知与特定测试相关的错误。

8.3.1 等价分类法

等价分类法是一种典型的黑盒测试方法。它是将程序的输入域划分为数据类，以便导出测试用例。理想的测试用例是一个用例可以发现一类错误，等价分类法试图定义一个测试用例，以发现各类错误，从而减少测试用例数。

如果对象由具有对称性、传递性或自反性的关系连接，就意味着存在等价类。因此，等价类是指某个输入域的子集合。在该集合中，各输入数对揭露程序中的错误都是等效的。如果将某个等价类的一个输入条件作为测试数据进行测试并查出了错误，那么使用这一等价类中的一个输入条件进行测试也会查出同样的错误；反之，若使用某个等价类中的一个输入条件作为测试数据进行测试没有查出错误，则使用这个等价类中的其他输入条件也同样查不出错误。因此，把全部输入数据合理地划分为若干等价类，在每一个等价类中取一个数据作为测试的输入条件，就可以用少量代表性数据，取得较好的测试效果。

等价类划分要考虑以下两种情况：

- 有效等价类。对于程序的规格说明来说，有效等价类是合理的、有意义的输入数据构成的集合。利用它可以检验程序是否实现了规格说明预先规定的功能和性能。
- 无效等价类。对于程序的规格说明来说，无效等价类是不合理的、无意义的输入数据构成的集合。这一类测试用例主要用于检测程序中的功能和性能是否有不符合规格说明要求。

在设计测试用例时，必须同时考虑有效等价类和无效等价类的设计，只有经过这样测试的软件才能达到较高的可靠性。

(1) 确定有效等价类

划分等价类是使用等价类的关键。以下结合具体实例给出几条确定等价类的原则。

● 如果输入条件中规定了取值范围或值的个数，则可以确立一个有效等价类和两个无效等价类。例如，在程序的规格说明中，若对输入条件有一个规定：

“…项数可以从1到999…”

则有效等价类是“1＜＝项数＜＝999”，两个无效等价类是“项数＜1”或“项数＞999”。

● 如果输入条件中规定了输入值的集合，或者是规定了“必须如何…”的条件，则可确立一个有效等价类和一个无效等价类。例如，若在Pascal语言中对变量标识符规定为“以字母打头的…串”，那么所有以字母打头的构成有效等价类，而不以字母打头的归于无效等价类。

● 如果输入条件是一个布尔量，则可以确定一个有效等价类和一个无效等价类。

● 如果规定了输入数据的一组值，而且程序要对每个输入值分别进行处理，则可以每个输入值确定一个有效等价类，并针对这组值确立一个无效等价类，即所有不允许的输入值的集合。

● 如果给定了输入数据必须遵守的规则，则可以确立一个有效等价类(符合规则)和若干个无效等价类(从不同角度违反规则)。例如，Pascal语言规定“一个语句必须以分号‘;’结束”，据此就可以确定一个有效等价类“以‘;’结束”，若干个无效等价类“以‘:’结束”“以‘,’结束”“以‘ ’结束”“以LF结束”等等。

● 如果确知已经划分的等价类中各元素在程序中的处理方式不同，则应将此等价类进一步划分成更小的等价类。

(2) 确立测试用例

在确立了等价类之后，建立等价类表，列出所有划分出的等价类，再从划分出的等价类中按以下原则选择测试用例：

● 为每一个等价类规定一个唯一的编号。

● 设计一个新的测试用例，使其尽可能多地覆盖尚未被覆盖的有效等价类，重复这一步，直到所有的有效等价类都被覆盖为止。

● 设计一个新的测试用例，使其仅覆盖一个尚未被覆盖的无效等价类，重复这一步，直到所有的无效等价类都被覆盖为止。之所以要这样做，是因为在某些程序中对某一输入错误的检查往往会屏蔽对其他输入错误的检查。因此必须针对每一个无效等价类，分别设计测试用例。

8.3.2 边界值分析

边界值分析方法是对等价类划分方法的补充。人们从长期的测试工作中总结出经验：大量的错误是发生在输入或输出范围的边界上，而不是在输入范围的内部。因此，针对各种边界情况设计测试用例，可以查出更多的错误。

使用边界值分析方法设计测试用例，首先应确定边界情况。通常输入等价类与输出等价类的边界，就是应着重测试的边界情况。应当选择正好等于、刚刚大于或刚刚小于边界的值作为测试数据，而不是选择等价类中的典型值或任意值作为测试数据。

为此边界值分析的测试用例选择有以下原则：

(1) 如果输入条件规定了值的范围，则应取刚达到这个范围的边界的值，以及刚刚超过这个范围边界的值作为测试输入数据。例如,若输入值的范围是“－0.1～1.0”,则可选取“－0.101”“0.009”“－0.009”“1.001”作为测试输入数据。

(2) 如果输入条件规定了值的个数,则用最大个数、最小个数、比最大个数多1、比最小个数少1的数作为测试数据。例如,若一个输入文件可有1～255个记录,则可以分别设计有1个记录、255个记录以及0个记录和256个记录的输入文件。

(3) 根据规格说明的每个输出条件,使用原则(1)。例如,某程序的功能是计算折扣量,若最低折扣量是0元,最高折扣量是1 050,则设计一些测试用例,使它们恰好产生0元和1 050元的结果。此外,还可以考虑设计结果为负值或大于1 050元的测试用例。由于输入值的边界不与输出值的边界项对应,所以要检查输出值的边界不一定可行,要产生超出输出值值域之外的结果也不一定可行。尽管如此,在必要时还要试一试。

(4) 根据规格说明的每个输出条件,使用原则(2)。例如,一个信息检索系统根据用户输入的命令,显示有关文献的摘要,但最多只显示4篇摘要。这时可以设计一些测试用例,使得程序分别显示1篇、4篇、0篇摘要,并设计一个有可能使程序错误地显示5篇摘要的测试用例。

(5) 如果程序的规格说明给出的输入域或输出域是有序集合(如有序表、顺序文件等),则应选取集合的第一个元素和最后一个元素作为测试用例。

(6) 如果程序中使用了一个内部数据结构,则应当选择这个内部数据结构的边界上的值作为测试用例。例如,如果程序中定义了一个数组,其元素下标的下界是0,上界是100,那么应该选择达到这个数组下标边界的值,如0与100,作为测试用例。

(7) 分析规格说明书,找出其他可能的边界条件。

8.3.3 错误推测

错误推测法的基本思想是:程序测试员通过已经掌握的测试理论和实际测试中积累的经验,推测程序在哪些情况下可能发生错误,并将可能发生错误的情况列出,然后为每一种可能发生错误的情况各设计一个测试用例。

例如,测试一个对线性表(比如数组)进行排序的程序,可推测列出以下几项需要特别测试的情况:

- 输入的线性表为空表。
- 表中只含有一个元素。
- 输入表中所有元素已排好序。
- 输入表已按逆序排好。
- 输入表中部分或全部元素相同。

测试时通常的做法是,用黑盒法设计基本的测试方案,再用白盒法补充一些必要的测试方案。具体地说,可以使用下述策略结合各种方法:

(1) 在任何情况下都应该使用边界值分析的方法。经验表明,用这种方法设计出的测试用例暴露程序错误的能力最强。

(2) 必要时用等价划分法补充测试用例。

(3) 必要时再用错误推测法补充测试用例。

(4) 对照程序逻辑,检查已经设计出的测试方案。可以根据对程序可靠性的要求采用不同的逻辑覆盖标准。

8.4 单元测试

通常而言，单元测试是在软件开发过程中要进行的最低级别的测试活动，或者说是针对软件设计的最小单位即程序模块、函数、类或方法所进行的正确性检验的测试工作，其目的在于发现每个单元内部可能存在的错误或缺陷。

8.4.1 单元测试步骤

一般情况下由程序员完成单元测试工作，单元测试也可以看作是编码工作的一部分，在编码的过程中考虑测试问题，得到的将是更优质的代码。所以，单元测试有时也称自测试。许多集成开发环境(IDE)都可以集成各种单元测试工具帮助编码人员进行单元测试(如Eclipse环境中集成Junit)。必要时也可以由测试团队专门进行单元测试。单元测试的主要工作分两个步骤。

(1) 人工静态检查

人工静态检查也称为静态测试，可以保证代码算法的逻辑正确性、清晰性、规范性、一致性、算法高效性。尽可能地发现程序中可能存在的错误或缺陷。

(2) 动态执行跟踪

动态执行跟踪也称为动态测试，是通过设计测试用例，执行待测程序来跟踪比较实际结果与预期结果来发现错误或缺陷。

8.4.2 单元测试模块组成

单元测试时需要为被测模块编制一个驱动模块(Driver Module)和若干个桩模块(Stub Module)。驱动模块扮演被测模块的主程序，用来接收测试数据，并将数据传递给被测模块，接受被测模块执行结果，并对结果进行判断，最后将判断结果作为用例执行结果并输出测试报告。桩模块可以代替被测模块需要调用的子模块，是一次性模块，主要是为了配合调用它的父模块，可以进行少量的数据操作，不需要实现子模块的所有功能，与被测模块及与它相关的驱动模块共同构成一个"测试环境"。具体组成如图8-13所示。

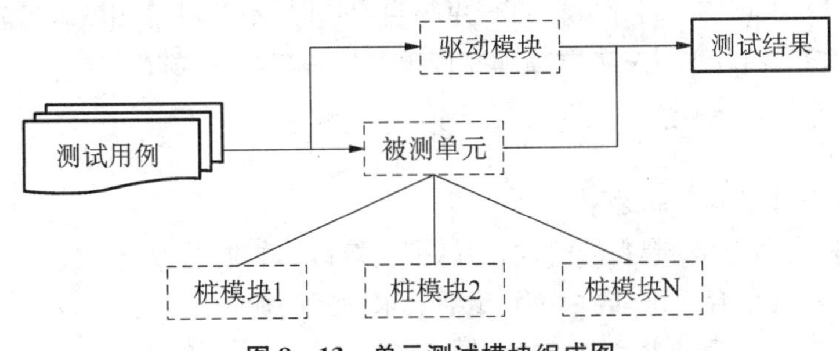

图8-13　单元测试模块组成图

8.4.3 单元测试的策略

(1) 孤立的单元测试策略(Isolation Unit Testing)，不考虑每个模块与其他模块之间的关系，为每个模块设计桩模块和驱动模块，每个模块进行独立的单元测试。优点是操作简单、容易，可以达到较高的结构覆盖率。缺点是桩函数和驱动函数工作量很大。

（2）自顶向下的单元测试策略（Top Down Unit Testing），先对最顶层的单元进行测试，把顶层所调用的单元做成桩模块；再对第二层进行测试，使用上面已测试的单元做驱动模块；如此类推直到测试完所有模块。此策略可以节省驱动函数的开发工作量，测试效率较高。缺点是随着被测单元一个一个被加入，测试过程将变得越来越复杂，并且开发和维护的成本将增加。

（3）自底向上的单元测试策略（Bottom Up Unit Testing），先对模块调用层次图上最底层的模块进行单元测试，模拟调用该模块的模块做驱动模块；然后再对上面一层做单元测试，用下面已被测试过的模块做桩模块；以此类推，直到测试完所有模块。此策略优点是可以节省桩函数的开发工作量，测试效率较高。缺点是它不是纯粹的单元测试，底层函数的测试质量对上层函数的测试将产生很大的影响。

单元测试已经不仅仅是只有编码完成以后才能进行的工作了，单元测试通常在项目的详细设计阶段已经开始，贯穿于项目开发的生命周期中。单元测试被认为是集成测试的基础，只有通过了单元测试，才能将各个单元集成在一起进行集成测试。

8.5 集成测试

集成测试也叫组装测试或联合测试，是单元测试的逻辑扩展。在现实方案中，集成是指多个单元的聚合，许多单元组合成模块，而这些模块又聚合成程序的更大部分，如分系统或系统。集成测试采用的方法是测试软件单元的组合能否正常工作，以及与其他组的模块能否集成起来工作。最后，还要测试构成系统的所有模块组合能否正常工作。集成测试所持的主要标准是《软件概要设计规格说明》，任何不符合该说明的程序模块行为都应该加以记载并上报。

集成测试是在单元测试的基础上，测试再将所有的软件单元按照概要设计规格说明的要求组装成模块、子系统或系统的过程中各部分工作是否达到或实现相应技术指标及要求的活动。也就是说，在集成测试之前，单元测试应该已经完成，集成测试中所使用的对象应该是已经经过单元测试的软件单元。这一点很重要，如果不经过单元测试，那么集成测试的效果将会受到很大影响，并且会大幅增加软件单元代码纠错的代价。

8.5.1 集成测试标准

集成测试应该考虑以下问题：

（1）在把各个模块连接起来的时候，穿越模块接口的数据是否会丢失；

（2）各个子功能组合起来，能否达到预期要求的父功能；

（3）一个模块的功能是否会对另一个模块的功能产生不利的影响；

（4）全局数据结构是否有问题；

（5）单个模块的误差积累起来，是否会放大，从而达到不可接受的程度。

要想判定集成测试过程是否完成，可按从以下几个方面进行检查：

（1）是否成功地执行了测试计划中规定的所有集成测试；

(2) 是否修正了所发现的错误；

(3) 测试结果是否通过了专门小组的评审。

集成测试应由专门的测试小组来进行，测试小组由有经验的系统设计人员和程序员组成。整个测试活动要在评审人员出席的情况下进行。

8.5.2 集成测试常用实施方案

集成测试的实施方案有很多种，如自底向上集成测试、自顶向下集成测试、Big-Bang集成测试、三明治集成测试、核心集成测试、分层集成测试、基于使用的集成测试等。在此，重点讨论其中一些经实践检验和一些证实有效的集成测试方案。

1. 自底向上集成测试

自底向上的集成(Bottom-Up Integration)方式是最常使用的方法。其他集成方法都或多或少地继承、吸收了这种集成方式的思想。自底向上集成方式从程序模块结构中最底层的模块开始组装和测试。因为模块是自底向上进行组装的，对于一个给定层次的模块，它的子模块(包括子模块的所有下属模块)事前已经完成组装并经过测试，所以不再需要编制桩模块。自底向上集成测试的步骤大致如下：

(1) 按照概要设计规格说明，明确有哪些是被测模块。在熟悉被测模块性质的基础上对被测模块进行分层，在同一层次上的测试可以并行进行，然后排出测试活动的先后关系，制定测试进度计划。

(2) 在步骤(1)的基础上，按时间线序关系，将软件单元集成为模块，并测试在集成过程中出现的问题。这里可能需要测试人员开发一些驱动模块来驱动集成活动中形成的被测模块。对于比较大的模块，可以先将其中的某几个软件单元集成为子模块，然后再集成为一个较大的模块。

(3) 将各软件模块集成为子系统(或分系统)。检测各自子系统是否能正常工作。同样可能需要测试人员开发少量的驱动模块来驱动被测子系统。

(4) 将各子系统集成为最终用户系统，测试各分系统能否在最终用户系统中正常工作。

自底向上的集成测试方案是工程实践中最常用的测试方法。相关技术也较为成熟。它的优点很明显：管理方便、测试人员能较好地锁定软件故障所在位置。但它对于某些开发模式不适用，如使用XP开发方法，它会要求测试人员在全部软件单元实现之前完成核心软件部件的集成测试。尽管如此，自底向上的集成测试方法仍不失为一个可供参考的集成测试方案。

2. 自顶向下集成测试

自顶向下集成(Top-Down Integration)方式是一个递增的组装软件结构的方法。从主控模块(主程序)开始沿控制层向下移动，把模块一一组合起来。分两种方法：

(1) 先深度。按照结构，用一条主控制路径将所有模块组合起来。

(2) 先宽度。逐层组合所有下属模块，在每一层水平地移动。

组装过程分以下五个步骤：

(1) 用主控模块作为测试驱动程序，其直接下属模块用承接模块来代替。

(2) 根据所选择的集成测试方法(先深度或先宽度)，每次用实际模块代替下属的承接模块。

(3) 在组合每个实际模块时都要进行测试。

(4) 完成一组测试后再用一个实际模块代替另一个承接模块。

(5) 可以进行回归测试(即重新再做所有的或者部分已做过的测试),以保证不引入新的错误。

3. 核心系统先行集成测试

核心系统先行集成测试法的思想是先对核心软件部件进行集成测试,在测试通过的基础上再按各外围软件部件的重要程度逐个集成到核心系统中。每次加入一个外围软件部件都产生一个产品基线,直至最后形成稳定的软件产品。核心系统先行集成测试法对应的集成过程是一个逐渐趋于闭合的螺旋形曲线,代表产品逐步定型的过程。其步骤如下:

(1) 对核心系统中的每个模块进行单独的、充分的测试,必要时使用驱动模块和桩模块。

(2) 对于核心系统中的所有模块一次性集合到被测系统中,解决集成中出现的各类问题。在核心系统规模相对较大的情况下,也可以按照自底向上的步骤,集成核心系统的各组成模块。

(3) 按照各外围软件部件的重要程度以及模块间的相互制约关系,拟定外围软件部件集成到核心系统中的顺序方案。方案经评审以后,即可进行外围软件部件的集成。

(4) 在外围软件部件添加到核心系统以前,外围软件部件应先完成内部的模块级集成测试。

(5) 按顺序不断加入外围软件部件,排除外围软件部件集成中出现的问题,形成最终的用户系统。

该集成测试方法对于快速软件开发很有效果,适合比较复杂系统的集成测试,能保证一些重要的功能和服务的实现。缺点是采用此法的系统一般应能明确区分核心软件部件和外围软件部件,核心软件部件应具有较高的耦合度,外围软件部件内部也应具有较高的耦合度,但各外围软件部件之间应具有较低的耦合度。

4. 高频集成测试

高频集成测试是指同步于软件开发过程,每隔一段时间对开发团队的现有代码进行一次集成测试。如某些自动化集成测试工具能实现每日深夜对开发团队的现有代码进行一次集成测试,然后将测试结果发到各开发人员的电子邮箱中。该集成测试方法频繁地将新代码加入到一个已经稳定的基线中,以免集成故障难以发现,同时控制可能出现的基线偏差。使用高频集成测试需要具备一定的条件:

(1) 可以持续获得一个稳定的增量,并且该增量内部已被验证没有问题。

(2) 大部分有意义的功能增加可以在一个相对稳定的时间间隔(如每个工作日)内获得。

(3) 测试包和代码的开发工作必须是并行进行的,并且需要版本控制工具来保证始终维护的是测试脚本和代码的最新版本。

(4) 必须借助于使用自动化工具来完成。高频集成一个显著的特点就是集成次数频繁,显然,人工的方法是不能胜任的。

高频集成测试一般采用如下步骤来完成：

(1) 选择集成测试自动化工具。如很多 Java 项目采用 Junit＋Ant 方案来实现集成测试的自动化，也有一些商业集成测试工具可供选择。

(2) 设置版本控制工具，以确保集成测试自动化工具所获得的版本是最新版本。如使用 CVS 进行版本控制。

(3) 测试人员和开发人员负责编写对应程序代码的测试脚本。

(4) 设置自动化集成测试工具，每隔一段时间对配置管理库的新添加的代码进行自动化的集成测试，并将测试报告汇报给开发人员和测试人员。

(5) 测试人员监督代码开发人员及时关闭不合格项。

按照步骤(3)至步骤(5)不断循环，直至形成最终软件产品。

该测试方案能在开发过程中及时发现代码错误，能直观地看到开发团队的有效工程进度。在此方案中，开发维护源代码与开发维护软件测试包被赋予了同等的重要性，这对有效防止错误、及时纠正错误都很有帮助。该方案的缺点在于测试包有时候可能不能暴露深层次的编码错误和图形界面错误。

以上介绍了几种常见的集成测试方案，一般来讲，在现代复杂软件项目集成测试过程中，通常采用核心系统先行集成测试和高频集成测试相结合的方式进行，自底向上的集成测试方案在采用传统瀑布式开发模式的软件项目集成过程中较为常见。读者应该结合项目的实际工程环境及各测试方案适用的范围进行合理的选择。

8.6 确认测试

确认测试又称有效性测试或验收测试。是在模拟的环境下，运用黑盒测试的方法，验证被测软件是否满足需求规格说明书列出的需求。其任务是验证软件的功能和性能及其他特性是否与用户的要求一致。

8.6.1 确认测试的标准

实现软件确认要通过一系列黑盒测试。确认测试同样需要制订测试计划和过程，测试计划应规定测试的种类和测试进度，测试过程则定义一些特殊的测试用例，旨在说明软件与需求是否一致。无论是计划还是过程，都应该着重考虑软件是否满足合同规定的所有功能和性能，文档资料是否完整、准确的人机界面和其他方面(例如，可移植性、兼容性、错误恢复能力和可维护性等)是否令用户满意。

确认测试的结果有两种可能，一种是功能和性能指标满足软件需求说明的要求，用户可以接受；另一种是软件不满足软件需求说明的要求，用户无法接受。项目进行到这个阶段才发现严重错误和偏差一般很难在预定的工期内改正，因此必须与用户协商，寻求一个妥善解决问题的方法。

软件配置复审是确认测试的重要环节之一。软件配置复审的任务是审查软件配置(组成程序、所有文档资料、数据结构的所有项目)的正确性、完整性和一致性，以便确保软件配置齐全、分类有序，并包括软件维护所必需的细节，从而为以后的软件维护工作奠定了基础。

8.6.2 确认测试常用实施方案

确认测试目前广泛使用的两种实施方案是α测试和β测试。

1. α测试

α测试是指软件开发公司组织内部人员模拟各类用户对即将面市软件产品(称为α版本)进行测试,试图发现错误并修正。它是在开发现场执行的,开发者在客户使用系统时检查是否存在错误。在该阶段中,需要准备β测试的测试计划和测试用例。多数开发者使用α测试和β测试来识别那些似乎只能由用户发现的错误,其目标是发现严重错误,并确定需要的功能是否被实现。在软件开发周期中,根据功能性特征,所需的α测试的次数应在项目计划中规定。

2. β测试

β测试是指软件开发公司组织各方面的典型用户在日常工作中实际使用β版本,并要求用户报告异常情况、提出批评意见。它是一种现场测试,一般由多个客户在软件真实运行环境下实施,因此开发人员无法对其进行控制。β测试的主要目的是评价软件技术内容,发现任何隐藏的错误和边界效应。还要对软件是否易于使用以及用户文档初稿进行评价,发现错误并进行报告。β测试也是一种详细测试,需要覆盖产品的所有功能点,因此依赖于功能性测试。在测试阶段开始前应准备好测试计划,清楚列出测试目标、范围、执行的任务,以及描述测试安排的测试矩阵。客户对异常情况进行报告,并将错误在内部进行文档化以供测试人员和开发人员参考。

8.7 测试驱动开发

测试驱动开发(TDD, Test-Driven Development)是一种不同于传统软件开发流程的新型的开发方法。它要求在编写某个功能的代码之前先编写测试代码,然后只编写使测试通过的功能代码,通过测试来推动整个开发的进行。这有助于编写简洁可用和高质量的代码,并加速开发过程。

测试驱动开发的基本思想就是在开发功能代码之前,先编写测试代码,然后编写使测试通过的功能代码,从而以测试来驱动整个开发过程的进行。这有助于编写简洁可用和高质量的代码,有很高的灵活性和健壮性,能快速响应变化,并加速开发过程。测试驱动开发的基本过程如下:

(1) 快速新增一个测试;

(2) 运行所有的测试(有时候只需要运行一个或一部分),发现新增的测试不能通过;

(3) 做一些小小的改动,尽快地让测试程序可运行,为此可以在程序中使用一些不合情理的方法;

(4) 运行所有的测试,并且全部通过;

(5) 重构代码,以消除重复设计,优化设计结构。

简单来说,测试驱动开发的基本过程就是从不可运行到可运行再到重构的一系列流程。

测试驱动开发不单纯是一种测试技术,它还是一种分析技术、设计技术,更是一种组织所有开发活动的技术。相对于传统的结构化开发过程方法,它具有以下优势:

(1) 测试驱动开发根据客户需求编写测试用例，对功能的过程和接口都进行了设计，而且这种从使用者角度对代码进行的设计通常更符合后期开发的需求。因为关注用户反馈，可以及时响应需求变更，同时因为从使用者角度出发的简单设计，也可以更快地适应变化。

(2) 出于易测试和测试独立性的要求，将促使实现松耦合的设计，并更多地依赖于接口而非具体的类，提高系统的可扩展性和抗变性。而且测试驱动开发明显地缩短了设计决策的反馈循环。

(3) 将测试工作提到编码之前，并频繁地运行所有测试，可以尽量地避免和尽早地发现错误，极大地降低了后续测试及修复的成本，提高了代码的质量。在测试的保护下，不断重构代码，以消除重复设计，优化设计结构，提高了代码的重用性，从而提高了软件产品的质量。

(4) 测试驱动开发提供了持续的回归测试，使重构变得更加简单，因为代码的改动导致系统其他部分产生任何异常，测试都会立刻通知程序员。

(5) 测试驱动开发所产生的单元测试代码是完美的开发者文档，它们展示了所有的API该如何使用以及是如何运作的，而且它们与工作代码保持同步，永远是最新的。

8.8 本章小结

软件测试是为了发现错误而执行程序的过程，其目的在于以最少的时间和人力系统地找出软件中潜在的各种错误和缺陷。本章对各种软件测试的方案进行了细致的介绍，软件测试技术大体上可以分成白盒测试和黑盒测试。白盒测试技术依据的是程序的逻辑结构，主要包括逻辑覆盖和路径测试等方法；黑盒测试技术依据的是软件行为的描述，主要包括等价类划分、边界值分析和基于状态的测试等方法。

由于软件错误的复杂性，软件测试需要综合应用测试技术以及测试驱动开发的技术，并且实施合理的测试步骤，即单元测试、集成测试、确认测试。单元测试集中于每一个独立的模块；集成测试集中于模块的组装；系统测试确保整个系统与系统的功能需求和非功能需求保持一致；验收测试是用户根据验收标准，在开发环境或模拟真实环境中执行的可用性、功能和性能测试。

习 题

1. 什么是软件测试？软件测试的意义？
2. 软件测试如何分类？
3. 软件测试的目的是什么？软件测试的目标是什么？软件测试的原则是什么？
4. 什么是白盒测试？白盒测试有哪些测试方法及其含义？这些方法的强弱程度怎样？
5. 什么是黑盒测试？黑盒测试有哪些测试方法及其含义？
6. 单元测试的内容是什么？单元测试采用什么测试方法？
7. 集成测试方式有哪些？
8. 验收测试常用的有哪些策略及其含义？
9. 什么是测试驱动开发？

【微信扫码】
本章参考答案 & 相关资源

第9章

软件演化

9.1 软件演化的过程

随着软件系统的老化，软件演化已成为软件工程的一个新兴领域。软件演化就是指对遗传软件系统在其生命周期中不断维护，不断完善的系统动力学行为；是对软件系统不断地再工程，使之能满足用户和环境不断变化的需要。

9.1.1 软件演化的分类

根据演化时软件系统是否在运行，可分为静态演化和动态演化。

(1) 静态演化

静态演化是指软件在停机状态下的演化。其优点是不用考虑运行状态的变迁，同时也没有活动的进行需要处理。然而停止一个应用程序就意味着中断它提供的服务，造成软件暂时失效。

软件静态演化的步骤如图9-1所示，其详细步骤包括：

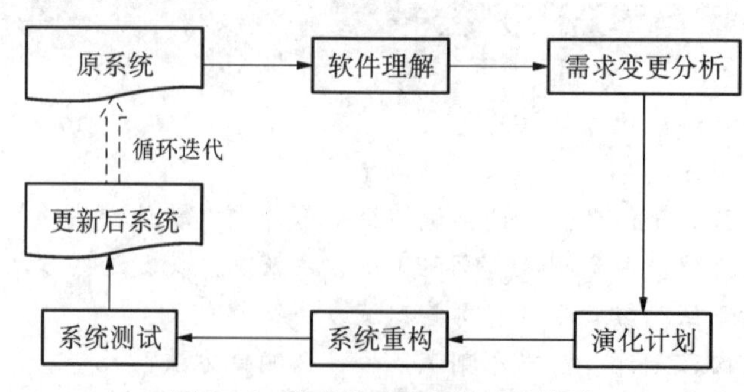

图9-1 软件静态演化的过程模型

● 软件理解。查阅软件文档、分析系统内部结构，分析系统组成元素及其之间的相互关系，提取系统的抽象表示形式。

● 需求变更分析。软件的静态演化往往是由于用户需求变化、系统运行出错和运行环境发生改变所导致的。

● 演化计划。对原系统进行分析，确定更新范围和所花费的代价，制定更新成本和演化技术。

● 系统重构。根据演化计划对原软件系统进行重构，使之能够适应当前的需求。

● 系统测试。对更新后的软件元素和整个系统进行测试，以查出其中的错误和不足之处。

软件静态演化的策略包括：

① 功能演化，在对系统功能进行更新时，最简单的机制就是创建相关类的子类，然后重载需要变更的方法，利用多态性来调用新创建的方法。

② 构件演化，在开发构件时，通常采用接口和实现相分离的原则，构件之间只能通过接口来进行通信。具有兼容接口的不同构件实现部分可以相互取代，在静态演化过程中，这已经成为一条非常有效的途径。

在基于构件的开发模式中，经常出现的构件接口与系统设计接口不兼容的情况包括接口方法名称不一致和参数类型不一致。为了提高软件演化的效率，通常使用构件包装器(Component Wrapper)来修改原构件的接口，包装器对构件接口进行封装以适应新的需求环境。在构件包装器中，封装了原始构件，同时提供了系统所需要的接口，这样就解决了构件接口不兼容的问题。包装器的实质是一个筛选器，将对原构件的请求进行过滤并调用对应的方法。将一个或多个构件作为复合构件的组成部分，包装允许构件组合和聚集起来完成新的功能。

同时，继承机制也可以实现构件演化。新创建的构件是通过继承原构件而获得的，是原构件的子类型；子类型化是通过加强原构件创建一个新构件，并重用其实现部分来完成的；在原构件的基础上，使用继承机制来创建子构件，并按照需求重新实现相关的虚函数，就可以完成构件演化任务。

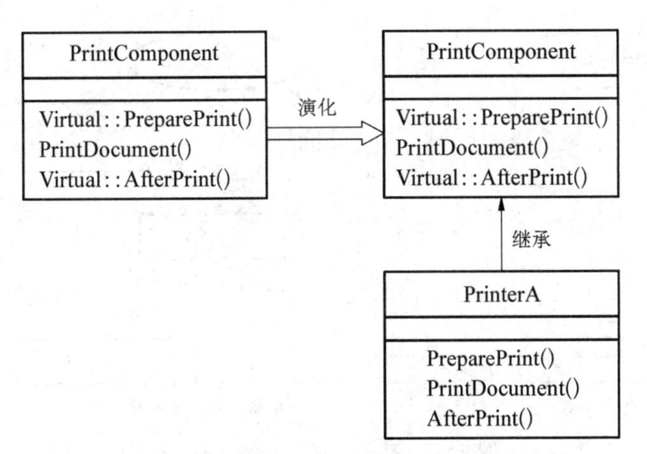

图9-2　基于继承机制的静态构件演化

(2) 动态演化

动态演化是指软件在执行期间的软件演化。其优点是软件不会暂时的失效。有持续可用性的明显优点。但由于涉及状态迁移等问题，比静态演化从技术上更难处理。动态演化是最复杂也是最有实际意义的演化行为。动态演化使得软件在运行过程中，可以根据应用需求和环境变化，动态地进行配置、维护和更新，其表现形式包括系统元素数目的可变性、结构关系的可调整性等。软件的动态演化特性对于适应未来软件发展的开放性、多态性具有重要意义。

根据演化发生的时机，软件演化可分为设计时演化、装载期演化和运行时演化。

① 设计时演化

设计时演化是指在软件编译前，通过修改软件的设计、源代码，重新编译、部署系统来适应变化。设计时演化是目前在软件开发实践中应用最广泛的演化形式。

② 装载期演化

装载期演化是指在软件编译后、运行前进行的演化，变更发生在运行平台装载代码期间。因为系统尚未开始执行，这类演化不涉及系统状态的维护问题。

③ 运行时演化

发生在程序执行过程中的任何时刻，部分代码或者对象中执行期间修改。显而易见，设计时演化是静态演化，运行时演化是一种典型的动态演化，而装载期间的演化既可以看作是静态演化也可以看作是动态演化，取决于它怎样被平台或提供者使用。

软件动态演化的技术包括：

① "重建"策略。系统使用动态类的新版本来创建相关对象，同时，将旧版本的对象的状态信息拷贝到新对象中。

② "共存"策略。动态类新、旧版本的对象共存，但是，以后对象的创建使用动态类的新版本。

③ 代理机制。在实现动态类时，通常需要引入代理(Proxy)机制。代理负责维护动态类的所有实现版本和实现版本的外部存储。代理机制下的动态类是一种轻量级的动态演化技术，它不需要编译器和底层运行环境(例如：操作系统和虚拟机)的支持，比较容易实现。基于代理机制的动态演化模型如图 9-3 所示。

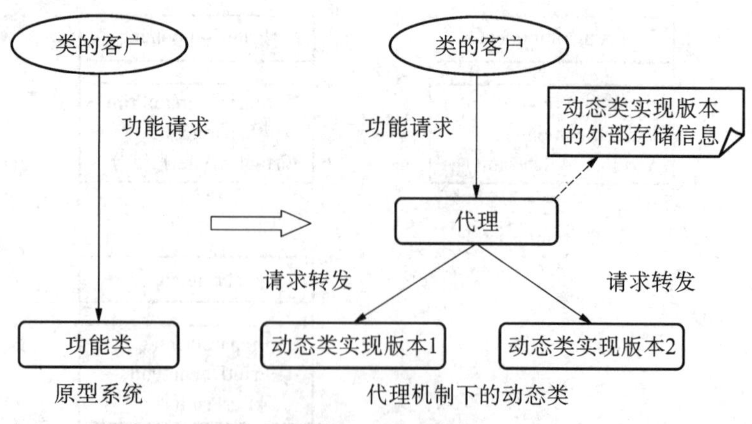

图 9-3 基于代理机制的动态演化

④ 基于构件的动态演化。按照功能划分，将构件的接口分为两种：用于处理构件所提供的服务，即行为接口，用于处理构件的演化，即演化接口，演化接口被设置成在特定的服务接口被调用时起作用。

在使用构件时，可以通过访问演化接口，为相关的动态插入点定义回调(Call Back)方法，增加或替换成用户需要的代码。

⑤ 基于过程的动态演化，形式化描述系统在运行过程中的状态，建立系统的状态机模型，在状态机模型中，系统的演化可以对应于状态的迁移。

⑥ 基于体系结构描述语言的动态演化，在体系结构描述语言中，增加动态描述成分，通过语言来定义构件之间是如何进行互操作的，构件是如何被替换的，以实现动态演化。

⑦ 基于体系结构模型的动态演化，这类方法是通过建立一个体系结构模型，并使用这个模型来控制构件行为，控制结构改变和行为演化。

9.1.2 软件演化的特征

1985 年 Lehman 和 Belady 在专门研究了许多大型软件系统的发展和演化的基础上总结了软件在变更过程中的演化动态特征，具体包括：

(1) 软件维护和演化是一个必然的过程。

现实世界在不断变化和发展，当系统的环境发生改变时，新的需求就会浮现。因此为了适应变化的环境需要，继续发挥其应有的作用，软件系统也必须根据需要不断地进行维护和演化。当修改后的系统重新投入使用，又会促使环境的改变，于是演化过程进入循环。

(2) 软件的不断修改会导致软件的退化。

随着系统的改变，其结构在衰退。因此，为了能够防止退化的发生. 必须增加额外的成本以改善软件的结构和质量。这样，在实现必要的系统变更成本上又会增加额外的支出。

(3) 软件系统的动态特性是在开发过程的早期建立起来的。

软件的规模限制着自身发生的变更，由于较大的变更会引入更多的缺陷，因而限制了新版本的演化有效程度。这也决定了系统维护过程的总趋势以及系统变更可能次数的极限——系统一旦超过某个最小规模就会变得难以变更。

(4) 资源和人员的变化对系统长期演化的影响是不易察觉的。

在大型软件项目开发中，团队成员数量的增加不一定就能提高软件的开发效率。

(5) 在软件系统中添加新的功能不可避免地会产生新的缺陷。

9.1.3 软件演化的过程

软件演化过程是软件演化和软件过程的统一。按 ISO/IEC12207 标准，软件过程是指软件生命期中的若干活动的集合。活动又称为工作流程，又可细分为子活动或任务。Lehman 认为软件演化过程是一个多层次，多循环，多用户的反馈系统。从软件再工程的角度看，软件演化过程是对软件系统进行不断地再工程的过程，是软件系统在其生命周期中不断完善的系统动力学行为。

软件演化过程并非是顺序进行的，它是根据一定的环境迭代地、多层次地进行的。在软件演化过程中，不同粒度的活动都会发生，因此它必须更具有灵活性。通过观察和分析，软件演化过程模型中存在以下特征。

(1) 迭代性

在软件演化过程中，由于软件系统必须不断地进行变更，许多活动要以比传统开发过程更高频率进行重复执行；在整个软件演化过程中存在着大量的呈迭代的活动，许多活动一次又一次地被执行。一次迭代过程类似于传统的瀑布模型，处理相应的活动。每次迭代在其结束时需要进行评估，判断是否提出了新的需求、结果是否达到了预定的要求，然后再进行下一个迭代过程。迭代性是软件演化过程的一个重要特性。

(2) 并行性

在软件演化过程中，有许多并行的活动，而且这些活动的并行性比传统软件开发过程中的活动的并行性要高。如软件过程的并行、子过程的并行、阶段并行、软件发布版本之间的并行、软件活动之间的并行等。为了提高软件演化过程的效率，必须对软件演化过程进行并行性处理。

(3) 反馈性

尽管促使软件系统进行演化的原因很复杂，但演化的推动力必然是从对需求的不满产生的。用户的需求和软件系统所处的环境是在不断地变化的，所以当环境变化后就必须作出反馈，以便于软件演化过程的执行。反馈是软件系统演化的基础和依据。

(4) 多层次性

从不同的角度看，由于粒度的不同，软件演化过程包括不同粒度的过程和活动。为了减少这种复杂性，软件演化过程应被划分为不同的层次，低层模型是对高层模型的细化，而高层模型是对低层模型的抽象。

(5) 交错性

软件演化过程中活动的执行并不像瀑布模型一样是顺序进行的，软件演化过程是连续性与间断性的统一，其活动的执行是交错着进行的。

9.2 软件再工程

9.2.1 软件再工程基本概念

软件再工程是指通过对目标系统的检查和改造，其中包括设计恢复(库存目录分析)、再文档、逆向工程、程序和数据重构以及正向工程等一系列活动，旨在将逆向工程、重构和正向工程组合起来，将现存系统重新构造为新的形式，以开发出质量更高、维护性更好的软件。软件再工程的模型如图 9－4 所示。

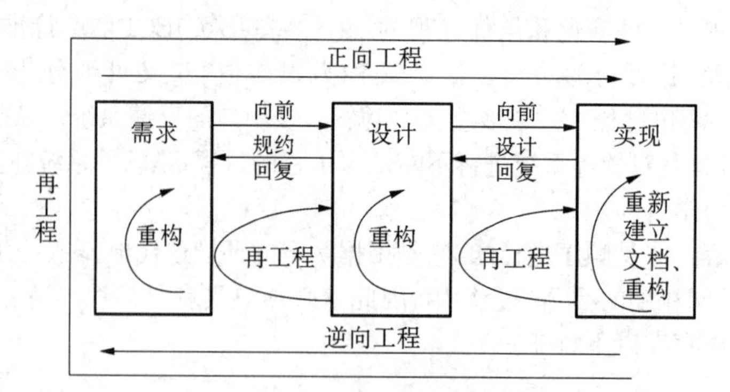

图 9－4 软件再工程模型

软件再工程是预防性维护所录用的主要技术，是为了以新形式重构已存在软件系统而实施的检测、分析、受替，以及随后构建新系统的工程活动。软件再工程的目的是理解已存在的软件（包括规范、设计、实现），然后对该软件重新实现以期增强它的功能，提高它的性能，或降低它的实现难度，客观上达到维持软件的现有功能并为今后新功能的加入做好准备的目标。

软件再工程的对象是某些使用中的系统，这些系统常常称为遗留系统。遗留系统通常缺乏良好的设计结构和编码风格。因此，对该类软件的修改费时费力。同时，相关的公司或组织由于长久地依赖它们，不愿或不太可能将这遗留系统完全抛弃。这样，软件再工程所面临的挑战就是对这些系统进行分析研究，利用好的软件开发方法，重新构造一个新的目标系统，这样的系统将保持原系统所需要的功能，并使得新系统易于维护。软件再工程还可以理解成“把今天的方法学用于昨天的系统以满足明天的需要”。

9.2.2　软件再工程活动

在 Pressman 建议的一个软件再工程过程模型中，它为软件再工程定义了 6 类活动。

(1) 信息库。信息库中保存了由软件公司维护的所有应用软件的基本信息。包括应用软件的设计、开发及维护方面的数据，例如最初构建时间、以往维护情况、访问的数据库、接口情况、文档数量与质量、对象与关系、代码复杂度等。在确定对一个软件实施再工程之前，首先要收集上述这些数据，然后根据业务重要程度、寿命、当前可维护情况等对应软件进行分析。

(2) 文档重构。文档重构是重新构建原本缺乏文档的应用系统的文档。根据应用系统的重要性和复杂性。可以选择对文档全部重构或维持现状。

(3) 逆向工程。逆向工程是一个恢复原设计的过程。通过分析现存的程序，从抽取数据、体系结构和过程的设计信息。理想的情况下，逆向工程过程至少应当能够从源代码中反向导出程序流程设计（最底层抽象）、数据结构（底层抽象）、数据和控制流模型（中层抽象）、实体—联系模型（高层抽象）。因此，逆向工程过程可以给软件工程师带来许多有价值的信息。

(4) 代码重构。代码重构是在保持系统完整的体系结构基础上，对应用系统中难于理解、测试和维护的模块重新进行编码，同时更新文档。

(5) 数据重构。数据重构是重新构建系统的数据结构。数据重构是一个全范围的再工程活动，它会导致软件体系架构和代码的改变。

(6) 正向工程。正向工程也称革新或改造，它根据现存软件的设计信息，改变或重构现存系统，以达到改善其整体质量的目的。

一般情况下，这些活动是顺序发生的，但每个活动都可能重复，形成一个循环的过程。这个过程可以在任意一个活动之后结束。

9.2.3　软件再工程实践方法

1. 源代码转换

源代码转换就是将使用老的编程语言编写的程序转换为更现代更新的编程语言编写的程序。源代码转换需要将遗留系统从旧平台迁移至新的目标机平台。

在源代码的转换过程中，一种是不同编程语言之间的转换，一种是同一编程语言不同版本间的转换。

不同编程语言之间的转换很难改变代码的结构，如将 C 语言编写的源代码转换为 Java 语言的源代码，很难贯彻 Java 语言的面向对象思想，导致转换后的代码难以维护。因此，该种类型的代码转换可以采用代码化简的方法来进行。源代码化简的主要思路是将遗留系统中的代码中不必要的、非核心的代码消除，保证需要转换至新平台或新语言的代码模块是独立的，不存在模块间的相互依赖。然后再将这些化简的源代码转换为新语言或新平台。

而同一编程语言不同版本间的转换，是将遗留系统转换至更高版本的目标平台，有助于系统的不断演化，如将 Java JDK4.0 的源代码转换为 Java JDK8.0 的源代码，基本上大部分源代码都可以不用维护，只需将 JDK4.0 中的一些旧技术实现的功能转换为 JDK8.0 即可。

2. 功能转换

功能转换包括程序结构改进、程序模块化和数据再工程。程序结构改进的表现形式可以用效率更好的结构代码替换或简化复杂的源程序代码。因此，需要对源程序中的结构进行检查，确定该程序中的缺陷代码，再讨论和设计可以解决该缺陷代码的结构形式进行替换。这种源代码修复目前可以使用自动化工具完成，也可以程序员手动完成。

程序模块化把一个程序中相关的部分收集到一起作为通用模块。消除源程序中的冗余代码，进一步优化模块间的交互。

数据再工程包括修改遗留系统处理的数据存储、组织形式和格式。

3. 修补

当前的软件系统往往强调其重用性，在设计架构时用一种业务逻辑、数据、界面显示分离的方法组织代码，将业务逻辑聚集到一个部件里面，在改进和个性化定制界面及用户交互的同时，不需要重新编写业务逻辑。在整个软件系统中，用户界面(UI)作为系统的外部交互接口，改动性是最频繁的。仅仅替换 UI 是一种常见的软件再工程，称为修补。近年来，许多软件系统需要将“Web 化”的界面移植到不同操作系统的移动端设备中，或为了屏蔽移动端平台的差异性，需要移植到 UI 界面技术，以适应技术的新发展。

4. 商用现成品或技术

商用现成品或技术(Commercial Off-the-Shelf)，即 COTS，指可以采购到的具有开放式标准定义的接口的软件或硬件产品，替换遗留程序，减少必须维护的源代码量，从而节省成本和时间。不过，在利用这类再工程技术构建一个业务系统时，不仅要考虑减少了需要维护的程序代码而节约的费用，还要考虑提取遗留程序代码的成本、必须开发和维护的粘合代码，以及额外的授权和培训费用。

商用现成品或技术分为基础结构成品和功能成品。基础结构成品包括 HTTP 应用服务器、中间件产品和数据库管理系统等；功能成品包括财务系统、ERP 系统、人力资源管理系统和各类专业领域系统等。功能成品可以有效地改善遗留系统的质量，但如果这两者在某个层次上的业务过程不符，使得两者不能很好地结合，则可引发业务过程再工程，从而提高新功能成品与遗留系统集成的难度。

5. “大爆炸”方法

该方法是将整个遗留系统用新系统一下子替换。当前许多遗留系统的维护成本越来越昂贵，遗留系统中的相关技术也逐步被新技术所取代，利用新系统可以减少操作和维护成本，允许引入更高性能的计算机，并且为其他现代化改造工作提供一个可以演化的平台。

9.3 软件复用技术

软件复用(Software Reuse)是将已有软件等各种有关知识用于建立新的软件,以缩减软件开发和维护等花费。软件复用是提高软件生产力和质量的一种重要技术。其应用包括需求复用,架构设计复用、模块化设计复用、代码复用、项目组织结构等复用及面向对象系统分析阶段的复用等。

软件复用是指重复使用“为了复用而设计的软件”的过程。相应地,可复用软件是指为了复用目的而设计的软件。与软件复用的概念相关,重复使用软件的行为还可能是重复使用“并非为了复用目的而设计的软件”的过程,或在一个应用系统的不同版本间重复使用代码的过程。

在软件演化的过程中,重复使用的行为可能发生在三个维上:① 时间维;② 平台维;③ 应用维。这三种维度中都重复使用了现有的软件。它的基本思想非常简单,即放弃那种原始的、一切从头开始的软件开发方式,而是利用复用技术,由公共的可复用构件来组装新的系统,这些可复用构件包括对象类、框架或者软件体系结构等。

9.3.1 软件复用级别

当今及近期的未来最有可能产生显著效益的复用是对软件生命周期中一些主要开发阶段的软件制品的复用。依据对可复用信息进行复用的方式分类,可以将软件复用区分为:

① 黑盒(Black-box)复用:黑盒复用指对已有构件不需作任何修改,直接进行复用。

② 白盒(White-box)复用:白盒复用指已有构件并不能完全符合用户需求,需要根据用户需求进行适应性修改后才可使用。

而传统主要按抽象程度的高低,可以划分为如下的复用级别。

1. 代码的复用

包括目标代码和源代码的复用。其中目标代码的复用级别最低,历史也最久,当前大部分编程语言的运行支持系统都提供了连接(Link)、绑定(Binding)等功能来支持这种复用。源代码的复用级别略高于目标代码的复用,程序员在编程时把一些想复用的代码段复制到自己的程序中,但这样往往会产生一些新旧代码不匹配的错误。想大规模的实现源程序的复用只有依靠含有大量可复用构件的构件库。如“对象链接及嵌入”(OLE)技术,既支持在源程序级定义构件并用以构造新的系统,又使这些构件在目标代码的级别上仍然是一些独立的可复用构件,能够在运行时被灵活的组合为各种不同的应用。

2. 设计的复用

设计结果比源程序的抽象级别更高,因此它的复用受实现环境的影响较少,从而使可复用构件被复用的机会更多,并且所需的修改更少。这种复用有三种途径,第一种途径是从现有系统的设计结果中提取一些可复用的设计构件,并把这些构件应用于新系统的设计;第二种途径是把一个现有系统的全部设计文档在新的软硬件平台上重新实现,也就是把一个设计运用于多个具体的实现;第三种途径是独立于任何具体的应用,有计划地开发一些可复用的设计构件。

3. 分析的复用

这是比设计结果更高级别的复用,可复用的分析构件是针对问题域的某些事物或某些问题的抽象程度更高的解法,受设计技术及实现条件的影响很少,所以可复用的机会更大。复用的途径也有三种,即从现有系统的分析结果中提取可复用构件用于新系统的分析;用一份完整的分析文档作输入产生针对不同软硬件平台和其他实现条件的多项设计;独立于具体应用,专门开发一些可复用的分析构件。

4. 测试信息的复用

主要包括测试用例的复用和测试过程信息的复用。前者是把一个软件的测试用例在新的软件测试中使用,或者在软件做出修改时在新的一轮测试中使用。后者是在测试过程中通过软件工具自动地记录测试的过程信息,包括测试员的每一个操作、输入参数、测试用例及运行环境等一切信息。这种复用的级别,不便和分析、设计、编程的复用级别作准确的比较,因为被复用的不是同一事物的不同抽象层次,而是另一种信息,但从这些信息的形态看,大体处于与程序代码相当的级别。

由于软件生产过程主要是正向过程,即大部分软件的生产过程是使软件产品从抽象级别较高的形态向抽象级别较低的形态演化,所以较高级别的复用容易带动较低级别的复用,因而复用的级别越高,可得到的回报也越大,因此分析结果和设计结果在当前很受重视。用户可购买生产商的分析件和设计件,自己设计或编程,掌握系统的剪裁、扩充、维护、演化等活动。

9.3.2 软件复用的意义

通常情况下,应用软件系统的开发过程包含以下几个阶段:需求分析、设计、编码、测试、维护等。

当每个应用系统的开发都是从头开始时,在系统开发过程中就必然存在大量的重复劳动。软件复用是在软件开发中避免重复劳动的解决方案,充分利用过去应用系统开发中积累的知识和经验,从而将开发的重点集中于应用的特有构成成分。

软件复用的意义主要有以下几点:

① 提高生产率。软件复用最明显的好处在于提高生产率,从而减少开发代价。

② 减少维护代价。使用经过检验的构件,减少了可能的错误,同时软件中需要维护的部分也减少了。

③ 提高互操作性。通过使用同一个接口的实现,系统将更为有效地实现与其他系统之间的互操作。

④ 支持快速原型。软件复用另一个好处在于对快速原型的支持,即可以快速构造出系统可操作的模型,以获得用户对系统功能的反馈。

⑤ 减少培训开销。软件工程师将使用一个可复用构件库,其中的构件都是他们所熟悉和精通的。

通过软件复用,在应用系统开发中可以充分地利用已有的开发成果,消除了包括分析、设计、编码、测试等在内的许多重复劳动,从而提高了软件开发的效率,同时,通过复用高质量的已有开发成果,避免了重新开发可能引入的错误,从而提高了软件的质量。

9.3.3 软件复用的关键技术

1. 软件构件技术

构件(Component)是指应用系统中可以明确辨识的构成成分。包括需求、系统和软件的规则约束、系统和软件的构架、文档、测试计划、测试案例和数据以及其他对开发活动有用的信息。

软件构件技术是支持软件复用的核心技术。广义上讲，构件可以是数据，也可以是被封装的对象类、软件构架、文档、测试用例等。一个构件可以小到只有一个过程，也可以大到包含一个应用程序。它可以包括函数、例程、对象、二进制对象、类库、数据包等。

构件具有以下特点：

(1) 构件是一个独立的可部署单位，它能很好地从环境和其他构件中分离出来。

(2) 作为一个部署单位，一个构件不会被部分地部署，第三方也不应该涉及构件的内部实现细节。

(3) 构件是可替换的，构件通过接口与外界进行交互，明确定义的接口是构件之间唯一可视的部分。

软件构件的主要研究内容包括：

- 构件获取；
- 构件模型；
- 构件描述语言；
- 构件分类与检索；
- 构件复合组装；
- 标准化。

2. 软件构架

软件构架是对软件系统的系统组织，是对构成系统的构件的接口、行为模式、协作关系等体系问题的决策总和。

在基于复用的软件开发中，为复用而开发的软件构架可以作为一种大粒度的、抽象级别较高的软件构件进行复用，而且软件构架还为构件的组装提供了基础和上下文，对于成功的复用具有非常重要的意义。

软件构架研究如何快速、可靠地从可复用构件构造系统的方式，着重于软件系统自身的整体结构和构件间的互联。其中主要包括：

- 软件构架原理和风格；
- 软件构架的描述和规约；
- 特定领域软件构架；
- 构件向软件构架的集成机制。

3. 领域工程

领域工程是为一组相似或相近系统的应用工程建立基本能力和必备基础的过程，它覆盖了建立可复用软件构件的所有活动。

其中“领域”是指一组具有公共属性的系统。领域工程可以从已经存在的系统中提取可复用的信息，把关于领域的知识转化为领域中系统共同的规约、设计和构架，使得可以被复用的信息的范围扩大到了抽象级别较高的分析和设计阶段。

领域工程包括三个阶段：

① 领域分析。识别和捕捉特定领域中相似系统的有关信息，通过挖掘其内在规律及其特征，并对信息进行有效的整理和组织形成模型的活动。

② 领域设计。通过对领域模型的分析来获取领域架构 DSSA(Domain)。

③ 领域实现。依据领域架构组织和开发可复用信息。信息可以从领域工程中获得。

值得注意的是这三个阶段是一个反复、迭代、逐步求精的过程。

4. 开放系统技术

开放系统(Open System)技术的基本原则是在系统的开发中使用接口标准，同时使用符合接口标准的实现。这些为系统开发中的设计决策，特别是对于系统的演化，提供了一个稳定的基础，同时，也为系统(子系统)间的互操作提供了保证。当前以解决异构环境中的互操作为目标的分布对象技术是开放系统技术中的主流技术。该技术使得符合接口标准的构件可以方便地以"即插即用"的方式组装到系统中，实现黑盒复用。

5. CASE 技术

CASE 是一种智能化计算机辅助软件工程(Computer Aided Software Engineering, CASE)工具。CASE 工具的已成为保证软件质量，解决软件危机的主要手段。

CASE 技术中与软件复用相关的主要研究内容包括：在面向复用的软件开发中，可复用构件的抽取、描述、分类和存储；在基于复用的软件开发中，可复用构件的检索、提取和组装；可复用构件的度量等。

CASE 技术与软件复用技术相关的主要研究内容包括：在面向复用的软件开发中，可复用构件的抽取、描述、分类和存储；在基于复用的软件开发中，可复用构件的检索、提取、组装及度量等。

6. 软件过程

软件过程(Software Process)又称软件生存周期过程，是软件生存周期内为达到一定目标而必须实施的一系列相关过程的集合。一个良好定义的软件过程对软件开发的质量和效率有着重要影响。当前已出现了一些实用的过程模型标准，如 CMM、ISO9001/TickIT 等。

9.3.4 影响软件复用的因素

软件复用存在各方面的困难，影响软件复用等因素包括：

1. 技术因素

构件与应用系统之间的差异。一些开发者开发的构件，要做到在被另一些人开发的系统中使用时正好合适，从内容到对外接口都恰好相符，或者作很少的修改，这不是一件简单的事；构件要达到一定的数量，才能支持有效的复用，而大量构件的获得需要有很高的投入和长期的积累；发现合用构件的困难，当构件达到较大的数量时，使用者要从中找到一个自己想要的构件，并断定它确实是自己需要的，不是一件轻而易举的事；基于复用的软件开发方法和软件过程是一个新的研究实践领域，需要一些新的理论、技术及支持环境，当前这方面的研究成果和实践经验都不够充分。

2. 人的因素

软件开发是一种创造性工作，长期从事这个行业的人们形成了一种职业习惯：喜欢自己创造而不喜欢使用别人的东西，特别是当要对别人开发的软件作一些修改再使用时，他们常常喜欢自己另写一个。

3. 管理因素

在软件生产的管理中，从以往沿袭了一些与复用的目标很不协调的制度与政策，如计算工作量时，对复用的部分打很大的折扣，甚至不算工作量；另外，不是在项目开始时自觉地向着造就可复用构件的方向努力，而是在它完成之后，看看是否能从中找到一些可复用构件。这些弊端妨碍了复用水平的提高和复用规模的扩大，甚至会挫伤致力于复用的人员的积极性。

4. 教育因素

在软件科学技术的教育与培训中，缺乏关于软件复用的内容，很少有这方面的专门教材及课程，即使在其他教材及课程中提到软件复用，其篇幅及内容也相当薄弱。

5. 法律因素

在法律上还存在一些问题，例如，一个可复用构件在某个应用系统中出现了错误，而构件的开发者和应用系统的开发者不是一个厂商，那么责任应该由谁负？此外，在版权、政府政策等方面也存在一些悬而未决的问题。

6. 精神产品

另外，软件产品是一种精神产品，它的产生几乎完全是人脑思维的结果，它的价值，也几乎完全在于其中所凝结的思想；它的物质载体的制造过程与价值含量都是微不足道的。物质产品的生产受到人类制造能力的限制，现有的一切物质产品的复杂性都没有超过这种限度，软件却没有这种限制，只要人的大脑能想到的问题，都可能要求软件去解决，人脑所能思考的问题的复杂性，远远超出了人类能制造的物质产品的复杂性，因而使软件的复用更为困难。

9.4 本章小结

软件演化过程并非是顺序进行的，它是根据一定的环境迭代地、多层次地进行的。在软件演化过程中，不同粒度的活动都会发生，因此它必须更具有灵活性，可以用螺旋模型来表示。在软件演化过程中，我们应用软件再工程技术，可以将现存系统重新构造为新的形式，以开发出质量更高、维护性更好的软件，同时再工程技术也有利于软件复用。在软件演化的过程中，软件复用包括时间维、平台维和应用维，利用公共的可复用构件可以构建新的业务系统，从而缩短软件开发的周期和降低软件维护的费用。

习 题

1. 软件演化的过程是什么？
2. 软件再工程包括哪些活动？
3. 阻碍软件复用的技术和非技术因素有哪些？
4. 简单解释为什么通过复用已有的软件所节省的成本并不是简单地与所使用的组件规模成比例。

【微信扫码】
本章参考答案 & 相关资源

第 10 章

高级软件工程技术

10.1 组件式软件开发

基于组件的软件工程(Component-based software engineering,CBSE)或基于组件的开发(Component-Based Development,CBD)出现于 20 世纪 90 年代末期,是软件系统开发的基于复用的方法,是一种软件开发范型。它是现今软件复用理论实用化的研究热点,在组件对象模型的支持下,通过复用已有的构件,软件开发者可以"即插即用"地快速构造应用软件。由于设计者们在面向对象的开发过程中,并不能够实现所期望的广泛复用。单个类中往往包含了太多的细节且结构特殊,这就意味着重用该类的开发人员需要详细掌握该类的完整细节信息。导致重用的代价太高,实际可行性不强。

10.1.1 基于组件的软件工程要素

独立组件往往由他们的接口完全定义。组件接口与组件实现之间应该被完全的分离,这使得当组件实现被其他组件替代时,不影响系统的其他方面,组件模型的基本要素如图 10 - 1 所示。

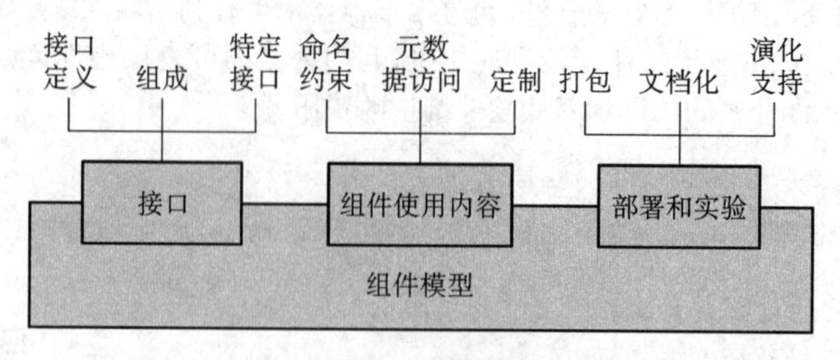

图 10 - 1　组件模型的基本要素

标准组件使得组件集成变得更加容易。组件模型中定义了组件接口的内容,以及组件间如何实现交互。因此,标准组件独立于编程语言,使用不同语言编写的组件可集成在同一个系统中。

中间件为组件集成提供了软件支持。中间件可以使得独立的、分布式的组件在一起工作，因此支持组件的中间件可以有效地处理底层的问题，使得开发人员集中精力处理与应用有关的问题。同时，中间件还可以对组件提供资源分配、事务管理、信息安全等方面的支持。

基于组件的软件工程也是一个完整的软件开发过程，有其完整的开发生命周期。

10.1.2　基于组件的软件过程

很多方法、工具和软件工程准则可以采用同样或类似的方法在其他软件系统开发中得以应用，但应该注意的是，CBSE 包含了组件开发和系统采用组件开发。根据 Kotonya (2013)给出的 CBSE 过程模型，存在两种类型的 CBSE 过程，如图 10 - 2 所示。

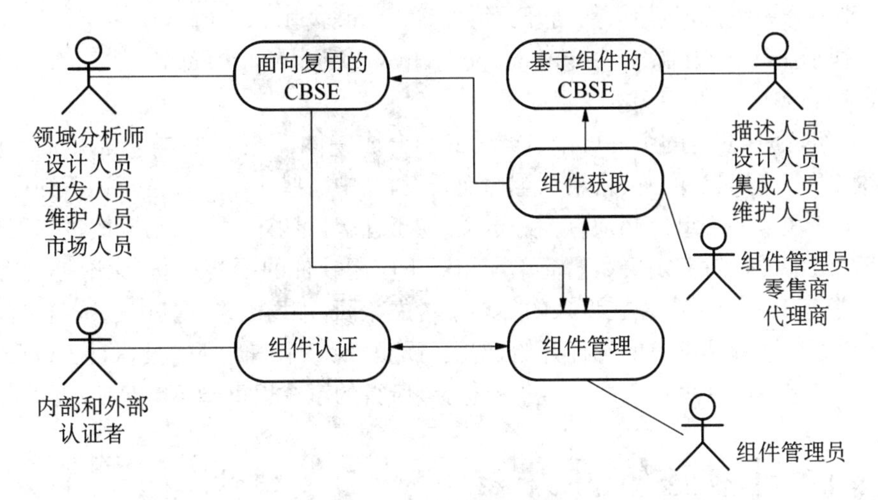

图 10 - 2　CBSE 的过程

(1) 基于组件的软件系统开发

基于组件的软件系统开发过程是指利用已经存在的组件和服务来开发新的应用程序的过程。该过程包括用户需求的挖掘、搜索和整合可复用的组件。根据软件系统的需求，尽可能多地识别出可复用的组件。反过来，在开发的早期阶段，也可以利用识别出的组件信息进一步细化和修改需求。如果可利用的组件不能满足用户需求，就应该考虑相关的可以被支持的需求。这样就可以快速的开发系统，且节省开发的成本。因此，基于复用的 CBSE 过程如图 10 - 3 所示。

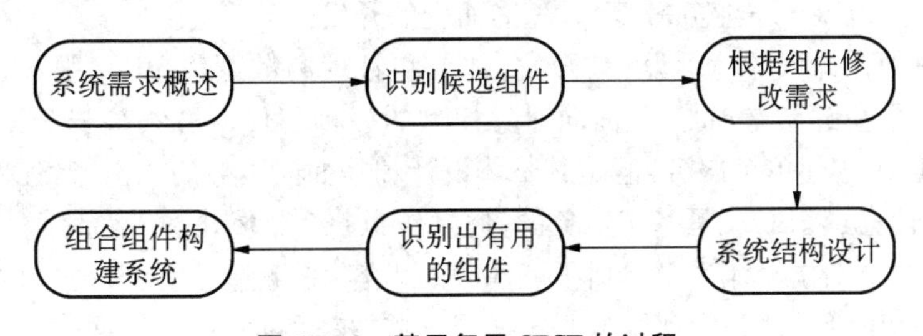

图 10 - 3　基于复用 CBSE 的过程

(2) 面向复用的组件开发

面向复用的组件开发是指开发可以复用在其他应用程序中的组件或服务。早期的

CBSE支持者认为需要发展组件市场，软件行业中将有组件供应商和组件厂商，软件开发公司可以购买可复用的组件。然而，一个组件是否可复用主要依赖于它的应用领域和功能。当我们的组件具有更多的通用性时，其可复用性也需要提高。这使得组件具有更多的操作，更加的复杂，更难以理解和使用。因此，组件提供商必须提供一组通用接口和操作，以满足组件的所有可能的使用方式。

可复用组件的另一个潜在的来源是现有的遗留系统。这些系统处理很重要的业务，却使用过时的软件技术编写，因此，需要将这些遗留系统转换为组件，集成到新系统中一起使用。这些遗留系统需要重新清晰的定义需接口和供接口，还需要对这些遗留系统进行很好的封装。该封装将源代码的复杂性隐藏起来，并为外部组件的访问服务提供了接口。当前有许多类型的开源组件，包括大数据开源组件(Phoenix，Stinger，Presto，Shark，Pig，Apache Tajo等)、基于Java的开源组件(jumiz-dbdoc，ht-generactor，to Saas)、基于Android组件(Shadow，Expo)等。

在开发组件时，其他的组件可以(常常必须)合成一体，但主要的重点还是在重用性上：组件是为在很多应用软件中被采用和重用而开发，其中一些应用软件甚至还不知道是什么，或者根本不存在。一个组件必须有良好定义，易于理解，足够的综合，易于改进和展开，并要易于取代。组件的接口一定要尽量简单和相对于应用软件的严格独立(无论是物理上还是逻辑上)。鉴于开发成本必须在将来的赢利中考虑赚回，市场因素在其中也扮演了很重要的角色。如果处理过程从需求的选择开始，就很可能发现一个满足所有要求的COTS是不可能存在。如果组件在处理过程中被过早地选择，所得的系统很可能不满足所有的要求。

10.2 面向服务软件开发

面向服务的体系结构，是一种开发分布式系统的方法，是一个组件模型，它将应用程序的不同功能单元(称为服务)通过这些服务之间定义良好的接口和契约联系起来。接口是采用中立的方式进行定义的，它应该独立于实现服务的硬件平台、操作系统和编程语言。这使得构建在各种这样的系统中的服务可以以一种统一和通用的方式进行交互。

当前，对SOA一般有以下几种解释：

① 一种软件架构——W3C，一种针对分布式系统的软件结构。

② 一套技术体系——开发面向服务软件的相关标准和技术。

③ 一种开发范型——业务敏捷的、随需而变的开发。

SOA是一种在计算环境中设计、开发、部署和管理离散逻辑单元(服务)模型的方法。SOA并不是一个新鲜事物，而只是面向对象模型的一种替代。虽然基于SOA的系统并不排除使用OOD来构建单个服务，但是其整体设计却是面向服务的。由于SOA考虑到了系统内的对象，所以虽然SOA是基于对象的，但是作为一个整体，它却不是面向对象的。

面向服务的早期技术体系中包括了三部分的内容：服务请求者、服务提供者、服务代理商。其中服务提供者设计和实现服务并定义了这些服务的接口，他们通过服务代理商发布与这些服务有关的信息；而服务请求者则通过服务代理商寻找和发现某个服务的描述，从而定位服务的提供者。然后服务提供者与服务请求者将服务进行绑定，并使用标准的服务协议与之通信。该体系结构如图10-4所示。

Web 服务协议覆盖了面向服务的体系结构的所有方面：从基本的服务信息交换(SOAP)机制到编程语言标准(WS-BPEL)。这些 Web 服务的体系结构的主要标准如图 10－5所示。

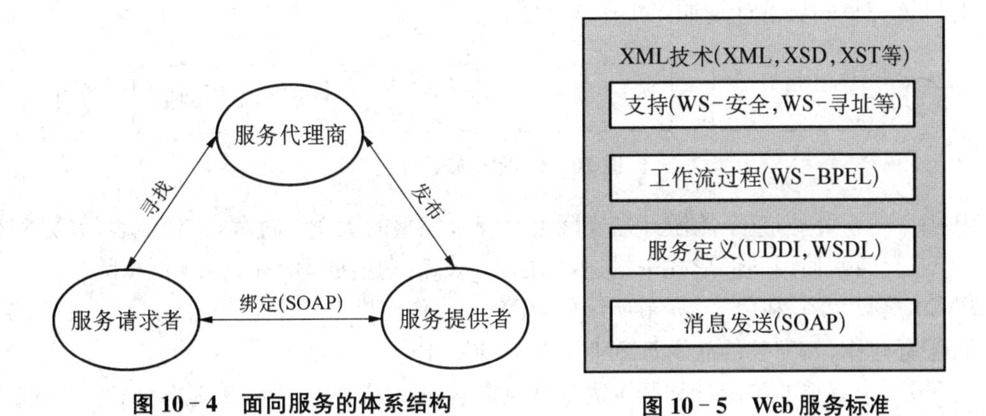

图 10－4　面向服务的体系结构　　**图 10－5　Web 服务标准**

(1) SOAP,简单对象访问协议是交换数据的一种协议规范,是一种轻量的、简单的、基于 XML(标准通用标记语言下的一个子集)的协议,它被设计成在 Web 上交换结构化的和固化的信息。

(2) WSDL,Web 服务描述语言,是为描述 Web 服务发布的 XML 格式。该语言是制定服务接口的标准,它给出了服务是如何操作的(操作名、参数、类型)以及必须定义的服务绑定。

(3) WS-BPBL,Web 工作流建模的标准语言,是一种基于 XML 的,用来描写业务过程的编程语言,被描写的业务过程的每个单一步骤则由 Web 服务来实现。

可见,现在的 SOA 依赖于一些更新的进展,这些进展是以可扩展标记语言 XML(标准通用标记语言的子集)为基础的。通过使用基于 XML 的语言(称为 Web 服务描述语言(Web Services Description Language,WSDL))来描述接口,服务已经转到更动态且更灵活的接口系统中,非以前 CORBA 中的接口描述语言(Interface Description Language,IDL)可比了。

SOA 开发运行平台的 Web 服务并不是实现 SOA 的唯一方式。早期的 CORBA 是另一种方式,这样就有了面向消息的中间件(Message-Oriented Middleware)系统,比如 IBM 的 MQseries。但是为了建立体系结构模型,需要定义整个应用程序如何在服务之间执行其工作流。尤其需要找到业务的操作和业务中所使用的软件的操作之间的转换点。因此,SOA 应该能够将业务的商业流程与它们的技术流程联系起来,并且映射这两者之间的关系。例如,给供应商付款的操作是商业流程,而更新零件数据库,以包括进新供应的货物却是技术流程。因而,工作流还可以在 SOA 的设计中扮演重要的角色。

使用服务的软件开发是通过组合并配置服务来创建新的复合服务。这些复合服务可以与一个在浏览器上实现的用户界面集成来创建一个 Web 应用,或者可以被当作组件用于某个其他服务组合。组合中所包含的服务可能是专门为一特殊应用开发的,可能是公司内部开发的业务服务,或者可能来自于专门的服务提供者。因此,服务组合是一个集成的过程,可以用来集成分离的业务功能从而提供更加广泛的功能。比如,一家旅游网站希望为顾客提供一份度假计划，首先需要预定火车票或飞机票，然后旅客需要预定客房，到达目的地后需要预定出租车或租车游览，最后还需要预定旅游目的地的景点门票。那么一个完整的旅游计划是需要将机票预定、火车票预定、酒店预定、租车服务、景区门票预定等多个服务组合在一起。该完整的旅游计划如图 10－6 所示。

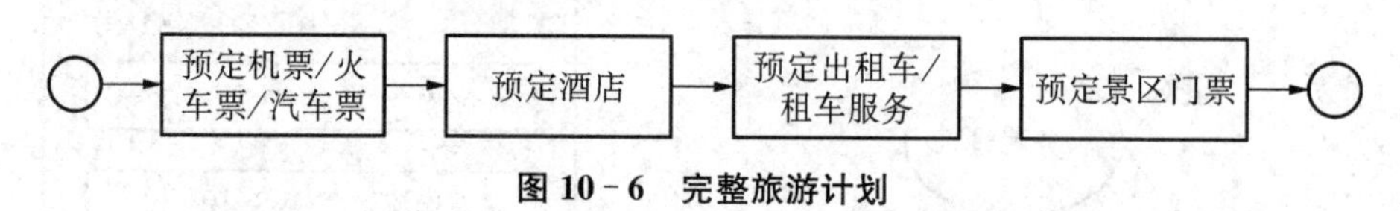

图 10－6　完整旅游计划

从图 10－6 可见，整个旅游计划实际上是一个完整的工作流过程，工作流表示的是业务过程模型，且通常使用图形形式来描述，例如 UML 活动图或 BPMN(4.3.2 节和 4.3.3 节)。以 BPMN 模型为例，利用 4.3.3 节所示的 BPMN 工作流模型元素对图 10－6 所示的旅游计划进行服务建模，其完整的旅游计划业务流程如图 10－7 所示。

可见，一个完整的旅游计划至少需要涉及游客、旅游网站、服务代理商和金融公司四类用户。其中旅游网站根据住宿服务代理商、交通服务代理商和景区服务代理商提供的独立服务为用户提供完整的旅游计划。图中的 Accommodation Service、Transportation Service、Tourist Attractions Service、Offer Accommodation Options、Offer Transportation Options 和 Offer Tourist Attractions Options 作为 6 个独立的服务被集成在旅游计划业务流程中。该系统基于服务的设计和基于服务的集成使得系统的可靠性、可维护性和可扩展性更好。

10.3 面向方面软件开发

在大多数系统中，需求与程序组件之间的关系往往比较复杂，单个需求可能需要多个组件实现，而单个组件可能包含几项需求。这导致需求的变更会极大程度的影响组件的修改。而面向方面的软件工程(Aspect-Oriented Software Engineering，AOSE)是一种旨在解决这个问题并使程序易于维护和复用的软件开发方法。面向方面方法中最为显著的特点就是支持关注点的分离。将关注点分离成独立的要素是一种好的软件设计实践。这些关注点可以被独立地理解、复用和修改，而不用关心代码在何处使用。例如，假设用户认证可以表示为一个要求登录用户名和密码的方面，这能够自动地编织到程序中，只要有用户认证的地方，都可以使用它。

1. 关注点分离

关注点分离是软件设计与实现中的一个重要原则。关注点分离(Separation of Concerns，SOC)是对只与“特定概念、目标”(关注点)相关联的软件组成部分进行“标识、封装和操纵”的能力，即标识、封装和操纵关注点的能力。这意味着在组织软件时，需要程序中的每个元素(类、方法、过程等)仅且只做一件事。这样就可以集中注意力在一个元素上而无需考虑程序中的其他元素。设计师可以通过了解其关注点来了解程序的每个部分，当程序需要变更时，变更就只局限在少数元素上。

关注点分离是处理复杂性的一个原则。由于关注点混杂在一起会导致复杂性大大增加，所以能够把不同的关注点分离开来，分别处理就是处理复杂性的一个原则，一种方法。架

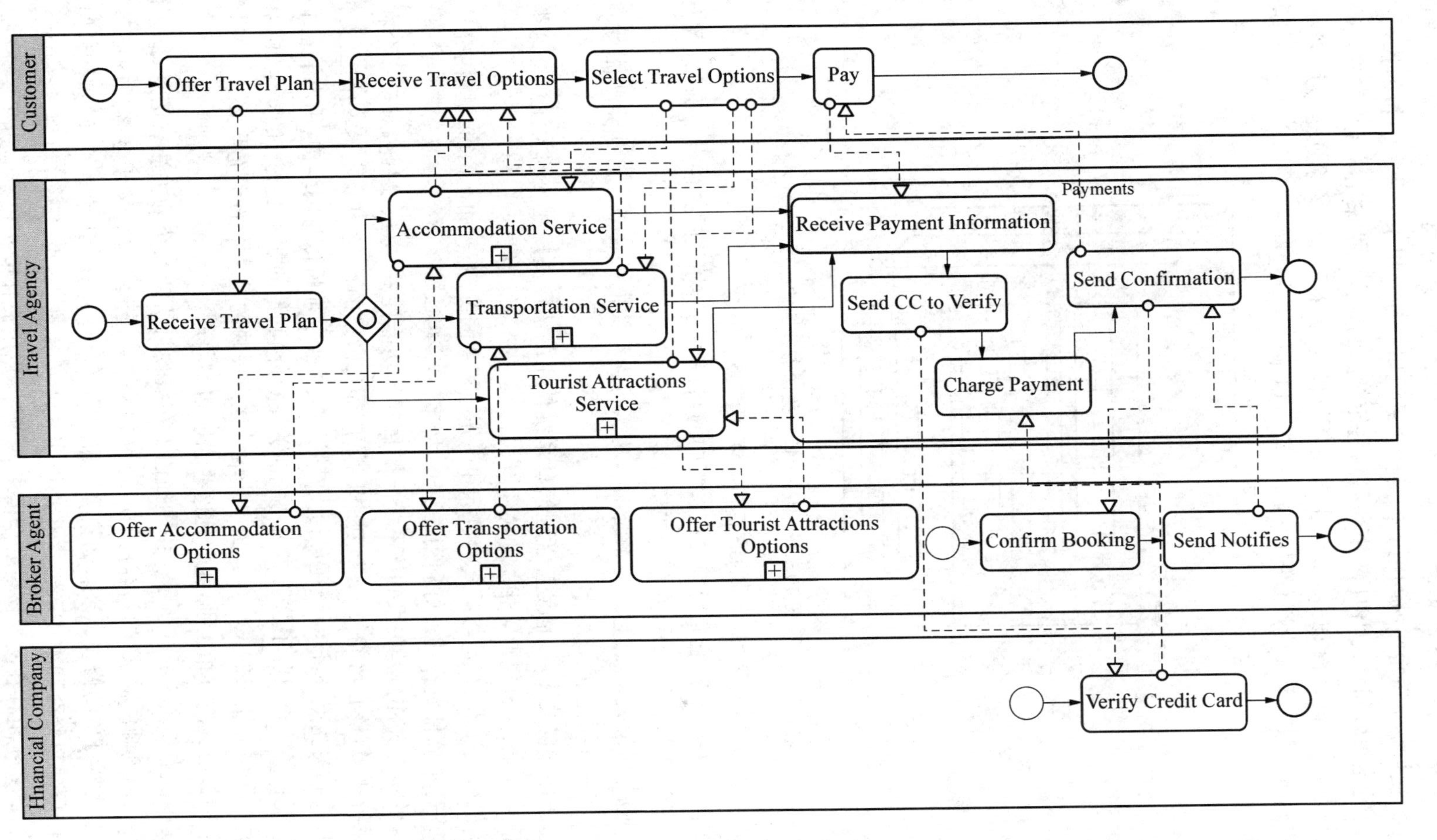

图 10－7 完整旅游计划的业务流程

构设计中的关注点分离原理如图 10－8 所示。可见，关注点分离是面向方面的程序设计的核心概念，使得解决特定领域问题的代码从业务逻辑中独立出来。业务逻辑的代码中不再含有针对特定领域问题代码的调用(将针对特定领域问题代码抽象化成较少的程式码，例如将代码封装成 function 或是 class)，业务逻辑同特定领域问题的关系通过侧面来封装、维护，这样原本分散在整个应用程序中的变动就可以很好的管理起来。

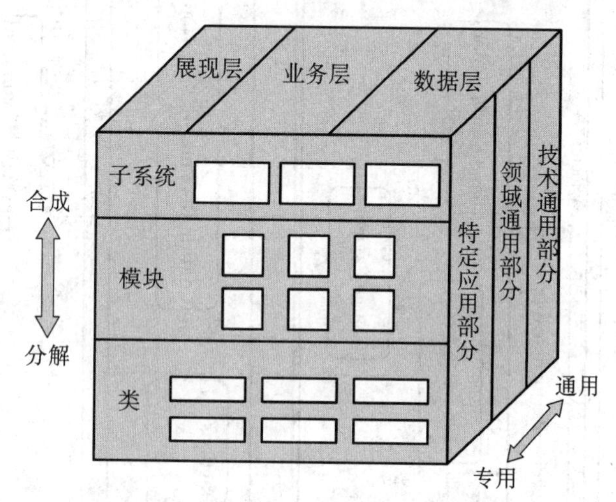

图 10－8 架构设计中关注点分离的原理

在现实领域中，有多种不同的信息持有者关注点：

(1) 功能性关注点，它是将包含在系统中的与特殊功能相关的关注点。例如，网上订票系统中，一个特殊的功能关注点就是机票预定。

(2) 服务质量关注点，它是与系统的非功能行为相关的关注点。这些非功能行为包括性能、可靠性、可用性等。

(3) 法律法规关注点，它是与管理信息系统使用的法律法规相关的关注点。这类关注点包括信息安全、业务规则等相关的关注点。

(4) 机构关注点，它是与系统的目标和优先级相关的关注点，如在预算范围内完成系统构建，对现存的软件资产的良好利用，或是维持系统声誉等。

系统的核心关注点是关系到该系统主要目标的功能性关注点。因此，对于一个在线机票预定系统来说，核心功能关注点包括机票的查询、机票的预定、机票订单的网上支付等。除了这些核心关注点外，该系统还包括支持核心关注点的航班信息的维护、用户信息维护等第二类功能性关注点。除了这第二类功能性关注点外，其他的如网上支付的安全、机票订单处理的速度等服务质量的关注点和法律法规关注点反映的是基本的系统需求。

为了和核心关注点相区别，我们称这些为横切关注点。

横切关注点如图 10－9 所示。该图描述了在线预订机票系统的关注点信息，此系统中有一些针对新刻画的需求，如新客户的注册和个人信息校验。也有关于老客户的订单管理的需求，如机票订单的修改、导出、删除等需求。同时也有关于航班信息管理的需求，如新航班导入、航班信息修改和维护等。这些都属于核心关注点，是在线预订机票系统的主要目标。同时，此系统也存在网上支付安全需求，能够保障用户在购买机票的过程中，保护用户的账户信息不被泄露，同时又能完全的完成网上支付。同时，当系统出现异常时，能够保证系统的数据不会丢失，甚至在数据遗失等特殊情况下，能够尽快地恢复数据。这些就属于横切关注点，因为它们会影响系统所有其他需求的实现。

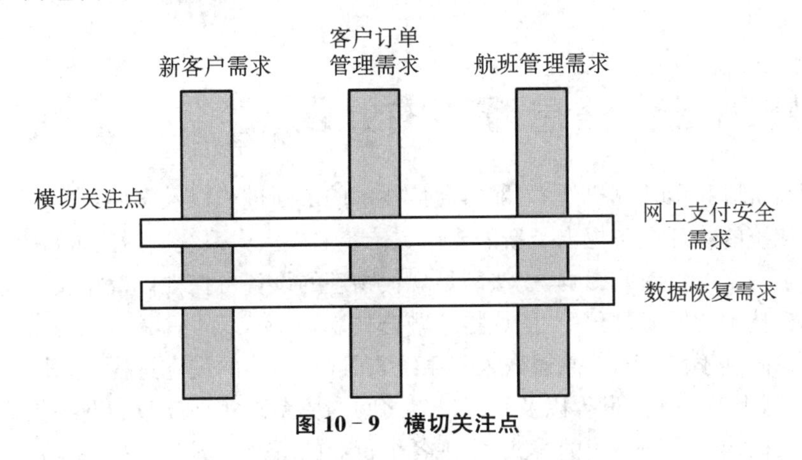

图 10－9　横切关注点

2. 面向方面的软件工程

方面早期作为一个编程语言的结构引入的，但根据前面的关注点所述，关注点的概念实际上是从系统需求中导出，在软件工程的早期阶段，采用面向方面的方法意味着利用分离关注点的概念作为考虑需求和系统设计的基础。因此，识别关注点和对关注点进行建模是需求工程和设计过程的一部分。当前的面向方面的程序语言为系统中分离关注点的实现提供技术支持。

OOP 是 AOP 的技术基础，AOP 是对 OOP 的继承和发展，面向对象 OO 与面向方面 AO 的区别可以从以下几个方面体现出来：

（1）可扩展性

- OOP 主要通过提供继承和重载机制来提高软件的扩展性。
- AOP 通过扩展方面或增加方面，系统相关的各部分都随之产生变化。

（2）可重用性

- OOP 以类机制作为一种抽象的数据类型，提供了比过程化更好的重用性，该重用性对非特定于系统的功能模块有很好的支持，如堆栈的操作和窗口机制的实现。但对于不能封装成类的元素，如异常处理等，很难实现重用。
- AOP 使得不能封装成类的元素的重用成为可能。

（3）易理解性和易维护性

- 代码缠结问题的存在，是 OOP 技术在易理解性和易维护性方面都难以有很大的提高。
- 对于 AOP，对一个方面修改可以通过联结器影响到系统相关的各个部分，从而大大提高系统的易维护性。

AOP 的实现方式：

一是修改或扩充 Java 的语法，直接在语言级实现 AOP，这种方式最著名的代表就是 AspectJ。

另一种是在不改变 Java 语法的基础上，用程序的方式间接的实现 AOP，如 spring。

可以看出，关注点分离原则不仅体现在问题求解、算法设计、软件设计等设计方法中，同时也体现在软件开发过程、软件项目管理以及软件开发方法学等诸多方面。在某种意义上，正是对软件开发不同关注点的分离视角和关注重点的差别，导致了软件开发技术和开发方法的演变和发展。

10.4 物理融合信息系统的开发

随着当前阶段我国计算机技术、网络通信技术的不断进步以及发展，在现代工业发展的过程中对于传统的物理设备提出了新的要求。传统的嵌入式系统的封闭式特点对于工业化的发展起到了一定的负面的影响，无法满足现代物理的设备可控性以及相关功能的延展性。因此在计算机技术的发展过程中，信息物理融合技术逐渐成为当前社会发展的主流。信息物理融合技术区别于传统的传感器嵌入式系统，在进行功能的设定过程中，其主要依靠全新的设计理念，利用现代信息世界以及物理世界之间的关系来实现高效的网络化管理，能够从根本上改变人们构建物理系统的模式，实现各个行业的有效发展。

1. 物理融合系统的概念

信息物理融合系统(Cyber-Physical Systems，CPS)的概念主要是指利用计算机资源以及物理资源的协调作用，将二者紧密地结合起来，使其能够在未来的工业生产、信息发展以及经济发展过程中具备一定的适应性、自主性、可靠性以及安全性等，通过信息物理融合系统的发展其自身的作用将远远超过当前各个系统的发展模式，信息物理融合系统能够通过响应速度更快、精度更高、规模更大的功能系统来实现智能化的控制和管理。

因此，信息物理融合系统 CPS 是一个综合计算、网络和物理环境的多维复杂系统，通过 3C(Computation、Communication、Control)技术的有机融合与深度协作，实现大型工程系统的实时感知、动态控制和信息服务。CPS 系统把计算与通信深深地嵌入实物过程、使之与实物过程密切互动，从而给实物系统添加新的能力。这种 CPS 系统小如心脏起搏器，大如国家电网。由于计算机增强(computer-augmented)的装置无处不在，CPS 系统具有巨大的经济影响力。

2. 信息物理融合系统的特征

(1) 复杂性。信息物理融合系统自身具备复杂性的特点，在进行系统应用的过程中，处在一个多维度、开放式的网络体系，具有高度的复杂性。同时在功能上要求具有通信、计算以及决策控制等功能，能够使物理设备具备一定的计算、控制以及远程协调等能力。

(2) 异构性。信息物理融合系统具备异构性的特点，其自身的构成由通信网络技术、计算机系统、控制系统以及异构物理特性等组成，在数据的处理等方面需要结合多种技术体系来完成。

(3) 深度融合。在进行信息交互以及信息交流的过程中，信息物理融合系统需要通过实时交互来扩展自身的功能，使得每一个物理设备均能够通过嵌入式系统实现计算、通信以及控制功能。

(4) 实时性。信息物理融合系统在进行物理设备的控制以及交互的过程中，往往需要设备的状态是随时变化的，这也要求信息物理融合系统自身的特点是实时性的，因此在计算机控制的过程中信息物理融合系统确定性以及并行性的要求较高。

(5) 海量性。信息物理融合系统自身是由大量的网络以及设备相连接构成的,在进行数据采集、数据处理的过程中需要结合庞大的设备来进行处理,因此其所产生的巨大数据量会使得信息物理系统呈现海量性的特点。

以上特征要求 CPS 的物理构建和软件构建必须能够在不关机或停机的状态下动态加入系统,同时保证满足系统需求和服务质量。比如一个超市安防系统,在加入传感器、摄像头、监视器等物理节点或者进行软件升级的过程中不需关掉整个系统或者停机就可以动态升级。CPS 应该是一个智能的有自主行为的系统,CPS 不仅能够从环境中获取数据,进行数据融合,提取有效信息,并且根据系统规则通过效应器作用于环境。

3. 信息物理融合系统的框架

CPS 是物理过程和计算过程的集成系统,是人类通过 CPS 系统包含的数字世界和机械设备与物理世界进行交互,这种交互的主体既包括人类自身也包括在人的意图知道下的系统。而作用的客体包括真实世界的各方面:自然环境、建筑、机器,同时也包括人类自身等。

CPS 可能是一个分布式异构系统,它不仅包含了许多功能不同的子系统,这些子系统之间结构和功能各异,而且分布在不同的地理范围内。各个子系统之间要通过有线或无线的通信方式相互协调工作。

从信息物理融合系统自身的特点能够看出,CPS 主要是由大量的物理设备以及相关网络连接所构成的,因此在实际运行过程中,复杂性、海量性以及实时性是最主要的特点。图 10－10 显示了信息物理融合系统由物理世界、传感器网络、信息中心、分布式计算平台、信息交换、分布控制节点及控制中心等模块组成。

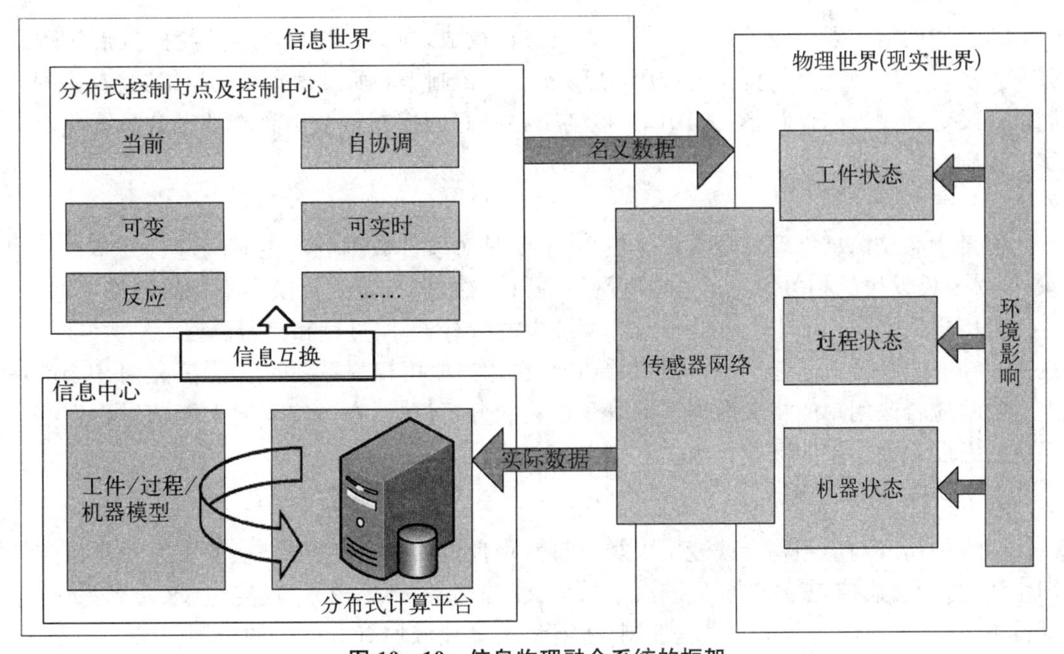

图 10－10　信息物理融合系统的框架

(1) 物理世界

包括信息物理系统模式下的所有物理设备、物理实体,在工业生产过程中一切基于信息物理融合系统之下的相关工业生产设备都属于物理世界,其所处的环境也称之为物理世界。

这个物理世界就是我们的现实世界，该世界中包括了业务系统中的所有工件转态、过程状态和机器设备状态。

(2) 分布式传感器网络

分布式传感器网络主要是由大量的传感器节点以及相关的汇集节点构成，在传感器的工作过程中其能够感知物理世界的相关物理特点，然后根据物理世界的参数以及性能来发送相关数据信息进行分析处理。传感器网络主要将物理世界中的相关数据传输到信息中心进行存储和处理。

(3) 分布式计算平台

信息物理融合系统的发展需要基于分布式计算机平台来运转。因此在进行海量数据的分析和交互过程中，需要通过平台来进行数据信息的存储和计算。分布式计算平台在信息物理融合系统当中主要发挥云计算、云存储等功能，保证物理信息融合系统能够对大量的数据进行有效地整合。

(4) 分布式控制节点以及控制中心

在进行信息物理融合系统发展的过程中，需要对相关集中控制数据信息以及分散数据控制信息结合起来。例如在进行事件驱动的分布式控制单元运行过程中，主要接收传感单元的相关数据信息，然后根据有关的控制标准以及控制原则进行数据信息的处理，进而对整个物理世界的物理设备进行全面的控制。而控制中心在其中主要发挥系统性以及科学性的原理，保证在线控制调节系统的参数最优化，同时在必要的时候对相关的控制节点发出调节指令等。

(5) 分布式执行器网络

执行器网络主要由相关的控制单元以及节点构成，在信息物理融合系统的发展过程中分布式执行器网络充当了桥梁的作用，能够实现对控制中心所发出指令的运输，将具体的控制指令发送到相关的控制单元当中，为控制中心更好的控制整个信息物理融合系统奠定坚实的基础。

(6) 信息中心

信息中心是信息物理融合系统的核心，主要是对事件数据的产生时间进行分布式的记录，同时事件发生的相关信息通过控制网络进行传输，会自动的转换为服务器的格式，将其存储为历史数据集。该中心存储了业务系统中的所有工件、过程和机器模型信息。同时，信息中心在一定程度上还起到用户识别的功能，在用户使用相关系统的过程中，信息中心能够自动的响应合法用户的相关数据查询以及相关的分析请求，在一定程度上能够对物理信息系统的发展起到一定的保护作用。

4. CPS的应用发展

CPS的研究与应用将会改变了人类与自然物理世界的交互方式，在健康医疗设备与辅助生活、智能交通控制与安全、先进汽车系统、能源储备、环境监控、航空电子、防御系统、基础设施建设、加工制造与工业过程控制、智能建筑等领域均有着广泛的应用前景。如家居、交通控制、安全、高级汽车、过程控制、环境控制、关键基础设施控制（电力、灌溉网络、通信系统）、分布式机器人、防御系统、制造业、智能构造。交通系统能够从智能汽车提高安全性和传送效率中有效地获益。家居技术将提高老人护理并有效控制与日俱增的护理花费。虽然很难估计 CPS 为未来生活带来的积极地潜在的价值。但我们都知道 CPS 的价值是巨大的。

除此之外，微观与宏观的CPS材料、受控组件、运行中的医疗装置与系统、下一代电网、未来防务系统、下一代汽车、智能高速公路、灵活的机器人主导的制造、下一代航空器、空域与天域管理系统等都属于CPS。美国国防部预先研究局(DARPA)认为：赛博—实物系统(Cyber-physical System，CPS)是指这样的系统，其功能中的很大一部分是从软件与机电系统中导出的。事实上，所有的防务系统(如飞机、航天器、海军舰船、地面载具，等等)和系统的系统，都属于CPS。另外，集成电路、MEMS、NEMS……也属于CPS。

10.5 本章小结

随着软件工程技术的发展，软件复用技术的日趋成熟和人工智能技术对软件工程理论的逐渐渗透，软件工程理论的发展呈现出多个新的发展方向和领域。这些新的发展方向包括支持软件复用的组件式软件开发技术和面向服务软件开发技术、解决需求变更的面向方面软件开发技术、以及集成嵌入式和智能化的物理融合系统开发技术等。其中，组件式开发技术基于组件组合的开发过程，通过新代码的开发将可复用的组件集成在一起，从而提高软件复用；面向服务的软件开发则基于当前大型的分布式业务系统，将分布和复用两个重要概念结合起来，以服务作为可复用的软件组件单元，通过互联网访问对广大客户开放；而面向方面的软件工程则是在传统的软件工程原理基础上，提出了一种新的组织和构造软件系统的方法，通过关注点的分离，改善传统软件开发过程中需求的频繁变更对业务系统构造造成的影响，对改善我们目前的软件实现方法起到重要的推动作用。

习 题

1. 组件作为程序元素与作为服务之间有什么根本不同？

2. 为什么组件应基于标准组件模型是非常重要的？

3. 列举一个实现抽象数据类型(如链表或树)的组件的例子，说明为什么通常可复用组件总是需要扩展和改写？

4. 服务与软件组件之间的最主要区别是什么？

5. 解释面向服务的体系结构为什么要基于标准。

6. 在大型系统中会有哪些不同类型的项目信息持有者关注点？如何能支持对每个类型的关注点的实现？

7. 连接点与切入点有什么不同？

8. 物理融合系统的特征有哪些？

【微信扫码】
本章参考答案＆相关资源

参考文献

[1] 计算机软件工程规范国家标准汇编.北京:中国标准出版社,2003.

[2] Sommerville I.软件工程.程成等译.第 9 版.北京:机械工业出版社,2017.

[3] Pressman R. 软件工程-实践者的研究方法.郑人杰,马素霞等译.第 8 版.北京:机械工业出版社,2016.

[4] AbranA.,W.Moore J. Guide to Software Engineering Body of Knowledge(SWEBOK), IEEE - 2004 Version.

[5] R.Schach S.软件工程:面向对象和传统的方法.邓迎春,韩松等译.第 8 版.北京:机械工业出版社,2012.

[6] 孙家广,刘强.软件工程-理论、方法与实践.北京:高等教育出版社,2005.

[7] 殷人昆,郑人杰,马素霞,白晓颖.实用软件工程.第 3 版.北京:清华大学出版社,2018.

[8] 瞿中,宋琦,刘玲慧,王江涛.软件工程.北京:人民邮件出版社,2016.

[9] 窦万峰.软件工程方法与实践.北京:机械工业出版社,2009.

[10] 张海藩,吕云翔.软件工程.第 4 版.北京:人民邮电出版社,2016.

[11] 陶华亭,吴洁,魏里.软件工程使用教程.第 2 版. 北京:清华大学出版社,2012.

[12] 齐治昌,谭庆平,宁洪.软件工程.第 3 版. 北京:高等教育出版社,2012.

[13] 赵池龙,杨林,孙玮等. 实用软件工程.第 3 版.北京:电子工业出版社,2011.

[14] 张海藩,牟永敏.软件工程导论.第 6 版.北京:清华大学出版社,2013.

[15] Bob Hughes,Mike Cotterell,.软件项目管理.第三版. 周伯生等译.北京:机械工业出版社,2004.

[16] 李英龙等.软件项目管理实用教程.北京:人民邮电出版社,2016.

[17] 任永昌.软件项目管理. 北京:清华大学出版社,2012.

[18] 贾经冬等.软件项目管理.北京:高等教育出版社,2012.

[19] 刘海等.软件项目管理.北京:机械工业出版社,2012.

[20] 钱乐秋等.软件工程.北京:清华大学出版社,2016.

[21] 李浪.软件工程.武汉:华中科技大学出版社,2013.

[22] 蔡立志编著,软件测试导论.北京:清华大学出版社,2016.

[23] "The QSM Function Points Languages Table", Version 5. 0, Quantitative Software Management,2018.

[24] Lorenz,M.,andJ.kidd,Object-Oritented Software Metrics,Prentice-Hall,1994.

[25] Bennata, E. M., Software Project Management: A Practitioner's Approach, McGraw-Hill,1992.

[26] Putnam,L.,and W.Myers,Measures for Excellence,Yourdon Press,1992.

[27] Boehm,B.,etal.,Software Cost Estimation in COCOMO Ⅱ,Prentice-Hall,2000.